高等职业教育"十二五"规划教材
高职高专模具设计与制造专业任务驱动、项目导向系列化教材

模具零件电加工

主　编　孙庆东　尹　晨
副主编　池寅生　徐小青

国防工业出版社
·北京·

内 容 简 介

本书介绍了模具零件电加工的常用方法、特点和加工工艺。其主要内容有电火花成形加工、电火花高速穿孔加工及电火花线切割加工。本书共有 8 个项目，通过不同项目的学习和实施，可以使读者在理解相应的电加工技术理论知识的同时提高动手操作能力。本书项目来自模具制造企业常见的加工案例，紧密结合企业加工实际，具有较强的指导性和实用性。

本书适合作为高职高专模具、机械、数控等专业的理论教材及实训指导书，也适合作为电火花、穿孔、线切割机床操作工的职业培训用书。

图书在版编目（CIP）数据

模具零件电加工/孙庆东，尹晨主编 . —北京：国防工业出版社，2013.9（2015.8 重印）

高职高专模具设计与制造专业任务驱动、项目导向系列化教材

ISBN 978-7-118-08769-7

Ⅰ.①模…　Ⅱ.①孙…　②尹…　Ⅲ.①模具—零件—电加工—高等职业教育—教材　Ⅳ.①TG760.6

中国版本图书馆 CIP 数据核字（2013）第 115444 号

※

国防工业出版社出版发行

（北京市海淀区紫竹院南路 23 号　邮政编码 100048）

北京奥鑫印刷厂印刷

新华书店经售

*

开本 787×1092　1/16　印张 14　字数 339 千字

2015 年 8 月第 1 版第 2 次印刷　印数 4001—6000 册　定价 28.00 元

（本书如有印装错误，我社负责调换）

国防书店：（010）88540777　　发行邮购：（010）88540776
发行传真：（010）88540755　　发行业务：（010）88540717

高等职业教育"十二五"规划教材
高职高专模具设计与制造专业任务驱动、项目导向系列化教材
编审委员会

顾问

屈华昌

主任委员

王红军（南京工业职业技术学院）　　匡余华（南京工业职业技术学院）

游文明（扬州市职业大学）　　　　　陈　希（苏州工业职业技术学院）

秦松祥（泰州职业技术学院）　　　　甘　辉（江苏信息职业技术学院）

李耀辉（苏州市职业大学）　　　　　郭光宜（南通职业大学）

李东君（南京交通职业技术学院）　　舒平生（南京信息职业技术学院）

高汉华（无锡商业职业技术学院）　　倪红海（苏州健雄职业技术学院）

陈保国（常州工程职业技术学院）　　黄继战（江苏建筑职业技术学院）

张卫华（应天职业技术学院）　　　　许尤立（苏州工业园区职业技术学院）

委员

陈显冰	池寅生	丁友生	高汉华	高　梅	高颖颖
葛伟杰	韩莉芬	何延辉	黄晓华	李洪伟	李金热
李明亮	李萍萍	李　锐	李　潍	李卫国	李卫民
梁士红	林桂霞	刘明洋	罗　珊	马云鹏	聂福荣
牛海侠	上官同英	施建浩	宋海潮	孙　健	孙庆东
孙义林	唐　娟	腾　琦	田　菲	王洪磊	王　静
王鑫铝	王艳莉	王迎春	翁秀奇	肖秀珍	徐春龙
徐年富	徐小青	许红伍	杨　青	殷　兵	殷　旭
尹　晨	张　斌	张高萍	张祎娴	张颖利	张玉中
张志萍	赵海峰	赵　灵	钟江静	周春雷	祝恒云

前言

　　模具零件电加工技术是模具制造的重要工艺手段，是模具专业高技能人才必须掌握的技能，也是高职机械类专业的一门重要的职业技术课程。

　　本书是为了适应职业教育发展和教学改革的需要，根据模具专业人才培养模式的变化，遵循工学结合的教学理念，吸取各院校模具设计与制造专业教学改革的研究和实践的成功经验，依据模具企业电加工岗位的实施流程及技能要求，体现"电切削工国家职业技能鉴定标准"要求，结合编者多年的"课堂工场化、工场课堂化"的教学体会编写而成。

　　本书讲解电火花加工和线切割加工时各选取了 4 个项目，共 8 个项目。每个项目均来源于企业实际，并就实施关键部分（电火花加工条件的选用、线切割零件切割工艺分析等）进行了详细的介绍。每个项目由项目描述、相关知识、项目实施、知识链接、思考与练习题 5 个部分组成。在相关知识部分介绍完成项目需要掌握的必备知识，如机床结构、电极设计方法、加工条件选用等；项目实施主要由加工准备（含工件装夹与校正、电极装夹与校正、电极定位等具体实施过程）和加工组成；知识链接主要包含实施项目后需要进一步提高的知识点，如各种电参数、非电参数对电火花加工的速度、精度、表面粗糙度的影响。通过本课程的学习，学生可具备电火花成形机床、电火花穿孔机床和电火花线切割机床的操作、工艺制订及实施的能力。

　　本书主要特色如下。

　　（1）项目驱动，过程导向。

　　以典型模具零件的电加工为项目，以电加工的工作过程为导向，以模具零件的电加工的工艺制订、程序的编制、工件装夹及校正等工作流程开展教学，使学生在教学过程中明确目标，从而调动学习的积极性和主动性。

　　（2）教、学、做一体。

　　教师以典型模具零件加工为载体，对电加工工艺方案的制订、电加工机床的操作等实践技能进行示范，学生边学边做，从而掌握对该类零件的电加工工艺的制订、电加工机床的操作等职业技能。

　　（3）典型案例来源于企业。

选取潜伏式浇口、显示器零件、齿形电极等实际案例作为项目化教学的载体，使学生学习具有很强的针对性。实现学生所学知识与岗位工作要求"零距离"接轨的目标。

本书特别适合作为高职高专院校模具设计与制造专业的模具零件电加工、模具特种加工技术的教材，也适合作为数控技术应用、机械制造及自动化等专业的数控电加工技术、特种加工技术的理论教材和实训指导教材。

本书由孙庆东、尹晨担任主编，由池寅生、徐小青担任副主编。具体分工如下：孙庆东编写项目一、二、八并完成全书的统筹工作；池寅生编写项目三、四；尹晨编写项目五、七；徐小青编写项目六、附录。

本书在编写过程中参考了苏州工业园区江南赛特数控设备有限公司、苏州三光科技有限公司、阿奇夏米尔机电有限公司、沙迪克机电有限公司等企业的技术资料；此外，还参考了一些书籍的案例，这些对本书的编写起到了重要的作用。在此向这些资料和案例的原作公司和作者一并表示衷心的感谢。

由于编者水平有限，书中难免存在不足之处，恳请广大读者给予批评和指正。

本书的电子教案和思考与练习题答案请联系 sunqd17@ sina. com 索取或到出版社网站下载。

编　者

目录

项目一　筋体型腔的电火花加工

■项目描述

如图1-1(a)所示的显示器壳体零件,为了便于显示屏和电子器件的定位、安装,在显示器壳体内侧周边设计了用于定位的筋体,筋体在模具上的分布如图1-1(b)所示。除此以外,为了增强塑料制品的强度,通常在塑件底部设有加强筋,如空调扣板、整理箱盖板以及儿童塑料积木上的筋体等。由于塑料模具的型芯、型腔等成形零件的材料基本上为硬度较高的合金钢,且筋体的宽度较小(通常为0.8mm~1mm)而长度和深度相对较大,用数控铣削等机械加工方法有很大的难度。而电火花加工可以用软的工具加工硬的工件,即可以"以柔克刚",因此可以用电火花加工方法对上述模具中的窄长筋体进行加工。

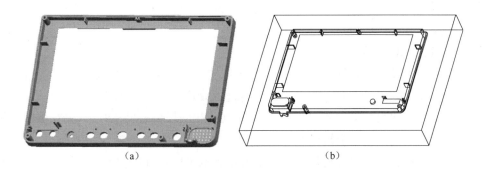

(a)　　　　　　　　　　　　　　(b)

图1-1　显示器壳体及型芯中筋体的分布

(a)显示器壳体零件;(b)筋体在型芯周边的分布情况。

本项目实施难度不高。学生需要掌握电火花加工的原理、电火花机床的操作界面以及进行电极准备、工件准备等工作。

■知识目标

1. 掌握电火花加工原理及物理本质。
2. 了解电火花机床结构。
3. 掌握电火花加工安全操作规程。
4. 掌握极性效应和覆盖效应。
5. 掌握电火花加工的必备条件及工作液的作用。

■技能目标

1. 熟练启动、关闭机床。
2. 熟练操作电火花机床操作面板。
3. 较熟练装夹电极。

（一）电火花加工概述

1. 电火花加工的概念

电火花加工又称放电加工（EDM），其加工过程与传统的机械加工完全不同。电火花加工是一种电、热能加工方法。加工时，工件与加工所用的工具为极性不同的电极对，电极对之间多充满工作液，主要起压缩放电通道、恢复电极间的绝缘状态及带走放电时产生的热量的作用，以维持电火花加工的持续放电。在正常电火花加工过程中，电极与工件并不接触，而是保持一定的距离（称为放电间隙），在工件与电极间施加一定的脉冲电压，当电极向工件进给至某一距离时，两极间的工作液介质被击穿，局部产生火花放电，放电产生的瞬时高温将电极对的材料表面熔化甚至汽化，使材料表面形成电腐蚀的坑穴。如果能适当控制这一过程，就能准确地加工出所需的工件形状。由于在放电过程中常伴有火花，故而称为电火花加工。在日本、美国、英国等国家通常也称为放电加工。

2. 电火花加工的特点

在电火花加工过程中，工件的加工性能主要取决于材料的导电性及热学特性（如熔点、沸点、比热容及电阻率等），而与工件材料的力学特性（硬度、强度等）几乎无关。另外，加工时的宏观力远小于传统切削加工时的切削力，所以在加工相同规格的尺寸时，电火花机床的刚度和主轴驱动功率要求比机械切削机床低得多。

由于电火花加工时工件材料是靠一个个火花放电予以蚀除的，加工速度相对切削加工而言是很低的。所以，从提高生产率、降低成本方面考虑，一般情况下凡能采用切削加工工艺时，就尽可能不要采用电火花加工工艺。

归纳起来，电火花加工有如下优点。

（1）适用于无法采用刀具切削或切削加工十分困难的场合，如航天、航空领域的众多发动机零件、深窄槽及狭缝等加工，特别适宜于加工弱刚度、薄壁工件的复杂外形，异形孔以及形状复杂的型腔模具，弯曲孔等。

（2）加工时，工具电极与工件并不直接接触，两者之间宏观作用力极小，工具电极不必比工件材料硬，因此工具电极容易制造。

（3）直接利用电能进行加工，因此易于实现加工过程的自动控制及实现无人化操作，并可减少机械加工工序，加工周期短，劳动强度低，使用维护方便。

同时，电火花加工还有如下一些局限性。

（1）电火花加工速度较慢。通常安排工艺时多采用切削加工来去除大部分余量，然后再进行电火花加工以求提高生产率。

（2）被加工的工件只能是金属等导电材料，但在一定条件下也可以加工半导体和非导体材料。

（3）存在电极损耗。由于火花放电时工件与电极均会被蚀除，因此电极的损耗对加工形状及尺寸精度的影响比切削加工时刀具的影响要大。特别是电极损耗多集中在尖角或底部，影响成形精度。这点在选择加工方式时应予以充分考虑。但近年来电火花粗加工时已能将电极相对损耗降至0.1%以下,甚至更小。

(4)加工表面有变质层,改变了材料表面的力学性能。

(5)电火花加工时放电部位必须在工作液中,否则将引起异常放电。

(6)线切割加工有厚度极限,工件过厚将使加工不稳定,甚至无法进行。

3. 电火花加工的应用

基于上述特点,电火花加工的主要用途有以下几项。

(1)制造冲模、塑料模、锻模和压铸模。

(2)在金属板材上切割出零件。

(3)加工窄缝。

(4)加工小孔、畸形孔以及在硬质合金上加工螺纹、螺孔。

(5)其他(如强化金属表面,取出折断的工具,在淬火件上穿孔,直接加工型面复杂的零件等)。

4. 发展概况

20世纪40年代,苏联科学家鲍·洛·拉扎林柯夫妇针对插头或电器开关在闭合与断开时经常发生电火花烧蚀这一现象,经过反复的试验研究,终于发明了电火花加工技术,把对人类有害的电火花烧蚀转化为对人类有益的一种全新工艺方法。20世纪50年代初研制出电火花加工装置,采用双继电器作控制元件,控制主轴头电动机的正、反转,达到调节电极与工件间隙的目的。这台装置只能加工出简单形状的工件,自动化程度很低。一些先进工业国,如瑞士、日本也加入电火花加工技术研究行列,使电火花加工工艺在世界范围取得巨大发展,应用范围也日益广泛。

我国是国际上开展电火花加工技术研究较早的国家之一,由中国科学院电工研究所牵头,到20世纪50年代后期先后研制了电火花穿孔机床和线切割机床。我国电火花成形机床经历了双机差动式主轴头、电液压主轴头、力矩电动机或步进电动机主轴头、直流伺服电动机主轴头、交流伺服电动机主轴头,到直线电动机主轴头的发展历程;控制系统也由单轴简易数控逐步发展到对双轴、三轴联动乃至更多轴的联动控制;脉冲电源也以最初的 RC 张弛式电源逐步推出电子管电源,闸流管电源,晶体管电源,晶闸管电源及 RC、RLC 电源复合的脉冲电源。成形机床的机械部分也从滑动导轨、滑动丝杠副逐步发展为滑动贴塑导轨、滚珠导轨、直线滚动导轨及滚珠丝杠副,机床的机械精度达到了微米级,最佳加工表面粗糙度 Ra 值已由最初的 $32\mu m$ 提高到目前的 $0.02\mu m$,从而使电火花成形加工步入镜面、精密加工技术领域,与国际先进水平的差距逐步缩小。

电火花成形加工的应用范围从单纯的穿孔加工冷冲模具、取出折断的丝锥与钻头,逐步扩展到加工汽车、拖拉机零件的锻模、压铸模及注塑模具,近几年又大踏步跨进精密微细加工技术领域,为航空、航天及电子、交通、无线电通信等领域解决了切削加工无法胜任的一大批零部件的加工难题,如心血管支架、陀螺仪中的平衡支架、精密传感器探头、微型机器人用的直径仅 $1mm$ 的电动机转子等的加工,充分展示了电火花加工工艺的重要作用。

5. 应用前景

伴随现代制造技术的快速发展,传统切削加工工艺也有了长足的进步,四轴、五轴甚至更多轴的数控加工中心先后面世,其主轴最高转速已高达 $(7\sim8)\times10^5 r/min$。机床的精度与刚度也大大提高,再配上精密超硬材料刀具,切削加工的范围、加工速度与精度均有了大幅度提高。

面对现代制造业的快速发展,电火花加工技术在"一特二精"方面具有独特的优势。"一特"即特殊材料加工(如硬质合金、聚晶金刚石以及其他新研制的难切削材料),在这一领域,切削加工难以完成,但这一领域也是电加工的最佳研究开发领域。"二精"是精密模具及精密微细加工。如整体硬质合金凹模或其他凸模的精细补充加工,可获得较高的经济效益。微精加工是切削加工的一大难题,而电火花加工由于作用力小,对加工微细零件非常有利。

随着计算机技术的快速发展,将以往的成功工艺经验进行归纳总结,建立数据库,开发出专家系统,使电火花成形加工及线切割加工的控制水平及自动化、智能化程度大大提高。新型脉冲电源的不断研究开发,使电极损耗大幅度降低,再辅以低能耗新型电极材料的研究开发,有望将电火花成形加工的成形精度及线切割加工的尺寸精度再提高一个数量级,达到亚微米级,则电火花加工技术在精密微细加工领域可进一步扩大其应用范围。

(二)电火花加工基本原理及物理本质

1. 电火花加工的基本原理

电火花加工的原理是基于工具和工件(正、负电极)之间脉冲性火花放电时的电腐蚀现象来蚀除多余的金属,以达到对零件的尺寸、形状及表面质量预定的加工要求。研究结果表明,电火花腐蚀的主要原因是:电火花放电时火花通道中瞬时产生大量的热,达到很高的温度,足以使任何金属材料局部熔化、汽化而被蚀除掉,形成放电凹坑。

图1-2所示为脉冲电源的空载电压波形,图1-3所示为电火花加工系统。工件1与工具4分别与脉冲电源2的两输出端相连接。自动进给调节装置3(此处为电动机及丝杆螺母机构)使工具和工件间保持一个很小的放电间隙,当脉冲电压加到两极之间时,便在当时条件下相对某一间隙最小处或绝缘强度最低处击穿介质,在该局部产生火花放电,瞬时高温使工具和工件表面都蚀除掉一小部分金属,各自形成一个小凹坑,如图1-4所示。其中左图表示单个脉冲放电后的电蚀坑,右图表示多次脉冲放电后的电极表面。脉冲放电结束后,经过一段间隔时间(即脉冲间隔t_0),使工作液恢复绝缘后,第二个脉冲电压又加到两极上,又会在当时极间距离相对最近或绝缘强度最弱处击穿放电,又电蚀出一个小凹坑。就这样以相当高的频率,连续不断地重复放电,工具电极不断地向工件进给,就可将工具的形状复制在工件上,加工出所需要的零件,整个加工表面将由无数个小凹坑组成。

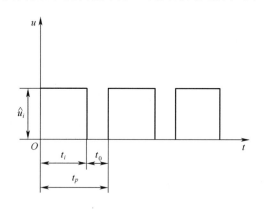

图1-2 脉冲电源的空载电压波形

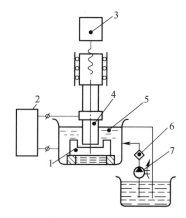

图1-3 电火花加工系统原理示意图

1—工件;2—脉冲电源;3—自动进给调节装置;
4—工具;5—工作液;6—过滤器;7—工作液泵。

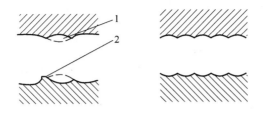

图 1-4 电火花加工表面局部放大图
1—凹坑;2—凸边。

2. 电火花加工的物理本质

火花放电时,电极表面的金属材料究竟是怎样被蚀除下来的,这一微观的物理过程即所谓的电火花加工机理,也就是电火花加工的物理本质。了解这一微观过程,有助于掌握电火花加工的基本规律,才能对脉冲电源、进给装置、机床设备等提出合理的要求。每次电火花腐蚀的微观过程是电场力、磁力、热力、流体动力、电化学和胶体化学等综合作用的过程。这一过程大致可分为以下 4 个连续的阶段:极间介质的电离、击穿,形成放电通道;介质热分解、电极材料熔化、汽化热膨胀;蚀除产物的抛出;极间介质的消电离,如图 1-5 和 1-6 所示。

(1) 极间介质的电离、击穿,形成放电通道。图 1-5 所示为矩形波脉冲放电时的电压和电流波形。当约 80V ~ 100V 的脉冲电压施加于工具电极与工件之间时(图 1-5 中 0~1 段和 1~2 段),两极之间立即形成一个电场。电场强度与电压成正比,与距离成反比,即随着极间电压的升高或是极间距离的减小,极间电场强度也将随着增大。由于工具电极和工件的微观表面是凹凸不平的,极间距离又很小,因而极间电场强度是很不均匀的,两极间离得最近的突出点或尖端处的电场强度一般为最大。

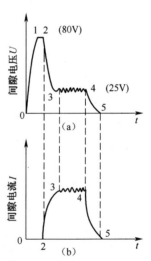

图 1-5 极间放电电压和电流波形
(a)电压波形;(b)电流波形。

液体介质中不可避免地含有某种杂质(如金属微粒、碳粒子、胶体粒子等),也有一些自由电子,使介质呈现一定的电导率。在电场作用下,这些杂质将使极间电场更不均匀。当阴极表面某处的电场强度增加到 10^5 V/mm,即 $100V/\mu m$ 左右时,就会由阴极表面向阳极逸出电子。在电场作用下电子高速向阳极运动并撞击工作液介质中的分子或中性原子,产生碰撞电离,形成带负电的粒子(主要是电子)和带正电的粒子(正离子),导致带电粒子雪崩式增多,使介质击穿而形成放电通道,如图 1-6(a)所示。这种由于电场强度高而引起的电子发射形成的间隙介质击穿,称为场致发射击穿。同时由于负极表面温度升高,局部过热而引起大量电子发射形成的间隙介质击穿,称为热击穿。

从雪崩电离开始,到建立放电通道的过程非常迅速,一般小于 $0.1\mu s$,间隙电阻从绝缘状况迅速降低到几分之一欧,间隙电流迅速上升到最大值(几安到几百安)。由于通道直径很小,所以通道中的电流密度可高达 10^3 A/mm² ~ 10^4 A/mm²。间隙电压则由击穿电压迅速下降到火花维持电压(一般约为 25V),电流则由 0 上升到某一峰值电流(图 1-5(a)、(b)中 2~3 段至 3~4 段)。

放电通道是由数量大体相等的带正电(正离子)粒子和带负电粒子(电子)以及中性粒子(原子或分子)组成的等离子体。带电粒子高速运动相互碰撞,产生大量的热,使通道温度相当高,通道中心温度可高达 10000℃ 以上。由于电子流动形成电流而产生磁场,磁场又反过来对电子流产生向心的磁压缩效应和周围介质惯性动力压缩效应的作用,通道瞬间扩展受到很大阻力,故放电开始阶段通道截面很小,电流密度很大,而通道内由瞬时高温热膨胀形成的初始压力可达数十兆帕。高压高温的放电通道以及随后瞬时汽化形成的气体(以后发展成气泡)急速扩展,并产生一个强烈的冲击波向四周传播。在放电过程中,同时还伴随着一系列派生现象,其中有热效应、电磁效应、光效应、声效应及频率范围很宽的电磁波辐射和局部爆炸冲击波等。

关于通道的结构,一般认为是单通道,即在一次放电时间内只存在一个放电通道;少数人认为可能有多通道,即在一次放电时间内可能同时存在几个放电通道,理由是单次脉冲放电后电极表面有时会出现几个电蚀坑。最近实验表明,单个脉冲放电时有可能先后出现多次击穿(即一个脉冲内间隙击穿后,有时产生短路和开路,接着又产生击穿放电),另外,也会出现通道受某些随机因素的影响而产生游移、徙动,因而在单个脉冲周期内会先后出现多个或形状不规则的电蚀坑,但同一时间内只存在一个放电通道,因而形成通道后,间隙电压降至 25V 左右,不可能再击穿而形成第二个通道。

(2) 介质热分解、电极材料熔化、汽化热膨胀。极间介质一旦被击穿、电离、形成放电通道后,脉冲电源使通道间的电子高速奔向正极,正离子奔向负极。电能变成动能,动能通过碰撞又转变为热能。于是在通道内,正极和负极表面分别成为瞬时热源,温度急剧升高,分别达到 5000℃ 以上的温度。放电通道在高温的作用下,首先把工作液介质汽化,进而热裂分解汽化(如煤油等碳氢化合物工作液,高温后裂解为 H_2(约占 40%)、C_2H_2(约占 30%)、CH_4(约占 15%)、C_2H_4(约占 10%)和游离碳等,水基工作液则热分解为 H_2、O_2 的分子甚至原子等)。正负极表面的高温除使工作液汽化、热分解汽化外,也使金属材料熔化、直至沸腾汽化。这些汽化后的工作液和金属蒸气,瞬时体积猛增,迅速热膨胀,就像火药、爆竹点燃后那样具有爆炸的特性。观察电火花加工过程,可以见到放电间隙间冒出很多小气泡,工作液逐渐变黑,听到轻微而清脆的爆炸声,如图 1-6(b) 所示。从超高速摄影中可以见到,这一阶段中各种小气泡最后形成一个大气泡充满在放电通道的周围,并不断向外扩大。主要靠此热膨胀和局部微爆炸,使熔化、汽化了的电极材料抛出而形成蚀除,相当于图 1-5 中 3~4 段,此时 80V~100V 的空载电压降为 25V 左右的火花维持电压,由于它含有高频成分而呈锯齿状,电流则上升为锯齿状的放电峰值电流。

(3) 蚀除产物的抛出。通道和正负极表面放电点瞬时高温使工作液汽化和金属材料熔化、汽化,热膨胀产生很高的瞬时压力。通道中心的压力最高,使汽化了的气体体积不断向外膨胀,形成一个扩张的“气泡”。气泡上下、内外的瞬时压力并不相等,压力高处的熔融金属液体和蒸气就被排挤、抛出而进入工作液中。

由于表面张力和内聚力的作用,使抛出的材料具有最小的表面积,冷凝时凝聚成细小的圆球颗粒(直径为 0.1μm~300μm,随脉冲能量而异),如图 1-6(c) 所示。图 1-6(a)、(b)、(c)、(d) 为放电过程中 4 个阶段放电间隙状态的示意图。

实际上熔化和汽化了的金属在抛离电极表面时,向四处飞溅,除绝大部分抛入工作液中收缩成小颗粒外,有一小部分飞溅、镀覆、吸附在对面的电极表面上。这种互相飞溅、镀覆以及吸附的现象,在某些条件下可以用来减少或补偿工具电极在加工过程中的损耗。

半裸在空气中电火花加工时,可以见到橘红色甚至蓝白色的火花四溅,它们就是被抛出的金属高温熔滴、小屑。

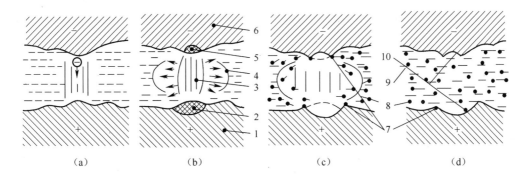

图 1-6　放电间隙状况示意图

1—正极;2—从正极上熔化并抛出金属的区域;3—放电通道;4—气泡;5—在负极上熔化并抛出金属的区域;
6—负极;7—翻边凸起;8—在工作液中凝固的微粒;9—工作液;10—放电形成的凹坑。

观察铜加工钢电火花加工后的电极表面,可以看到钢上粘有铜,铜上粘有钢的痕迹。如果进一步分析电加工后的产物,在显微镜下可以看到除了游离碳粒、大小不等的铜和钢的球状颗粒之外,还有一些钢包铜、铜包钢互相飞溅包容的颗粒,此外还有少数由气态金属冷凝成的中心带有空泡的空心球状颗粒产物。

当放电结束后,气泡温度不再升高,但由于液体介质惯性作用使气泡继续扩展,致使气泡内压力急剧降低,甚至降到大气压以下,形成局部真空,再加上材料本身在低压下再沸腾的特性,使在高压下溶解在熔化和过热材料中的气体析出。由于压力的骤降,使熔融金属材料及其蒸气从小坑中再次爆沸飞溅而被抛出。熔融材料抛出后,在电极表面形成单个脉冲的放电痕,其剖面放大示意图如图 1-7 所示。熔化区未被抛出的材料冷凝后残留在电极表面,形成熔化凝固层,在四周形成稍凸起的翻边。熔化凝固层下面是热影响层,再往下才是无变化的材料基体。

总之,材料的抛出是热爆炸力、电磁动力、流体动力等综合作用的结果,对这一复杂的抛出机理的认识还在不断深化中。

正极、负极分别受电子、正离子撞击的能量、热量不同;不同电极材料的熔点、汽化点不同;脉冲宽度、脉冲电流大小不同;正、负电极上被抛出材料的数量也不会相同,目前还无法定量计算。

(4) 极间介质的消电离。随着脉冲电压的下降,脉冲电流也迅速降为零,图 1-5 中 4~5 段,标志着一次脉冲放电结束。但此后仍应有一段间隔时间,使间隙介质消电离,即放电通道中的带电粒子复合为中性粒子,恢复本次放电通道处间隙介质的绝缘强度,以免下一次总是重复在同一处放电而导致电弧放电,这样可以保证在其他两极相对最近处或电阻率最小处形成下一击穿放电通道,如图 1-6(d) 所示。这是电火花加工时所必需的放电点转移原则。

在加工过程中产生的电蚀产物(如金属微粒、碳粒子、气泡等)如果来不及排除、扩散出

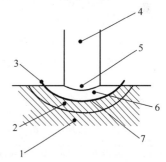

图 1-7　单个脉冲放电痕剖
面放大示意图

1—无变化区;2—热影响层;3—翻边凸起;
4—放电通道;5—汽化区;6—熔化区;
7—熔化凝固层。

去,就会改变间隙介质的成分和降低绝缘强度。脉冲火花放电时产生的热量如不及时传出,带电粒子的自由能不易降低,将大大减少复合的概率,使消电离过程不充分,结果将使下一个脉冲放电通道不能顺利地转移到其他部位,而始终集中在某一部位,使该处介质局部过热而破坏消电离过程,脉冲火花放电将转变为有害的稳定电弧放电,同时工作液局部高温分解后可能积碳,在该处聚集成焦粒而在两极间搭桥,使加工无法进行下去,并烧伤电极对。

由此可见,为了保证电火花加工过程正常地进行,在两次脉冲放电之间都应有足够的脉冲间隔时间 t_0,其最小脉冲间隔时间的确定,不仅要考虑介质本身消电离所需的时间(与脉冲能量有关),还要考虑电蚀产物排离出放电区域的难易程度(与脉冲爆炸力大小、放电间隙大小、抬刀及加工面积有关)。

到目前为止,人们对于电火花加工微观过程的了解还是很不够的,诸如工作液成分作用、间隙介质的击穿、放电间隙内的状况、正负电极间能量的转换与分配、材料的抛出、电火花加工过程中热场、流场、力场的变化以及通道结构及其振荡等,都还需要进一步研究。

3. 电火花加工必备条件

经过多年的生产实际总结,要利用电腐蚀现象对金属材料进行尺寸加工应具备以下条件。

(1)必须使工具电极和工件被加工表面之间经常保持一定的放电间隙,这一间隙由加工条件而定,通常约为 0.02mm ~ 0.1mm。如果间隙过大,极间电压不能击穿极间介质,因而不会产生火花放电;如果间隙过小,很容易形成短路接触,同样也不能产生火花放电。为此,在电火花加工过程中必须具有工具电极的自动进给调节装置,使工具和工件之间保持某一放电间隙。

(2)火花放电必须是瞬时的脉冲性放电,放电延续一段时间后(1μs ~ 1000μs),需停歇一段时间(20μs ~ 100μs)。这样才能使放电所产生的热量来不及传导扩散到工件的其余部分,把每一次的放电蚀除点分别局限在很小的范围内,否则,会形成电弧放电,使工件表面烧伤而无法用作尺寸加工。为此,电火花加工必须采用脉冲电源。

(3)两极之间应充入有一定绝缘性能的介质。对导电材料进行加工时,两极间为液体介质;进行材料表面强化时,两极间为气体介质。液体介质又称工作液,它们必须具有较高的绝缘强度($10^3\Omega \cdot cm$ ~ $10^7\Omega \cdot cm$),如煤油、皂化液或去离子水等,以有利于产生脉冲性的火花放电。同时,液体介质还能把电火花加工过程中产生的金属小屑、碳黑等电蚀产物从放电间隙中悬浮排除出去,并且对电极和工件表面有较好的冷却作用。

(三)电火花加工工艺方法分类

按工具电极和工件相对运动和用途的不同,大致可分为电火花穿孔成形加工、电火花线切割加工、电火花高速小孔加工、电火花磨削和镗磨、电火花同步共轭回转加工、电火花表面强化与刻字六大类。前5类属电火花成形、尺寸加工,是用于改变零件形状或尺寸的加工方法;后者属于表面加工方法,用于改变零件表面性质。表1-1所列为分类情况及各类方法的主要特点和用途。

(四)电火花机床简介

1. 机床型号、规格、分类

我国国家标准规定,电火花成形机床均用 D71 加上机床工作台面宽度的 1/10 表示。例如 D7132 中,D 表示电加工成形机床(若该机床为数控电加工机床,则在 D 后加 K,即 DK);71

表示电火花成形机床;32 表示机床工作台的宽度为320mm。

表 1-1　电火花加工工艺方法分类

类别	工艺方法	特　点	用　途	备　注
I	电火花穿孔成形加工	(1)工具和工件间主要只有一个相对的伺服进给运动 (2)工具为成形电极,与被加工表面有相同的截面和相反的形状	(1)型腔加工:加工各类型腔模及各种复杂的型腔零件 (2)穿孔加工:加工各种冲模、挤压模、粉末冶金模、各种异形孔及微孔等	约占电火花机床总数的30%,典型机床有D7125、D7140 等电火花穿孔成形机床
II	电火花线切割加工	(1)工具电极为顺电极丝轴线方向移动着的线状电极 (2)工具与工件在两个水平方向同时有相对伺服进给运动	(1)切割各种冲模和具有直纹面的零件 (2)下料、截割和窄缝加工	约占电火花机床总数的60%,典型机床有DK7725、DK7740 数控电火花线切割机床
III	电火花高速小孔加工	(1)采用细管(直径>0.3mm)电极,管内冲入高压水基工作液 (2)细管电极旋转 (3)穿孔速度较高(60mm/min)	(1)线切割穿丝预孔 (2)深径比很大的小孔,如喷嘴等	约占电火花机床2%,典型机床有D703A 电火花高速小孔加工机床
IV	电火花内孔、外圆和成形磨削	(1)工具与工件有相对的旋转运动 (2)工具与工件间有径向和轴向的进给运动	(1)加工高精度、表面粗糙度小的小孔,如拉丝模、挤压模、微型轴承内环、钻套等 (2)加工外圆、小模数滚刀等	约占电火花机床总数的3%,典型机床有D6310 电火花小孔内圆磨床等
V	电火花同步共轭回转加工	(1)成形工具与工件均作旋转运动,但二者角速度相等或成整倍数,相对应接近的放电点可有切向相对运动速度 (2)工具相对工件可作纵、横向进给运动	以同步回转、展成回转、倍角速度回转等不同方式,加工各种复杂型面的零件,如高精度的异形齿轮,精密螺纹环规,高精度、高对称度、表面粗糙度小的内、外回转体表面等	约占电火花机床总数不足1%,典型机床有JN—2、JN—8 内外螺纹加工机床
VI	电火花表面强化与刻字	(1)工具在工件表面上振动 (2)工具相对工件移动	(1)模具刃口,刀、量具刃口表面强化和镀覆 (2)电火花刻字、打印记	约占电火花机床总数的2%～3%,典型设备有 D9105 电火花强化器等

　　在中国内地以外地区和其他国家,电火花加工机床的型号没有采用统一标准,由各个生产企业自行确定,如日本沙迪克(Sodick)公司生产的 A3R、A10R,瑞士夏米尔(Charmilles)技术公司 ROBOFORM20/30/35,中国台湾乔懋机电工业股份有限公司的 JM322/430,北京阿奇工业电子有限公司的 SF100 等。

　　电火花加工机床按其大小可分为小型(D7125 以下)、中型(D7125～D7163)和大型(D7163 以上);按数控程度分为非数控、单轴数控和三轴数控。随着科学技术的进步,已经能大批生产三坐标数控电火花机床,以及带有工具电极库、能按程序自动更换电极的电火花加工中心。目前我国生产的数控电火花机床,有单轴数控(主轴 Z 向,为垂直方向)、三轴数控(主轴 Z 向、水平轴 X、Y 方向)和四轴数控(主轴能数控回转及分度,称为 C 轴,加 Z、X、Y),如果在工作台上加双轴数控回转台附件(绕 X 轴转动的称为 A 轴,绕 Y 轴转动的称为 B 轴),则称为六轴数控机床。

2. 电火花加工机床结构

电火花加工机床主要由机床本体、脉冲电源、自动进给调节系统、工作液过滤和循环系统、数控系统等部分组成，如图1-8所示。

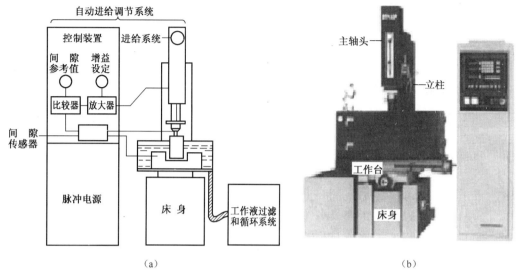

图1-8 电火花加工机床
(a)原理图；(b)实物图。

1）机床本体

机床本体主要由床身、立柱、主轴头及附件、工作台等部分组成，是用以实现工件和工具电极的装夹固定和运动的机械系统。床身、立柱、坐标工作台是电火花机床的骨架，起着支承、定位和便于操作的作用。因为电火花加工宏观作用力极小，所以对机械系统的强度无严格要求，但为了避免变形和保证精度，要求具有必要的刚度。主轴头下面装夹的电极是自动调节系统的执行机构，其质量的好坏将影响到进给系统的灵敏度及加工过程的稳定性，进而影响工件的加工精度。

电火花加工时粗加工的电火花放电间隙比中加工的放电间隙要大，而中加工的电火花放电间隙比精加工的放电间隙又要大一些。当用一个电极进行粗加工时，将工件的大部分余量蚀除以后，其底面和侧壁四周的表面粗糙度很差，为了将其修光，就得转换规准逐挡进行修整。但由于中、精加工规准的放电间隙比粗加工规准的放电间隙小，若不采取措施则四周侧壁就无法修光了。平动头就是为解决修光侧壁和提高其尺寸精度而设计的。

平动头是一个使装在其上的电极能产生向外机械补偿动作的工艺附件。当用单电极加工型腔时，使用平动头可以补偿上一个加工规准和本次加工规准之间的放电间隙差。平动头的动作原理是：利用偏心机构将伺服电机的旋转运动通过平动轨迹保持机构转化成电极上每一个质点都能围绕其原始位置在水平面内作平面小圆周运动，许多小圆的外包络线面积就形成加工横截面积，如图1-9所示，其中每个质点运动轨迹的半径就称为平动量，其大小可以由零逐渐调大，以补偿粗、中、精加工的电火花放电间隙δ之差，从而达到修光型腔的目的。

目前，机床上安装的平动头有机械式平动头和数控平动头，其外形如图1-10所示。机械式平动头由于有平动轨迹半径的存在，它无法加工有清角要求的型腔；而数控平动头可以两轴联动，能加工出清棱、清角的型孔和型腔。

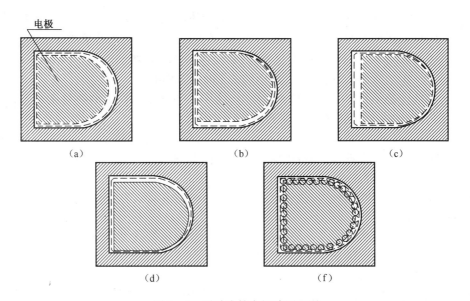

图 1-9　平动头扩大间隙原理图

(a)电极在最左;(b)电极在最上;(c)电极在最右;(d)电极在最下;(e)电极平动后的轨迹。

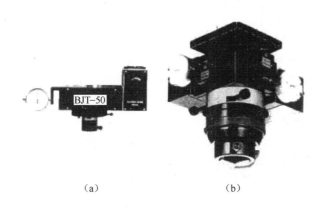

(a)　　　　　　　　(b)

图 1-10　平动头外形

(a)机械式平动头;(b)数控平动头。

与一般电火花加工工艺相比较,采用平动头电火花加工有如下特点。

(1)可以通过改变轨迹半径来调整电极的作用尺寸,因此尺寸加工不再受放电间隙的限制。

(2)用同一尺寸的工具电极,通过轨迹半径的改变,可以实现转换电规准的修整,即采用一个电极就能由粗至精直接加工出一副型腔。

(3)在加工过程中,工具电极的轴线与工件的轴线相偏移,除了电极处于放电区域的部分外,工具电极与工件的间隙都大于放电间隙,实际上减小了同时放电的面积,这有利于电蚀产物的排除,提高了加工稳定性。

(4)工具电极移动方式的改变,可使加工的表面粗糙度大有改善,特别是底平面处。

2)脉冲电源

在电火花加工过程中,脉冲电源的作用是把工频正弦交流电流转变成频率较高的单向脉冲电流,向工件和工具电极间的加工间隙提供所需要的放电能量以蚀除金属。脉冲电源的性能直接关系到电火花加工的加工速度、表面质量、加工精度、工具电极损耗等工艺指标。

脉冲电源输入为380V、50Hz 的交流电,其输出应满足如下要求。

(1) 要有一定的脉冲放电能量,否则不能使工件金属汽化。

(2) 火花放电必须是短时间的脉冲性放电,这样才能使放电产生的热量来不及扩散到其他部位,从而有效地蚀除金属,提高成形性和加工精度。

(3) 脉冲波形是单向的,以便充分利用极性效应,提高加工速度和降低工具电极损耗。

(4) 脉冲波形的主要参数(峰值电流、脉冲宽度、脉冲间隔等)有较宽的调节范围,以满足粗、中、精加工的要求。

(5) 有适当的脉冲间隔时间,使放电介质有足够时间消除电离并冲去金属颗粒,以免引起电弧而烧伤工件。

电源的好坏直接关系到电火花加工机床的性能,所以电源往往是电火花机床制造厂商的核心机密之一。从理论上讲,电源一般有如下几种。

(1) RC 线路脉冲电源。

RC 线路脉冲电源是最早使用的电源,它是利用电容器充电储存电能,然后瞬时放出,形成火花放电来蚀除金属的。因为电容器时而充电,时而放电,一弛一张,故又称"弛张式"脉冲电源(图1-11)。由于这种电源是靠电极和工件间隙中的工作液的击穿作用来恢复绝缘和切断脉冲电流的,因此间隙大小、电蚀产物的排出情况等都影响脉冲参数,使脉冲参数不稳定,所以这种电源又称为非独立式电源。

RC 线路脉冲电源的优点如下。

① 结构简单,工作可靠,成本低。

② 在小功率时可以获得很窄的脉宽(小于0.1μs)和很小的单个脉冲能量,可用作光整加工和精微加工。

RC 线路脉冲电源的缺点如下。

① 电能利用效率很低,最大不超过36%,因大部分电能经过电阻 R 时转化为热能损失掉了,这在大功率加工时是很不经济的。

② 生产效率低,因为电容器的充电时间比放电时间长50倍以上(图1-11(b)),脉冲间歇系数太大。

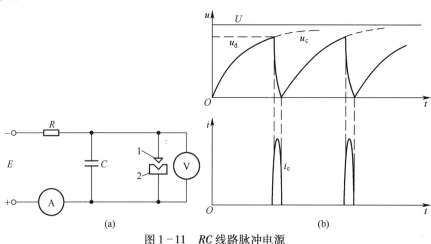

图1-11 RC 线路脉冲电源

(a)原理图;(b)电压电流波形图。

1—工具电极;2—工件。

③ 工艺参数不稳定，因为这类电源本身并不"独立"形成和发生脉冲，而是靠电极间隙中工作液的击穿和消电离使脉冲电流导通和切断，所以间隙大小、间隙中电蚀产物的污染程度及排出情况等都影响脉冲参数，因此脉冲频率、宽度、单个脉冲能量都不稳定，而且放电间隙经过充电电阻始终和直流电源直接连通，没有开关元件使之隔离开来，所以随时都有放电的可能，并容易转为电弧放电。

RC 线路脉冲电源主要用于小功率的精微加工或简式电火花加工机床中。

（2）闸流管脉冲电源。

闸流管是一种特殊的电子管，当对其栅极通入一脉冲信号时，便可控制管子的导通或截止，输出脉冲电流。由于这种电源的电参数与加工间隙无关，故又称为独立式电源。闸流管脉冲电源的生产率较高，加工稳定，但脉冲宽度较窄，电极损耗较大。

（3）晶体管脉冲电源。

晶体管脉冲电源是利用功率晶体管作为开关元件而获得单向脉冲的。它具有脉冲频率高、脉冲参数容易调节、脉冲波形较好、易于实现多回路加工和自适应控制等自动化要求的优点，所以应用非常广泛，特别在中、小型脉冲电源中，都采用晶体管式电源。目前晶体管的功率都还较小，每管导通时的电流常选在 5A 左右，因此在晶体管脉冲电源中，都采用多管分组并联输出的方法来提高输出功率。图 1 - 12 为自振式晶体管脉冲电源原理图，主振级 Z 为一不对称多谐振荡器，它发出一定脉冲宽度和停歇时间的矩形脉冲信号，以后经放大级放大，最后推动末级功率晶体管导通或截止。末级晶体管起着"开关"的作用。它导通时，直流电源电压 U 即加在加工间隙上，击穿工作液进行火花放电；当晶体管截止时，脉冲即行结束，工作液恢复绝缘，准备下一脉冲的到来。为了加大功率，并可调节粗、中、精加工规准，整个功率级由几十只大功率高频晶体管分为若干路并联，精加工只用其中一路或二路。为了在放电间隙短时不致损坏晶体管，每只晶体管均串联有限流电阻 R，并可以在各管之间起均流作用。

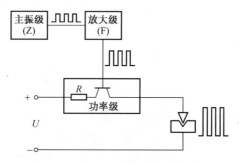

图 1 - 12   自振式晶体管脉冲电源框图

晶体管脉冲电源是近年来发展起来的以晶体元件作为开关元件的用途广泛的电火花脉冲电源，其输出功率大，电规准调节范围广，电极损耗小，故适应于型孔、型腔、磨削等各种不同用途的加工。晶体管脉冲电源已越来越广泛地应用在电火花加工机床上。

目前普及型（经济型）的电火花加工机床都采用高低压复合的晶体管脉冲电源，中、高档电火花加工机床都采用微机数字化控制的脉冲电源，而且内部存有电火花加工规准的数据库，可以通过微机设置和调用各挡粗、中、精加工规准参数。例如汉川机床厂、日本沙迪克公司的电火花加工机床，这些加工规准用 C 代码（例如 C320）表示和调用，三菱公司则用 E 代码表示。通常情况下，晶体管脉冲电源主要用于纯铜电极的加工，晶闸管脉冲电源则主要用于石墨电极的加工。两种脉冲电源都能在峰值电流、脉冲宽度、脉冲间隔等参数上作较大范围的调整，因此都能做粗、中、精加工的电源。且如果选择合理，在粗加工时可以使电极相对损耗小于 1%。

近年来随着微电子技术、元器件的发展，人们采用 V-MOS 管、IGBT 等集成芯片、组件的大功率开关元器件以代替一般的大功率三极管，它们只需很小的电流就可以驱动 10A~100A 的电流和 100~500V 的电压。为进一步提高有效脉冲利用率，满足高速、低耗、稳定加工以及一些特殊需要，在晶闸管式或晶体管式脉冲电源的基础上，派生出不少新型电源和线路，如高、低压复合脉冲电源，多回路脉冲电源以及多功能电源等。

（4）各种派生脉冲电源。

① 高低压复合脉冲电源。复合回路脉冲电源示意图如图 1-13 所示。与放电间隙并联的两个供电回路：一个为高压脉冲回路，其脉冲电压较高（300V 左右），平均电流较小，主要起击穿间隙的作用，也就是控制低压脉冲的击穿点，保证前沿击穿，因而也称之为高压引燃回路；另一个是低压脉冲回路，其脉冲电压比较低（60V~80V），电流比较大，起着蚀除金属的作用，所以称之为加工回路。二极管 VD 用以阻止高压脉冲进入低压回路。高低压复合脉冲使电极间隙先击穿引燃而后再放电加工，大大提高了脉冲的击穿率和利用率，并使放电间隙变大，排屑良好，加工稳定，在"钢打钢"时显示出很大的优越性。

近年来在生产实践中，在复合脉冲的形式方面，除了高压脉冲和低压脉冲同时触发加到放电间隙之外，如图 1-14（a）所示，还出现了两种高压脉冲比低压脉冲提前一短时间 $\triangle t$ 触发，而后提前结束或同时结束的形式，如图 1-14（b）、（c）所示，此 $\triangle t$ 时间是 1μs~2μs。实践表明图 1-14（c）的效果最好，因为高压方波加到电极间隙上去之后，往往也需有一小段延时才能击穿。

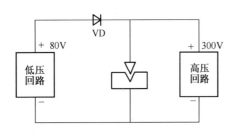

图 1-13　复合回路及高低压复合脉冲　　　　图 1-14　高低压复合脉冲的形式

在高压击穿之前低压脉冲不起作用，而在精加工窄脉冲时，高压不提前，低压脉冲往往来不及起作用而成为空载脉冲，为此，应使高压脉冲提前触发，与低压同时结束。

② 多回路脉冲电源。所谓多回路脉冲电源，即在加工电源的功率级并联分割出相互隔离绝缘的多个输出端，可以同时供给多回路的放电加工。这样不依靠增大单个脉冲放电能量，即不使表面粗糙度变大而可以提高生产率，这在大面积、多工具、多孔加工时是很有必要的，如电机定、转子冲模、筛孔等穿孔加工以及大型腔模加工中经常采用该电源，如图 1-15 所示。

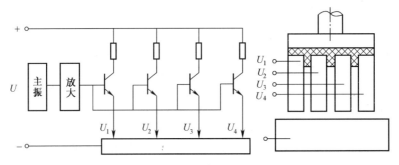

图 1-15　多回路脉冲电源和分割回路

多回路脉冲电源总的生产率并不与脉冲回路数目完全成比例增加,因为多回路电源加工时,电极进给系统的工作状态变坏,当某一回路放电间隙短路时,电极回升,全部电极都得停止工作,回路数越多,这种相互牵制干扰损失越大,因此回路数必须选择得当,一般常采用 2 ~ 4 个回路,加工越稳定,回路数可取得越多。多回路脉冲电源中,同样还可以采用高低压复合脉冲回路。

③ 等脉冲电源。所谓等脉冲电源是指每个脉冲在介质击穿后所释放的单个脉冲能量相等。对于矩形波脉冲电流来说,由于每次放电过程的电流幅值基本相同,因而所谓等脉冲电源,也即意味着每个放电电流持续时间 t_e 相等。

前述的独立式等频率脉冲电源,虽然电压脉冲宽度 t_i 和脉冲间隔 t_0 在加工过程中保持不变,但每次脉冲放电所释放的能量往往不相等。因为放电间隙物理状态总是不断变化的,每个脉冲的击穿延时随机性很大,各不相同,结果使实际放电的脉冲电流宽度发生变化,影响单个脉冲放电能量,每个脉冲形成的凹坑大小不等。等脉冲电源能自动保持脉冲电流宽度相等,用相同的脉冲能量进行加工,放电凹坑大小均匀,从而可以保证一定表面粗糙度情况下,进一步提高加工速度。获得等脉冲电流宽度的方法是:通常是在间隙加上直流电压后,利用火花击穿信号(击穿后电压突然降低)来控制脉冲电源中的一个单稳态电路,令它开始延时,并以此作为脉冲电流的起始时间。经单稳定电路延时 t_e 后,发出信号关断导通着的功放管,使它中断脉冲输出,切断火花通道,从而完成一次脉冲放电,同时触发另一个单稳电路,使经过一定的延时(脉冲间隔 t_0),发出下一个信号使功放管导通,开始第二个脉冲周期,这样所获得的极间放电电压和电流波形如图 1-16 所示,每次的脉冲电流宽度 t_e 都相等,而电压脉宽 t_i 则不一定相等。

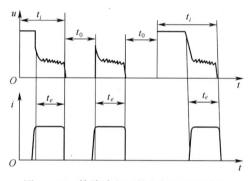

图 1-16 等脉冲电源的电压和电流波形

④ 高频分组脉冲和梳形波脉冲电源。高频分组脉冲和梳形波脉冲波形如图 1-17 所示。这两种波形在一定程度上都具有高频脉冲加工表面粗糙度小和低频脉冲加工速度高的双重优点,得到了普遍的重视。梳形脉冲不同于分组脉冲波之处在于脉冲期间电压不过零,始终加有一个较低的正电压,其作用为当进行中、精规准负极性精加工时,使正极工具能吸附碳黑膜,获得更低的电极损耗。

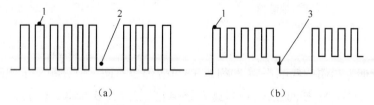

(a)   (b)

图 1-17 高频分组脉冲和梳形波脉冲电源波形
(a)高频分组脉冲电源波形;(b)梳形波脉冲电源波形。

1—高频脉冲;2—分组间隔;3—低频低压脉冲。

3) 自动进给调节系统

电火花加工与切削加工不同,属于"不接触加工"。正常电火花加工时,工具和工件间必须保持一定的放电间隙 S，如图 1-18 所示。间隙过大时脉冲电压击不穿间隙间的绝缘工作液，则不会产生火花放电，必须使电极工具向下进给，直到间隙 S 等于、小于某一值（一般 $S = 0.01 \sim 0.1\text{mm}$，与加工规准有关），才能击穿和火花放电。间隙过小时则会引起拉弧烧伤或短路。在正常的电火花加工时，工件不断被蚀除，电极也有一定的损耗，间隙将逐渐扩大，这就要求电极工具不但要随着工件材料的不断蚀除而进给，形成工件要求的尺寸和形状，而且还要不断地调节进给速度，有时甚至要停止进给或回退以调节到所需的放电间隙。这是正常电火花加工所必须解决的问题。

由于火花放电间隙 S 很小，且与加工规准、加工面积、工件蚀除速度等有关，因此很难靠人工进给，也不能像钻削那样采用"机动"等速进给，而必须采用自动进给调节系统。这种不等速的自动进给调节系统也称为伺服进给系统。

自动进给调节系统的任务在于维持一定的平均放电间隙 S，保证电火花加工正常而稳定地进行，以获得较好的加工效果。具体可用间隙蚀除特性曲线和进给调节特性曲线来说明。

图 1-19 中，横坐标为放电间隙 S，该值与纵坐标的蚀除速度 v_w 有密切的关系。当间隙太大时（例如在 A 点及 A 点之右，$S \geq 60\mu\text{m}$ 时），极间介质不易击穿，使火花放电率和蚀除速度 $v_w = 0$；只有在 A 点之左，$S < 60\mu\text{m}$ 时，火花放电概率和蚀除速度 v_w 才逐渐增大。当间隙太小时，又因电蚀产物难以及时排除，火花放电率减小、短路率增加，蚀除速度也将明显下降。当间隙短路，即 $S = 0$ 时，火花放电率和蚀除速度都为零。因此，必有一最佳放电间隙 S_B 对应于最大蚀除速度 B 点，图 1-19 中上凸的曲线 I 即间隙蚀除特性曲线。

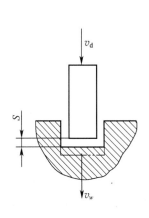

图 1-18 放电间隙、蚀除速
度和进给速度

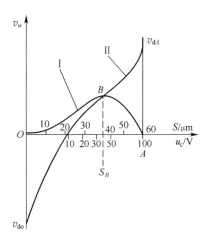

图 1-19 间隙蚀除特性与
调节特性曲线

I—蚀除特性曲线；II—调节特性曲线。

如果粗、精加工采用的规准不同，S 和 v_w 的对应值也不同。例如精加工规准时，放电间隙 S 变小，最佳放电间隙 S_B 移向左边，最高点 B 移向左下方，曲线变低，成为另外一条间隙蚀除特性曲线，但趋势是大体相同的。

自动进给调节系统的进给调节特性曲线如图 1-19 中倾斜曲线 II，纵坐标为电极进给（左下为回退）速度。当间隙过大时（例如大于、等于 $60\mu\text{m}$，为 A 点的开路电压），电极工具将以较大的空载速度 v_{dA} 向工件进给。随着放电间隙减小和火花率的提高，向下进给速度 v_d 也逐渐减小，直至为零。当间隙短路时，工具将反向以 v_{d0} 高速回退。理论上，希望调节特性曲线 II 相交于进给特性曲线 I 的最高点 B 处,如图 1-19 中所示;因为只有在此交点上,进给速度等于蚀除速度,才是稳定的工作点和稳定的放电间隙。因此只有自适应控制系统,才能自动使曲线 II 交曲线 I 于最高处 B 点,处于最佳放电状态。

以上对调节特性的分析,没有考虑进给系统在运动时的惯性滞后和外界的各种干扰,因此只是静态的。实际进给系统的质量、电路中的电容、电感都具有惯性、滞后现象,往往产生"欠进给"和"过进给",甚至出现振荡。

基于上述原因,电火花机床的伺服进给系统一般有如下要求。

(1) 有较广的速度调节跟踪范围。

在电火花加工过程中,加工规准、加工面积等条件的变化,都会影响其进给速度,调节系统应有较宽的调节范围,以适应加工的需要。

(2) 有足够的灵敏度和快速性。

放电加工的频率很高,放电间隙的状态瞬息万变,要求进给调节系统根据间隙状态的微弱信号能相应快速调节。为此,整个系统的不灵敏区、时间常数、可动部分的质量惯性要求要小,放大倍数应足够,过渡过程应短。

(3) 有必要的稳定性。

电蚀速度一般不高,加工进给量也不必过大,一般每步 $1\mu m$。所以应有很好的低速性能,均匀、稳定地进给,避免低速爬行,超调量要小,传动刚度应高,传动链中不得有明显间隙,抗干扰能力要强。此外,自动进给装置还要求体积小,结构简单可靠及维修操作方便等。

目前电火花加工用的自动进给调节系统的种类很多,按执行元件大致可分为以下几种。

(1) 电液压式(喷嘴—挡板式):企业中仍有应用,但已停止生产。

(2) 步进电动机:价廉,调速性能稍差,用于中小型电火花机床及数控线切割机床。

(3) 宽调速力矩电动机:价高,调速性能好,用于高性能电火花机床。

(4) 直流伺服电动机:用于大多数电火花成形加工机床。

(5) 交流伺服电动机:无电刷,力矩大,寿命长,用于大、中型电火花成形加工机床。

(6) 直线电动机:近年来才用于电火花加工机床,无需丝杆螺母副,直接带动主轴或工作台作直线运动,速度快、惯性小、伺服性能好,但价格高。

4) 工作液过滤和循环系统

电火花加工中的蚀除产物,一部分以气态形式抛出,其余大部分是以球状固体微粒分散地悬浮在工作液中,直径一般为几微米。随着电火花加工的进行,蚀除产物越来越多,充斥在电极和工件之间,或粘连在电极和工件的表面上。蚀除产物的聚集,会与电极或工件形成二次放电。这就破坏了电火花加工的稳定性,降低了加工速度,影响了加工精度和表面粗糙度。为了改善电火花加工的条件,一种办法是使电极振动,以加强排屑作用;另一种办法是对工作液进行强迫循环过滤,以改善间隙状态。

图 1-20 所示为工作液强迫循环的两种方式。图 1-20(a)、(b) 为冲油式,较易实现,排屑冲刷能力强,一般常采用,由于电蚀产物仍通过已加工区,会影响加工精度;图 1-20(c)、(d) 为抽油式,在加工过程中,分解出来的气体(H_2、C_2H_2 等)易积聚在抽油回路的死角处,遇电火花引燃会爆炸"放炮",因此一般用得较少,常用于要求小间隙、精加工的场合。

工作液强迫循环过滤是由工作液循环过滤器来完成的。电火花加工用的工作液过滤系统包括工作液泵、容器、过滤器及管道等,使工作液强迫循环。

图 1-21 是工作液循环系统油路图,它既能实现冲油,又能实现抽油。其工作过程是:储

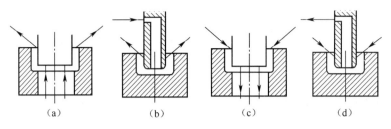

图 1-20　工作液强迫循环方式

(a)冲油式一；(b)冲油式二；(c)抽油式一；(d)抽油式二。

油箱的工作液首先经过粗过滤器1,经单向阀2吸入油泵3,这时高压油经过不同形式的精过滤器7输向机床工作液槽,溢流安全阀5使控制系统的压力不超过400kPa,补油阀11为快速进油用。待油注满油箱时,可及时调节冲油选择阀10,由阀8来控制工作液循环方式及压力。当阀10在冲油位置时,补油冲油都不通,这时油杯中油的压力由阀8控制;当阀10在抽油位置时,补油和抽油两路都通,这时压力工作液穿过射流抽吸管9,利用流体速度产生负压,达到实现抽油的目的。

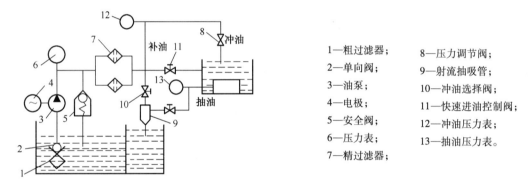

1—粗过滤器;	8—压力调节阀;
2—单向阀;	9—射流抽吸管;
3—油泵;	10—冲油选择阀;
4—电极;	11—快速进油控制阀;
5—安全阀;	12—冲油压力表;
6—压力表;	13—抽油压力表。
7—精过滤器;	

图 1-21　工作液循环系统油路图

电火花加工过程中的电蚀产物会不断进入工作液中,为了不使工作液越用越脏,影响加工性能,必须加以净化、过滤。其具体方法如下。

(1)自然沉淀法。这种方法速度太慢,周期太长,只用于单件小用量或精微加工,否则需要很大体积的工作液槽。

(2)介质过滤法。此法常用黄砂、木屑、棉纱头、过滤纸、硅藻土、活性炭等为过滤介质。这些介质各有优缺点,但对中小型工件、加工用量不大时,一般都能满足过滤要求,可就地取材,因地制宜。其中以过滤纸效率较高,性能较好,已有专用纸过滤装置生产供应。

(3)高压静电过滤、离心过滤法等。这些方法在技术上比较复杂,采用较少。

目前生产上应用的循环系统形式很多,常用的工作液循环过滤系统应可以冲油,也可以抽油,国内已有多家专业厂家生产工作液过滤循环装置。

5)数控系统

数控系统规定除了直线移动的 X、Y、Z 三个坐标轴系统外,还有3个转动的坐标系统,即绕 X 轴转动的 A 轴,绕 Y 轴转动的 B 轴,绕 Z 轴转动的 C 轴。若机床的 Z 轴可以连续转动但不是数控的,如电火花打孔机,则不能称为 C 轴,只能称为 R 轴。

根据机床的数控坐标轴的数目,目前常见的数控机床有三轴数控电火花机床、四轴三联动数控电火花机床、四轴联动或五轴联动甚至六轴联动电火花加工机床。三轴数控电火花加工

机床的主轴 Z 和工作台 X、Y 都是数控的。从数控插补功能上讲,又将这类机床细分为三轴两联动机床和三轴三联动机床。

三轴两联动是指 X、Y、Z 三轴中,只有两轴(如 X、Y 轴)能进行插补运算和联动,电极只能在平面内走斜线和圆弧轨迹(电极在 Z 轴方向只能作伺服进给运动,但不是插补运动)。三轴三联动系统的电极可在空间作 X、Y、Z 方向的插补联动(例如可以走空间螺旋线)。

四轴三联动数控机床增加了 C 轴,即主轴可以数控回转和分度。

现在部分数控电火花机床还带有工具电极库,在加工中可以根据事先编制好的程序,自动更换电极。

■ 项目实施

电火花加工的一般步骤如图 1–22 所示,因此初步确定电火花加工镶针排孔的步骤为:工件的装夹及校正、电极装夹、电极定位于要加工的孔位上方、设置加工参数、加工等。

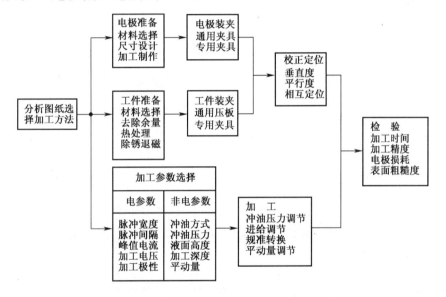

图 1–22 电火花加工流程图

(一)电火花机床安全操作规程

1. 安全规程

(1)电火花机床应设置专用地线,使电源箱外壳、床身及其他设备可靠接地,防止电气设备绝缘损坏而发生触电。

(2)操作人员必须站在耐压 20kV 以上的绝缘物上进行工作,加工过程中不可触碰电极工具。操作人员不得长时间离开工作中的电火花机床,重要机床每班操作人员不得少于两人。

(3)经常保持机床电器设备清洁,防止受潮,以免降低绝缘强度而影响机床的正常工作。若电动机、电器设备的绝缘损坏(击穿)或绝缘性能不好(漏电),其外壳便会带电,如果人体与外壳接触,而又站在没有绝缘的地面上时,这就相当于单相触电,轻则"麻电",重则有生命危险,为了防止这种触电事故发生,人应站在铺有绝缘垫的地面上。另外,电器设备外壳应采用保护接地措施,一旦发生绝缘击穿漏电,外壳与地短路,使熔丝熔断,保护人体不再触电。

(4) 添加工作介质煤油时,不得混入汽油类易燃物,防止由火花引起火灾。油箱内要有足够的循环油量,使油温限制在安全范围内。

(5) 放电加工时,工作液面要高于工件一定距离(30~100mm),但必须避免浸入电极夹头。如果液面过低,加工电流较大,则容易引起火灾。为此,操作人员应经常检查工作液面是否合适。表1-2为几种经常意外发生火灾的情况,一定要避免出现图中的错误。

表1-2　意外发生火灾的情况

序号	示 图	说 明	序号	示 图	说 明
1	喷油嘴	电极和喷油嘴相碰引起火花放电	4		加工液槽中没有足够的工作液
2	导线	绝缘外皮多次弯曲而意外破裂的导线和工件夹具间发生火花放电	5	主轴 电极	电极和主轴连接不牢固,意外脱落时,电极和主轴间发生放电
3	煤油工作液	加工的工件在工作液中位置过高	6	夹具	电极的一部分和工件夹具间发生意外放电,并且放电又在非常接近液面的地方

还应注意,在火花放电转成电弧放电时,电弧放电点局部会因温度过高,工件表面向上积碳结焦而越来越高,主轴跟着回退,直至在空气中形成火花放电而引起火灾。这种情况,液面保护装置也无法起效,除非电火花机床上有烟火自动监测和自动灭火装置,否则,操作人员不能较长时间离开。

(6) 根据煤油的混浊程度,要及时更换过滤介质,并保持油路畅通。

(7) 电火花加工车间内应有抽油雾、烟气的排风换气装置,保持室内空气良好而不被污染。

(8) 机床周围严禁烟火,并应配备适用于油类的灭火器,最好配备自动灭火器。好的自动灭火器具有烟雾、火光、温度感应报警装置,并自动灭火,比较安全可靠。若发生火灾,应立即切断电源,并用四氯化碳或二氧化碳灭火器扑灭火苗,防止事故扩大。

(9) 电火花机床的电气设备应设置专人负责,其他人员不得擅自乱动。

(10) 下班前应关闭总电源,关好门窗。

2. 操作规程

(1) 应接受有关劳动保护、安全生产的基本知识和现场教育,熟悉本职的安全操作规程。

(2) 坚决执行岗位责任制,做好室内外环境的卫生,保证通道畅通,设备物品要安全放置,认真搞好文明生产。

(3) 熟悉所操作机床的结构、原理、性能及用途等方面的知识,按照工艺规程做好加工前的准备工作,严格检查工具电极与工件是否都已校正和固定好。

(4) 调节好工具电极与工件之间的距离,锁紧工作台面,启动工作液油泵,使工作液面高于工件加工表面一定距离后,才能启动脉冲电源进行加工。

(5) 加工过程中,操作人员不能对系统进行维修或更换电极,更不能一手触摸工具电极,另一只手触碰机床,这样将有触电危险,严重时会危及生命。如果操作人员脚下没有铺垫橡胶、塑料等绝缘垫,则加工中不能触摸工具电极。

(6)为了防止触电事故的发生,必须采取如下安全措施。

① 建立各种电气设备的经常与定期的检查制度,如出现故障或与有关规定不符合时,应及时加以处理。

② 维修机床电器时,应拉掉电闸,切断电源,尽量不要带电工作,特别是在危险场所(如工作地点很狭窄,工作地点周围有对地电压在 250V 以上裸露的导体等)应禁止带电工作。如果必须带电工作时,应采取必要的安全措施(如站在橡胶垫上或穿绝缘橡胶靴,附近的其他导体或接地处都应用橡胶布遮盖,并有专人监护等)。

(7)加工完毕后,随即关闭电源,收拾好工、夹、测、卡等工具,并将场地清除干净。

(8)操作人员应坚守岗位,思想集中,经常采用看、听、闻等方法注意机床的运转情况,发现问题要及时处理或向有关人员报告。不得允许闲杂人员擅自进入电加工场所。

(9)定期做好机床的维修保养工作,使机床处于良好状态。

(10)在电火花加工场所,应确定安全防火人员,实行定人定岗负责,并定期检查消防灭火设备是否符合要求,加工场所不准吸烟,并要严禁其他明火。

(二)电火花机床的维护与保养

1. 机床的润滑

机床的润滑均采用人工润滑。部件轴承采用锂基润滑脂,每 2 ~ 3 年在机床保养时涂抹一次。导轨、丝杠副等均采用机械油润滑。手动润滑泵、床身导轨、拖板导轨。而主轴润滑在出厂时主轴已存有油,只要平时从润滑点补充即可。

2. 工作场地的安全

工作场地严禁烟火,必须有妥善的防火、通风设备。经常检查外露接头,防止渗漏。

3. 主轴头的维护及保养

主轴头是保证机床具有较高的几何精度、加工精度及加工灵敏度的主要部件。因此,在使用时必须注意维护和保养。

(1)主轴头在正常使用时,其齿型皮带应松紧合适,如出观主轴进给不均匀,或在放电加工时主轴反应不灵敏,此时可将主轴头罩取下,检查齿型皮带的松紧程度,观察是否出现爬齿现象或轮与带的齿间出现间隙,可调整伺服电机支架上的螺钉来调节齿型皮带的松紧。

(2)为保证主轴移动的精度和刚度,主轴与导向导轨之间在制造时保证无间隙。如发现主轴移动精度和刚度降低的现象,可检查导向导轨的间隙,此时可松开导轨的压紧螺钉,利用右侧面的顶丝,重新调节间隙,然后再旋紧压紧螺钉(此项工作必须精心调试)。

4. 工作台、拖板的维护及保养

工作台、拖板应保持清洁并润滑。如发现手柄摇动有不均匀性,应拆下端板检查丝杆螺母的松紧程度以及丝杆弯曲度,并立即调整。

(三)数控电火花成形机床操作步骤(顺序流程)

(1)开机:旋出面板上 EMERGENCY STOP 红色蘑菇头按钮;按面板上 POWER 绿色按钮,总电源启动;稍候片刻,CRT 上出现计算机自检信息,随即进入系统操作主画面(主功能)便可进行后续操作。

(2)按 F1 键打开"副电源",打开控制伺服电源及放电电源的开关(启动放电电力系统及控制电力系统)。

(3) 按 F7 键(归零)→电极与工件接触后按 Z→0→ENT 键完成 Z 轴归零,用手控盒或面板上的 DOWN 命令将 Z 轴移动到低于工件表面且安全的位置准备 X、Y 轴的零位设置,首次操作时可对工件角点归零,操作如下。

X 方向:移动工作台 X 方向使工件与电极接触,按 X→0→ENT。

Y 方向:移动工作台 Y 方向使工件与电极接触,按 Y→0→ENT。

XY 调至设定坐标,锁紧手轮刻度盘(锁紧螺丝,小把手拉紧,固定螺母插锁拔出)。

(4) 按 F2 编辑→F2(自动参数)→加工对话框→填写加工深度、最大电流、加工材料、粗糙度范围→ENT 键。

例:设定 Z 轴深"1mm",开始最大电流"10A",选择加工电极材料"0",选择完工细度"中细"。其加工参数如表 1-3 所列。

表 1-3　加工参数

组别	设定深度	峰值电流	加工脉宽	休止时间	间隙电压	伺服比例	跳升高度	工作时间	加强电压	极性
0	-0.780	10	350	250	35	4	15	10	260	+
1	-0.820	10	350	250	35	4	15	10	260	+
2	-0.860	7	175	175	40	4	15	10	260	+
3	-0.890	5	80	100	45	4	15	10	260	+
4	-0.920	3	40	60	50	4	15	10	260	+
5	-0.950	2	20	40	60	4	15	10	260	+
*6	-0.980	1	10	30	70	4	15	10	260	+
*7	-1.000	0	5	30	80	4	15	10	260	+

(5) 按 F5 键设定加工段落,若全段加工,则按 O→ENT 再移动游标到 7→ENT;若选择第 3 段至第 5 段加工,则游标移至第 3 段→按 ENT 键→游标移至第 5 段→按 ENT 键即可。

(6) 设定好后,按 F10 键回主功能,按 F5 键界面状态→按 F1 键清除上次加工时间,按 F5 键设置加工结束后工件抬出 z 轴的距离(该距离以工件便于装卸为宜)。

(7) 按 F9 键油泵打开,必须使液面高度合适,否则会有火灾危险。

(8) 按绿色键 START 开始加工。

(9) 关机:加工结束后在主画面下选择 F10 关闭总电源或按 EMERGENCY STOP 红色蘑菇头按钮,再按 POWER 绿色按钮关闭总电源。一般情况下不建议使用后者执行关机操作。

注意事项具体如下。

(1) 二次行程锁紧开关,处于锁紧状态,二次行程不能上下移动,位于床身上部右侧。

(2) 机床主轴上红色橡胶体以上不带电,红色以下带电,非经指导教师同意切勿触碰。

(3) 在 X、Y 轴方向上:顺时针摇动手柄时工作台带动工件远离操作者(Z 轴相对移向操作者),方向为负;逆时针摇动手柄时工作台带动工件移向操作者(Z 轴相对远离操作者),方向为正。

(4) 两次开机间隔不得小于 30s。

(5) 自动匹配的参数"设定深度"的深度值一般要根据加工参数的放电间隙来调整段之间的距离,一般选放电间隙数值 1~2 倍,可达到更佳效果。

(6) 在精加工段(例如 *6、*7 段),当自动编程的加工参数在放电时电压表间隙电压太低,需要调整增加"间隙电压、伺服比例"参数,减少"跳升高度、工作时间"参数,以达到更佳的加工状态。

（7）启动放电前,应注意油位、睡眠、自动上升、积碳、高度、时间、等能量等各项设定。确定基准面后 Z 轴需要清零,即由 0.000 加工到-×.×××,或以到位面为 0.000 位而设定 Z 轴基准面为加工深度值,即由+×.×××加工到 0.000,从而实现减加工。如果 Z 轴显示的位置比参数表的设定加工深度还要深,将不能启动放电。

（四）加工准备

1. 工件的装夹

在电火花加工用的专用磁性吸盘上,用百分表或千分表校正工件的平行度。在装夹前应将工件去除毛刺,除磁去锈。

2. 电极的设计

在本项目中,电极材料选用紫铜,电极的结构设计要根据机床上现有的安装电极的夹具来决定。图 1-23 所示为常用的装夹电极的两种夹具,其中图 1-23(a)所示为电极标准套筒形夹具,根据该夹具设计的电极如图 1-23(c)所示;图 1-23(b)为钻夹头,主要用来装夹细小的电极,如细长紫铜棒等。

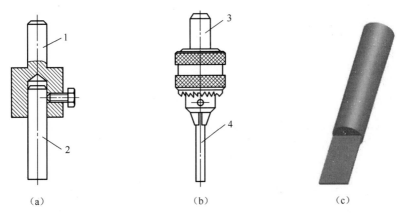

（a）　　　　　　　　　（b）　　　　　　　　　（c）

图 1-23　电极的设计

(a)标准套筒形夹具;(b)钻夹头夹具;(c)电极。

1—标准套筒;2、4—电极;3—钻夹头。

3. 电极的装夹与校正

将电极装夹在电极夹头上,如图 1-24 所示,在教师帮助下通过目测法利用角尺校正电极。

4. 电极的定位

筋体的尺寸余量较大,定位不需十分精确,可以通过前文的操作步骤中步骤 3 的方法进行定位。具体操作为:对工件的角点进行 X、Y、Z 坐标置零,然后根据图纸标注要求换算筋体位置;用摇动 X、Y 轴手柄的方法并注意显示屏中坐标的显示数值确定电极的加工位置,准备放电加工。

（五）加工

参照前文操作步骤中的 4~9 步骤,并在指导老师帮助下,设置加工参数(表 1-4)。以型

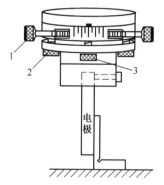

图 1-24　电极的校正

1—电极旋转调整螺钉;2—电极左右水平调整螺钉;3—电极前后水平调整螺钉。

芯中某一加强筋为例,设定 Z 轴深"8mm",开始最大电流"6A",选择加工电极材料"0",选择完工细度"细",其加工参数如表 1-4 所列。

表 1-4　筋体的加工参数表

组别	设定深度	峰值电流	加工脉宽	休止时间	间隙电压	伺服比例	跳升高度	工作时间	加强电压	极性
0	-7.85	6	200	100	35	4	15	10	260	+
1	-7.900	5	200	100	35	4	15	10	260	+
2	-7.950	3	100	100	35	4	15	10	260	+
3	-7.980	2	50	100	40	4	15	10	260	+
4	-8.000	1	20	40	40	4	15	10	260	+

加工完成后,仔细观察并检查加工结果,测量电极的长度有无变化,观察电极加工的部位有无变色,分析发生变化的原因。

■ 知识链接

(一) 极性效应

在电火花加工过程中,无论是正极还是负极,都会受到不同程度的电蚀。即使是相同材料(例如钢加工钢),正、负电极的电蚀量也是不同的。这种单纯由于正、负极性不同而彼此电蚀量不一样的现象叫做极性效应。如果两电极材料不同,则极性效应更加明显。在生产中,将工件电极接脉冲电源正极(工具电极接脉冲电极负极)的加工称为正极性加工(图 1-25),反之称为负极性加工(图 1-26)。在电火花加工中极性效应越显著越好,这样,可以把电蚀量小的一极作为工具电极,以减少工具电极的损耗,从而提高加工精度。

产生极性效应的原因很复杂,它受到电极以及电极材料、加工介质、电源种类、单个脉冲能量等多种因素的影响。对极性效应的传统解释是:在火花放电过程中,正、负电极表面分别受到负电子和正离子的撞击和瞬时热源的作用,在两极表面所分配到的能量不一样,因而熔化、汽化抛出的电蚀量也不一样。这是因为电子的质量和惯性均小,容易获得很高的加速度和速度,在击穿放电的初始阶段就有大量的电子奔向正极,把能量传递给正极表面,使电极材料迅速熔化和汽化;而正离子则由于质量和惯性较大,启动和加速较慢,在击穿放电的初始阶段,大

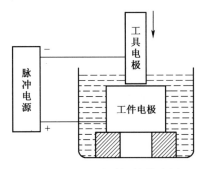

图 1-25 "正极性"接线法图

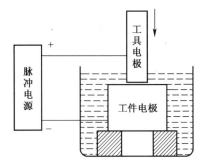

图 1-26 "负极性"接线法图

量的正离子来不及到达负极表面,而到达负极表面并传递能量的只有一小部分离子。所以在用窄脉冲(即放电持续时间较短)加工时,电子的撞击作用大于离子的撞击作用,正极的蚀除速度大于负极的蚀除速度,这时工件应接正极。当采用长脉冲(即放电持续时间较长)加工时,质量和惯性大的正离子将有足够的时间加速,到达并撞击负极表面的离子数将随放电时间的延长而增多;由于正离子的质量大,对负极表面的撞击破坏作用强,同时自由电子挣脱负极时要从负极获取逸出功,而正离子到达负极后与电子结合释放位能,故负极的蚀除速度将大于正极,这时工件应接负极。因此,当采用窄脉冲(例如纯铜电极加工钢时, $t_i < 10\mu s$)精加工时,应选用正极性加工;当采用长脉冲(例如纯铜加工钢时, $t_i > 80\mu s$)粗加工时,应采用负极性加工,可以得到较高的蚀除速度和较低的电极损耗。

而实际上,两极能量分配系数的大小与负电子和正离子的轰击没有决定性的关系。到目前为止,研究结果表明,电火花加工过程中,正离子对负极直接碰撞传递给负极的能量很小且与脉宽无显著关系。正离子的动能转化成光能以光子的形式向外释放,此释放的能量也分成三部分:负极、正极和通道。就正负极来讲,由于正离子向负极迁移的结果,使负极接受的此部分光能大于正极。脉宽越大,正、负极接受的此部分光能差越显著。

由此可见,极性效应是一个较为复杂的问题。除了脉宽、脉间的影响外,还有脉冲峰值电流、放电电压、工作液以及电极对的材料等都会影响到极性效应。从提高加工生产率和减少工具损耗的角度来看,极性效应越显著越好,加工中必须充分利用极性效应,最大限度地降低工具电极的损耗,并合理选用工具电极的材料,根据电极对材料的物理性能、加工要求选用最佳的电规准,正确地选用加工极性,达到工件的蚀除速度最高、工具损耗尽可能小的目的。

(二)覆盖效应(吸附效应)

在材料放电腐蚀的过程中,一个电极的电蚀产物转移到另一个电极表面上,形成一定厚度的覆盖层,这种现象叫做覆盖效应,如图 1-27 所示。合理利用覆盖效应,有利于降低电极损耗。

图 1-27 铜电极加工前后对比图

在用煤油之类的碳氢化合物作工作液时,在放电过程中发生热分解,产生大量的碳微粒,它能和金属结合形成金属碳化物的胶团。中性的胶团在电场作用下可能与其可动层(胶团的外层)脱离,而形成带负电荷的碳胶粒,它在电场作用下会向正极移动,并吸附在正极表面。如果电极表面瞬时温度为 400℃左右,且能保持一定时间,即能形成一定强度和厚度的化学吸附碳层,通常称之为碳黑膜。由于碳的熔点和汽化点很高,故碳黑膜可对正极起到保护和补偿损耗作用,从而实现

"低损耗"加工。利用覆盖效应原理进行加工时,应采用负极性加工。

1. 碳素层的生成条件

(1)必须在油类介质中加工。

(2)有足够多的电蚀产物,尤其是介质放入热解产物——碳粒子。

(3)有足够的时间,以便在这一表面上形成一定厚度的碳素层。

(4)应当采用负极性加工,因为碳素层易在阳极表面生成。

(5)有足够高的温度。电极上待覆盖部分的表面温度不低于碳素层生成温度,但要低于熔点,以使碳粒子烧结成石墨化的耐蚀层。

2. 影响覆盖效应的主要因素

(1)脉冲参数与波形的影响。为了保持合适的温度场和吸附碳黑有足够的时间,增加脉冲宽度是有利的。实验表明,当峰值电流、脉冲间隔一定时,碳黑膜厚度随脉宽的增加而增厚;而当峰值电流和脉冲宽度一定时,碳黑膜厚度随脉冲间隔的增大而减薄。这是由于脉冲间隔加大,电极为正的时间相对变短,引起放电间隙中介质消电离作用增强,放电通道分散,电极表面温度降低,使"吸附效应"减少。反之,随着脉冲间隔的减小,电极损耗随之降低。但过小的脉冲间隔将使放电间隙来不及消电离和使电蚀产物扩散,因而造成拉弧烧伤。此外,采用某些组合脉冲波加工,有助于覆盖层的生成,其作用类似于减小脉冲间隔,并且可大大减少转变为破坏性电弧放电的危险。

(2)电极材料的影响。铜加工钢时覆盖效应较明显,但铜电极加工硬质合金工件时则不大容易生成覆盖层。

(3)工作液的影响。油类工作液在放电产生的高温作用下,生成大量的碳粒子,有助于碳素层的生成。

(4)工艺条件的影响。覆盖层的形成还与间隙状态有关,如工作液不干净,电极截面面积较大、电极间隙较小、加工状态较稳定等情况均有助于生成覆盖层。但若加工中冲油压力太大,则覆盖层较难生成。这是因为冲油压力会使趋向电极表面的微粒运动加剧,而使微粒无法粘附到电极表面上去。因此,在加工过程中采用冲、抽油时其压力、流速不宜过大。

在电火花加工中,覆盖层不断形成,又不断被破坏。为了实现电极低损耗,达到提高加工精度的目的,最好使覆盖层形成与破坏程度达到动态平衡。

(三)工作液作用及种类

1. 工作液的作用

(1)消电离作用。在脉冲间隔火花放电结束后,尽快恢复放电间隙的绝缘状态(消电离),以便下一个脉冲电压再次形成电火花放电。工作液有一定的绝缘强度,电阻率较高,放电间隙消电离、恢复绝缘时间短。

(2)排除电蚀产物作用。电火花加工过程中会产生大量的电蚀产物,如果这些电蚀产物不能及时排除,会影响到电火花的正常加工。而工作液可以使电蚀产物较易从放电间隙中排除出去,免得放电间隙严重污染,从而导致火花放电点不分散而形成有害的电弧放电。

(3)冷却作用。由于电火花放电时火花通道中瞬时产生大量的热量,工作液可以冷却工具电极和降低工件表面瞬时产生的局部高温,使工件表面不会因局部过热而产生积碳、烧伤现象。

(4)增加电蚀量。工作液可以压缩火花放电通道,增加通道中被压缩气体、等离子体的膨胀及爆炸力,从而抛出更多熔化和汽化的金属。

2. 电火花工作液的要求

（1）闪点。闪点是指当工作液暴露在空气中时，工作液表面分子蒸发，形成工作液蒸气，当工作液蒸气和空气的比例达到某一数值并与外界火源接触时，其混合物会产生瞬时爆炸，此时的温度就是该工作液的闪点。一般来说，工作液的闪点越高，成分稳定性越好，使用寿命也越长。闪点高，不易起火，不易汽化、损耗。闪点一般应大于70℃。

（2）黏度。黏度是指液体流动阻力大小的一种量度。黏度值较高的液体其流动性差，黏度值较低的液体其黏性差，低黏度有利于加工间隙中工作液的流动，将电蚀产物及加工产生的热量带走。

（3）密度。工作液的密度是指单位体积液体的质量。

（4）氧化稳定性。工作液的氧化稳定性是指由工作液成分和氧气产生化学反应而引起的，表示其成分已变质。氧化作用随温度的升高或某些金属的催化作用而加速，也随时间而增强，同时使工作液的黏度增大。因此，氧化稳定性是工作液性能的重要标志。

（5）对加工工件无污染、不腐蚀。

（6）臭味小。电火花加工过程中分解出的气体烟雾必须是无毒的，对人体无伤害，但对大气环境会造成影响。如果工作液带有类似燃料油之类的气味或其他溶剂的气味，则表明该工作液质量差，或已变质，不能使用。

3. 电火花工作液的种类

目前，电火花成形加工多采用油类工作液。机油黏度大、燃点高，用它做工作液有利于压缩放电通道，提高放电的能量密度，强化电蚀产物的抛出效果，但黏度大，不利于电蚀产物的排出，影响正常放电；煤油黏度低，流动性好，排屑条件较好。

在粗加工时，要求速度快，放电能量大，放电间隙大，故常选用机油等黏度大的工作液；在中、精加工时，放电间隙小，往往采用煤油等黏度小的工作液。采用水做工作液是值得注意的一个方向。用各种油类以及其他碳氢化合物做工作液时，在放电过程中不可避免地产生大量碳黑，严重影响电蚀产物的排除及加工速度，这种影响在精密加工中尤为明显。若采用酒精做工作液时，因为碳黑生成量减少，上述情况会有好转。所以，最好采用不含碳的介质，水是最方便的一种。此外，水还具有流动性好、散热性好、不易起弧、不燃、无味、价廉等特点。但普通水是弱导电液，会产生离子导电的电解过程，这是很不利的，目前只在某些大能量粗加工中采用。

在精密加工中，可采用比较纯的蒸馏水、去离子水或乙醇水溶液来做工作液，其绝缘强度比普通水高。

4. 工作液的使用注意事项

（1）防止溶解水带入。当空气的温度和湿度较高时，空气中的水分一部分被吸附在油中而成为溶解水，溶解水的出现引起工作台的锈蚀和油品混浊，也影响油品的介电性能。

（2）预防加工液溅到加工人员身上。根据实验可知，当人体皮肤长时间接触工作液时，会引起皮肤干燥、开裂及过敏。因此，当皮肤接触到工作液时应及时用水加洗涤液洗净；当衣服沾染较多工作液时应及时换下，并将身上沾的油洗净。

（四）数控电源柜的系统组成及操作简介

1. 概述

1）系统组成及其特点

数控电火花成形机床由主机和数控电源柜两大部分构成。电源柜是完成控制、加工、操作的部分,是机床的中枢神经系统,是机床实施控制的核心部分。

(1)计算机系统。采用工控计算机CPU板卡,功能强,容易操作,兼容性好,给操作和系统维护带来极大方便,同时增强了系统的抗干扰能力。

(2)接口板。接口控制电路是计算机与脉冲电源、伺服系统及机床主机进行信息交流的桥梁。

(3)脉冲电源。采用工控计算机CPU板卡及高性能芯片组,以实现脉冲波形发生、检测、自适应控制。同时,实现对每个放电脉冲的实时检测、分析和判断,为自适应调整提供准确的依据,确保放电加工时保持最优状态。

(4)伺服驱动。采用PWM驱动电路,驱动直流伺服电机配合高精度数显尺,以实现高速高精度定位。

(5)键盘。完成各种数据输入,实现机床的各种操作。

(6)显示器。机床操作、控制的人机交互界面,提供加工操作、控制的各级菜单,显示脉冲电源系统、伺服系统、机床主机、放电状态等各种信息及操作提示。按照界面提示,通过键盘进行机床的各项操作。

(7)强电开关板。此功能模块主要控制副电源、强电启停、极性转换等接触器的吸合及断开。

2)主要技术特点

(1)采用模块化结构。

(2)具有脉冲电源自适应控制,自动对加工状态进行调整,使加工保持最佳状态,提高了加工质量。

(3)兼容伺服稳定电路、深孔加工电路、超细加工电路、高低间隙单独电路等。

(4)具有友好的人机交互界面,操作简单、方便。

(5)电极耗损小,加工效率高。

3)STZNC-60A单轴数控脉冲电源主要功能简介

(1)加工控制利用人机交互界面、菜单式问答或填空操作,多种信息提示,加工控制简单、方便。

(2)适时显示当前各轴坐标值。

(3)具有拉弧、短路自适应处理功能。

(4)具有掉电记忆功能。

(5)具有公制、英制转换功能。

(6)具有接触感知(归零)功能。

(7)具有1/2功能,便于工件中心找正。

(8)具有主轴锁定功能。

(9)具有多段加工功能。

(10)有校模找正功能。

4)主要加工指标

(1)最佳粗糙度　　　　　　　$Ra \leqslant 0.8 \mu m$

(2)最小电极损耗　　　　　　$\leqslant 0.1\%$

(3)最高加工效率　　　　　　$400 mm^3/min$(铜-钢)

(4)STZNC-60A为电源控制类型,最大平均加工电流60A。

2. 控制面板简介

（1）LCD/LED。它是操作者与控制系统交流的窗口。通过显示屏的显示，操作者可以很方便地了解系统的工作状况。

（2）电压表。指示放电加工的间隙电压值。

（3）电流表。指示放电加工的平均电流值。

（4）蜂鸣器。用于系统故障报警或警告提示。

（5）启动按钮。用于启动电柜的电源。

（6）紧急停止按钮。用于关闭伺服及功放部分的电源。

（7）键盘。完成各种数据输入，控制机床的各种操作。

（8）功能键。每按一个功能键，将执行显示屏幕下方对应的一个功能模块。

（9）手控盒及操作说明。

SPEED 按键

按此键选择 3 种移动速度。

F:快速

M:中速

S:慢速

UP、DOWN

在按 UP 键时，主轴向正方向移动；按 DOWN 键时，主轴向负方向移动。移动速度由 SPEED 按键指定。

START 键，与键盘上 START 键等同，即加工开始命令，STOP 键，与键盘上 STOP 键等同，用于脉冲电源停止。

3. 操作系统简介

本教材以苏州工业园区江南赛特数控设备有限公司的 EDM450 电火花成形机床的操作系统为依据，进行操作系统的介绍。该机床的主功能（主画面）菜单，如图 1-28 所示。

F1	F2	F3	F4	F5	F6	F7	F8	F9	F10
副电源	编辑	画面	积碳调整	界面状态	中心	归零	校模	水油开关	电源关闭

图 1-28　操作系统主功能菜单

F1（副电源）:按此键时，启动放电电力系统及控制电力系统（打开电柜电源进入主画面后，如未按 F1 开关，机床将不能执行主轴移动、放电等功能）。

F2（编辑）:按此键主画面切换到编辑菜单，如图 1-29 所示。

F1	F2	F3	F4	F5	F6	F7	F8	F9	F10
记忆组别	自动参数	排渣速度	增量	加工段设定	减量	设定等能量	排渣开关	油泵浦	回主功能

图 1-29　操作系统编辑项子菜单

此键为人机界面，当设定或修改屏幕上的数值时按 F2 键，此时屏幕左上方有反白游标，用键盘上↑、↓、←、→方向键移动此游标到需要修改的位置，用键盘数字键输入数值再按 ENT 键。当所有数据输入完成后按 F10 键数据送至 CPU 执行。如使用"增加""减少"键修改数据，数据可直接送至 CPU。

F1(记忆组别):加工参数记忆组更改键,系统提供 00~99 记忆组共 100 组,每一组记忆区当设定参数设定完成后均被自动储存,当关机时,所有记忆保持完整记忆。

例:按 F1 键时屏幕出现组别菜单的信息提示框,如图 1-30 所示。

```
┌─────────────────────────────┐
│       加工参数选择           │
│       请输入 00~99           │
└─────────────────────────────┘
```

图 1-30　组别菜单的信息提示框

欲更改组别,输入数据后按 ENT 键。

F2(自动参数):只需输入加工深度、最大电流、电极材料及粗糙度范围后,按 ENT 键可自动完成加工参数匹配。

F3(排渣速度):为 Z 轴排渣上下速度,输入范围 00~99。

例:按 F3 键时屏幕出现排渣速度菜单的信息提示框,如图 1-31 所示。

```
┌─────────────────────────────┐
│     排渣上下速度选择         │
│       请输入 00~99           │
└─────────────────────────────┘
```

图 1-31　排渣速度菜单的信息提示框

输入欲更改速度后,按 ENT 键完成设定。

F4(+):增加屏幕参数值,用键盘上↑、↓、←、→方向键移动反白游标到需要修改的位置,使用+键修改数据,数据可直接送至 CPU。

F5(加工段设定):设定加工参数段。例如要在第 3~5 段加工,则移动游标由第三段 3→ENT 键→再移动游标 5→ENT 加工到第五段停止;如果要全段加工,则按 0→ENT 再移动游标到结束段位→ENT 完成全段加工。

F6(-):减少屏幕参数值,用键盘上↑、↓、←、→方向键移动反白游标到需要修改的位置,使用-键修改数据,数据可直接送至 CPU。

F7(设定等能量):等能量开启开关。等能量开启可使电极消耗变小,提供较稳定伺服,但在容易积碳或特殊材质如不锈钢、硬质合金等加工时必须关闭等能量功能。

F8(排渣开关):按此键,Z 轴将没有跳升(无抬刀)。

F9(油泵浦):按此键,油泵启动加工液送至油槽。

F10(回主功能):按此键,切换到主画面。

F3(画面):切换显示方式。

F4(积碳调整):按此键主画面切换到积碳调整菜单,如图 1-32 所示。

F1 * 未设置 *

F1	F2	F3	F4	F5	F6	F7	F8	F9	F10
	积碳高设定	积碳时设定			积碳高开/关	积碳时开/关		油泵浦	回主功能

图 1-32　积碳调整项的子菜单

F2(积碳高设定):设定积碳高度 0.1~10mm。

例:按 F2 键时屏幕出现积碳高度设定项的信息提示框,如图 1-33 所示。

```
┌─────────────────────────┐
│      积碳高度设定         │
│                         │
│      0.1~10mm           │
└─────────────────────────┘
```

图 1-33　积碳高设定项的信息提示框

输入之后,按 ENT 键完成设定。

注意:模具在侧隙加工时,不要设定积碳高度。

F3(积碳时设定):设定积碳时间 0.1~10Sec。

例:按 F3 键时屏幕出现积碳时设定项的信息提示框,如图 1-34 所示。

```
┌─────────────────────────┐
│     积碳时间极限设定       │
│                         │
│      0.1~10Sec          │
└─────────────────────────┘
```

图 1-34　积碳时设定项的信息提示框

输入数值后,按 ENT 键完成设定。

F4 * 未设置 *

F5 * 未设置 *

F6(积碳高开 / 关):积碳高度动作 ON/OFF。

F7(积碳时开 / 关):积碳时间停止 ON/OFF。

F9(油泵浦):按此键,油泵启动加工液送至油槽。

F10(回主功能):按此键,切换到主画面。

F5(界面状态):此键为控制各界面控制的开关,按此键主画面切换到界面状态菜单,如图 1-35 所示。

F1	F2	F3	F4	F5	F6	F7	F8	F9	F10
清除时间	间歇喷油	油位开关	睡眠开关	自动上升	声音开关	Z轴锁定	英寸公里	油泵浦	回主功能

图 1-35　界面状态项的子菜单

F1(清除时间):清除计时器的加工时间,在加工时重新计时。

F2(间歇喷油):在加工时,实现间歇喷油(一般主机无磁阀 ,此功能不体现)。

F3(油位开关):按此键时油位开关(浮子)忽略,加工液面高度不需保持在设定高度,同时可以启动放电系统,实施充油加工。

F4(睡眠开关):按此键,当放电加工到达指定深度时,电脑会依放电电力系统、控制电力系统、电脑系统等顺序关闭电源。

F5(自动上升):当电极加工到设定深度时,电极(主轴)自动回升。此功能上升高度可设定。

例:按 F5 键时屏幕出现自动上升项的信息提示框,如图 1-36 所示。

```
┌─────────────────────────────────────────────────┐
│              设定自动上升位置                        │
└─────────────────────────────────────────────────┘
```

图 1-36 自动上升设定项的信息提示框

输入数值后,按 ENT 键完成设定。

F6(声音开关):按此键,所有警示声音均被关闭。

F7(Z 轴锁定):按此键,Z 轴被锁定。如需锁定放电,需在放电前设定。

F8(公厘英寸):INC Ⅱ/mm 单位切换。

F9(油泵浦):按此键,油泵启动加工液送至油槽。

F10(回主功能):按此键,切换到主画面。

F6(中心):在工件 X 或 Y 轴取中心值时,屏幕出现中心设置项的信息提示框,如图 1-37 所示。

图 1-37 中心设置项的信息提示框

例:测 X 轴中心。移动工作台,使电极与工件接触 A 点,确定准确后,按键盘上 X→O→ENT,然后移动工作台到另一边,使电极与工件接触 B 点,按 X→"中心",此时 X 轴坐标被除 2,只需将 X 轴移至坐标为 0.000 的位置,此点即为 A 、B 的中心点。

F7(归零):按此键 Z 轴自动下降,直到接触工件停止,停止后自动消除归零功能,此时按 Z→O→ENT 将 Z 轴归零。

F8(校模):此时提供使用者两种校模方法。

① 用百分表校模:按"校模"键,用百分表接触工件或电极作水平或垂直调整,调整完成再按"校模"键,则本功能关闭。

② 电火花校模:当设定加工参数后,按"校模"键,然后按加工 START 键放电,根据电火花放电作校模调整。

注意:按此键后,电极与工件之间无感知防碰撞保护,当校模完成后,要取消此功能方可进入放电参数系统。

F9(油泵浦):按此键,油泵启动加工液送至油槽。当放电时,油泵随 START、STOP 键同步启动停止;如放电停止后欲继续上油,再按"油泵浦"键。

F10(电源开关):此开关为自动关机开关。按此键再按 ENT 键,则电源会依顺序关闭各个电源。要退出时,只要在未按 ENT 键之前先按此键即可退出功能。

思考与练习题

1. 电火花加工工具阴极与工件表面之间必须保持一定的放电间隙,这一间隙随加工条件而定,通常约为_____,火花放电必须是_____,且必须在有一定_____的液体介质中进行。

2. 电火花放电通道是由数量大体相等的 _____ 以及

_____组成的等离子体。

3. 电火花加工的局限性：_____较低、有_____损耗及加工表面有变质层。

4. 电火花工艺不能实现的是(   )。

    A. 表面强化、刻字   B. 高速加工深小孔

    C. 光整及镜面加工   D. 无电极损耗加工

5. 电火花加工中利用碳黑膜补偿作用降低电极损耗，必须采用(   )。

    A. 负极性加工   B. 正极性加工   C. 单极性加工   D. 多极性加工

6. 电火花加工的必要条件是什么？

7. 什么是极性效应？在电火花加工中如何充分利用极性效应？

8. 什么是覆盖效应？举例说明覆盖效应的用途。

9. 通过操作机床的油箱，说出本项目中电火花加工用的工作液是什么？工作液在电火花加工中有什么作用？

10. 电火花加工后工件表面是否有许多微小的凹坑？结合电火花加工原理解释原因。

11. 电火花加工后电极的表面是否还是电极材料的本色？如果不是，解释原因。

12. 根据加工前后测量的电极长度，看看电极是否缩短？如果电极尺寸缩短，比较一下电极缩短量与加工出的深度值是否相等？如果不等，解释原因。

13. 电火花加工时的自动进给系统与传统加工机床的自动进给系统，在原理上、本质上有何不同？为什么会引起这种不同？

项目二 潜伏式浇口电火花加工

■项目描述

　　潜伏式浇口又称隧道式浇口、剪切浇口,其特点是分流道开设在分型面上,浇口潜入分型面下面。潜伏式浇口除了具备点浇口的优点外,其进料浇口一般都在塑件的内表面或侧面隐蔽处,因此不影响塑件的外观。针对图1-1(a)所示的外观有较高要求的显示器壳体零件,采用便于流动的牛角形(香蕉形)潜伏式浇口的方案,其简化的主视图如图2-1所示。

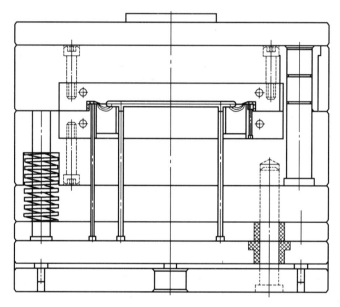

图2-1　潜伏式浇口方案主视图

　　那么该方案的凸模装配简图如图2-2所示,潜伏式浇口部分为两对如图2-3(a)所示的对称的潜伏式浇口镶块,加工好以后再对装成如图2-3(b)所示的组件装配到凸模中。

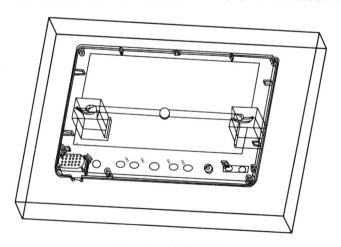

图2-2　凸模装配简图

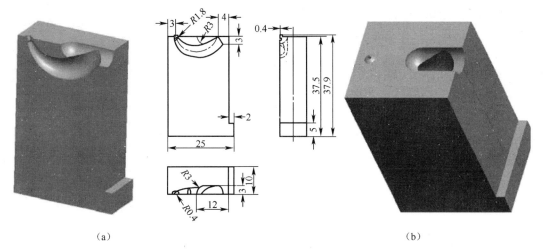

（a）　　　　　　　　　　　　　　　　　　　　（b）

图 2-3　潜伏式浇口

（a）潜伏式浇口镶块；（b）潜伏式浇口组件。

由于潜伏式浇口的形状复杂,材料较硬,用数控铣削等机械加工方法很难达到加工要求,因此通常用电火花的方法加工潜伏式浇口的镶块。本项目在实施中难度较高,学生需要掌握电火花加工中电极材料的选用和电极的设计,熟练操作电火花成形机床。

■ 知识目标

1. 了解电火花常用术语。
2. 掌握常用电极材料性能。
3. 熟悉电火花成形机床的 ISO 代码和常见功能。
4. 熟悉电火花加工工艺。
5. 掌握装夹、校正工件和电极的方法。
6. 掌握影响加工速度和电极损耗的因素。

■ 技能目标

1. 掌握电极的结构设计。
2. 合理确定加工工艺。
3. 能运用电火花机床的接触感知功能,对电极进行精确定位。
4. 能根据加工要求合理确定加工参数。
5. 能分析影响加工速度的因素。

■ 相关知识

（一）电火花加工的常用术语

1. 工具电极

电火花加工用的工具是电火花放电时的电极之一,故称为工具电极,有时简称电极。由于电极的材料常常是铜,因此又称为铜公(图2-4)。

2. 放电间隙

放电间隙是放电时工具电极和工件间的距离,它的大小一般在0.01mm~0.5mm之间,粗加工时间隙较大,精加工时则较小。

3. 脉冲宽度 t_i（μs）

脉冲宽度简称脉宽(也常用ON、T_{ON}等符号表示),是加到工具电极和工件上放电间隙两端的电压脉冲的持续时间(图2-5)。为了防止电弧烧伤,电火花加工只能用断断续续的脉冲电压波。一般来说,粗加工时可用较大的脉宽,精加工时只能用较小的脉宽。

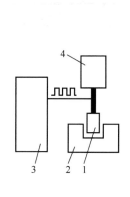

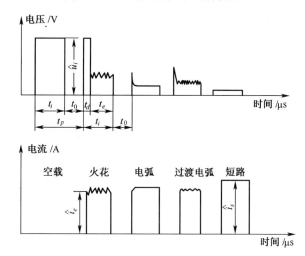

图2-4　电火花加工示意图

1—工具电极;2—工件;

3—脉冲电源;4—伺服进给系统。

图2-5　脉冲参数与脉冲电压、电流波形

4. 脉冲间隔 t_0（μs）

脉冲间隔简称脉间或间隔(也常用OFF、T_{OFF}表示),它是两个电压脉冲之间的间隔时间(图2-5)。间隔时间过短,放电间隙来不及消电离和恢复绝缘,容易产生电弧放电,烧伤电极和工件;脉间选得过长,将降低加工生产率。加工面积、加工深度较大时,脉间也应稍大。

5. 放电时间(电流脉宽) t_e（μs）

放电时间是工作液介质击穿后放电间隙中流过放电电流的时间,即电流脉宽,它比电压脉宽稍小,二者相差一个击穿延时 t_d。t_i 和 t_e 对电火花加工的生产率、表面粗糙度和电极损耗有很大影响,但实际起作用的是电流脉宽 t_e。

6. 击穿延时 t_d（μs）

从间隙两端加上脉冲电压后,一般均要经过一小段延续时间 t_d,工作液介质才能被击穿放电,这一小段时间 t_d 称为击穿延时(图2-5)。击穿延时 t_d 与平均放电间隙的大小有关,工具欠进给时,平均放电间隙变大,平均击穿延时 t_d 就大;反之,工具过进给时,放电间隙变小,t_d 也就小。

7. 脉冲周期 t_p（μs）

一个电压脉冲开始到下一个电压脉冲开始之间的时间称为脉冲周期,显然 $t_p = t_i + t_0$ (图2-5)。

8. 脉冲频率 f_p（Hz）

脉冲频率是指单位时间内电源发出的脉冲个数。显然,它与脉冲周期 t_p 互为倒数,即

$$f_p = \frac{1}{t_p}$$

9. 开路电压或峰值电压 $\hat{u}_i$（V）

开路电压是间隙开路和间隙击穿之前 t_d 时间内电极间的最高电压(图2-5)。一般晶体管方波脉冲电源的峰值电压为 $\hat{u}_i = 60\text{V} \sim 80\text{V}$,高低压复合脉冲电源的高压峰值电压为 $175\text{V} \sim 300\text{V}$。峰值电压高时,放电间隙大,生产率高,但成形复制精度较差。

10. 火花维持电压

火花维持电压是每次火花击穿后,在放电间隙上火花放电时的维持电压,一般在25V左右,但它实际是一个高频振荡的电压(图2-5)。

11. 加工电压或间隙平均电压 U（V）

加工电压或间隙平均电压是指加工时电压表上指示的放电间隙两端的平均电压,它是多个开路电压、火花放电维持电压、短路和脉冲间隔等电压的平均值。

12. 加工电流 I（A）

加工电流是加工时电流表上指示的流过放电间隙的平均电流。精加工时小,粗加工时大,间隙偏开路时小,间隙合理或偏短路时则大。

13. 短路电流 I_s（A）

短路电流是放电间隙短路时电流表上指示的平均电流。它比正常加工时的平均电流要大 $20\% \sim 40\%$。

14. 峰值电流 $\hat{i}_e$（A）

峰值电流是间隙火花放电时脉冲电流的最大值(瞬时),在日本、英国、美国常用 I_p 表示(图2-5)。虽然峰值电流不易测量,但它是影响加工速度、表面质量等的重要参数。在设计制造脉冲电源时,每一功率放大管的峰值电流应预先计算好,选择峰值电流实际是选择几个功率管进行加工。

15. 短路峰值电流 $\hat{i}_s$（A）

短路峰值电流是间隙短路时脉冲电流的最大值(图2-5),它比峰值电流要大 $20\% \sim 40\%$,与短路电流 I_s 相差一个脉宽系数的倍数,即 $I_s = \tau \cdot \hat{i}_s$。

16. 放电状态

放电状态是指电火花放电间隙内每一个脉冲放电时的基本状态。一般分为5种放电状态和脉冲类型(图2-5)。

1)空载(开路脉冲)

放电间隙没有击穿,间隙上有大于50V的电压,但间隙内没有电流通过,为空载状态。

2)火花放电(工作脉冲,或称有效脉冲)

间隙内绝缘性能良好,工作液介质被击穿后能有效地抛出、腐蚀金属。其波形特点是:电压上有 t_d、t_e 和 i_e,波形上有高频振荡的小锯齿。

3)电弧放电(不可恢复烧伤性稳定电弧)

由于排屑不良,放电点集中在某一局部而不分散,导致局部热量积累,温度升高,如此恶性循环,此时火花放电就成为电弧放电。由于放电点固定在某一点或某一局部,因此称为稳定电

弧,常使电极表面形成难以去掉的烧伤黑斑。电弧放电的波形特点是 t_d 和高频振荡的小锯齿基本消失,其电压波形及电流波形都很光滑。

4)过渡电弧放电(可恢复性不稳定电弧)

过渡电弧放电的波形特点是击穿延时很小或接近于零,仅成为一尖刺,电压电流表上的高频分量变低或成为稀疏的锯齿形。这种不稳定电弧放电可能是由于间隙微短路或蚀除产物无法及时排除,而过分集中于某一局部位置所致。这种波形往往 4~5 个成串出现或更多,它可以自行恢复为正常火花放电,或者通过伺服控制恢复为正常火花放电。过渡电弧放电是正常火花放电与稳定电弧放电的过渡状态,是稳定电弧放电的前兆。

5)短路(短路脉冲)

放电间隙直接短路,这是由于伺服进给系统瞬时进给过多或放电间隙中有电蚀产物搭接所致。短路时电流较大,但间隙两端的电压很小,没有蚀除加工作用。

以上各种放电状态在实际加工中是交替、概率性地出现(与加工规准和进给量、冲油、污染等有关),甚至在一次单脉冲放电过程中,也可能交替出现两种以上的放电状态。

(二) 电极材料的种类及选用

1. 电极材料的种类及特点

从理论上讲,任何导电材料都可以做电极,但不同的材料做电极对于电火花加工速度、加工质量、电极损耗、加工稳定性有很大的影响。因此,在实际加工中,应综合考虑放电加工特性、价格和电极的切削性能三方面的因素,选择最合适的材料做电极。

目前常用的电极材料有紫铜(纯铜)(图2-6(a))、黄铜、钢、石墨(图2-6(b))、铸铁、银钨合金、铜钨合金等。这些材料的性能如表2-1所列。

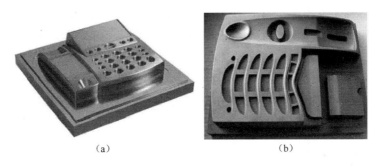

(a)   (b)

图2-6　电火花加工用电极

(a)紫铜电极;(b)石墨电极。

表2-1　电火花加工常用电极材料的性能

电极材料	电加工性能		机加工性能	说　　明
	稳定性	电极损耗		
钢	较差	中等	好	在选择电规准时注意加工稳定性
铸铁	一般	中等	好	为穿孔加工和加工冷冲模时常用的电极材料
黄铜	好	大	尚好	电极损耗太大

电极材料	电加工性能		机加工性能	说　明
	稳定性	电极损耗		
紫铜	好	较大	较差	磨削困难,难与凸模连接后同时加工
石墨	尚好	小	尚好	机械强度较差,易崩角
铜钨合金	好	小	尚好	价格高,在深孔、直壁孔、硬质合金模具加工中使用
银钨合金	好	小	尚好	价格太高,一般很少使用

1) 紫铜(纯铜)电极的特点

优点:

(1) 加工过程中稳定性好、生产率高。

(2) 精加工时比石墨电极损耗小。

(3) 易于加工成精密、微细的花纹,采用精密加工时能达到优于 $Ra1.25\mu m$ 的表面粗糙度。

(4) 适宜于做电火花成形加工的精加工电极,可作为镜面加工用电极。

缺点:

(1) 机械加工性能差、磨削加工困难。

(2) 通常不能承受较大的电流密度。

(3) 热膨胀系数大,影响放电加工稳定性和工件加工质量。

2) 黄铜电极的特点

优点:

(1) 在加工过程中稳定性好,生产率高。

(2) 机械加工性能尚好,它可用仿形刨加工,也可用成形磨削加工。

缺点:

(1) 磨削性能不如钢和铸铁。

(2) 电极损耗最大。

3) 石墨电极的特点

优点:

(1) 加工稳定性较好,在大电流加工时电极损耗小。

(2) 机械加工性能好,容易修整,切削力小,加工速度快。

(3) 重量轻。密度为铜的 1/5,可用于大型电极。

(4) 表面处理容易。可用砂纸简单地处理纹理。

(5) 耐高温。

(6) 热膨胀系数小,适宜做薄壁电极,电极不易变形。

(7) 电极可粘结。

缺点:

(1) 机械强度差,尖角处易崩裂。

(2) 加工过程粉尘较大,需要石墨加工机来加工。

4) 铸铁电极的特点

优点:来源充足,价格低廉,机械加工性能好,便于采用成形磨削,因此电极的尺寸精度、几何形状精度及表面粗糙度等都容易保证。

缺点:电极损耗和加工稳定性均较一般,容易起弧,生产率也不及铜电极。

5)钢电极的特点

优点:来源丰富,价格便宜,具有良好的机械加工性能。

缺点:加工稳定性较差,电极损耗较大,生产率也较低。

2. 电火花加工电极材料的选择

1)电极材料必须具备的特点

在电火花加工的过程中,电极用来传输电脉冲,蚀除工件材料。电极材料必须具有导电性能良好、损耗小、加工成形容易、加工稳定、效率高、材料来源丰富、价格便宜等特点。

2)电极材料的选择原则

合理选择电极材料,可以从这几方面进行考虑:电极是否容易加工成形;电极的放电加工性能如何;加工精度、表面质量如何;电极材料的成本是否合理;电极的重量如何。

3)电极材料选择的优化方案

即使是同一工件的加工,不同加工部位的精度要求也是不一样的。选择电极材料在保证加工精度的前提下,应以大幅提高加工效率为目的。高精度部位的加工可选用铜作为粗加工电极材料,选用铜钨合金作为精加工材料;较高精度部位的粗精加工均可选用铜材料;一般加工可用石墨作为粗加工材料,精加工选用铜材料或者石墨也可以;精度要求不高的情况下,粗精加工均选用石墨。这里的优化方案还是强调充分利用了石墨电极加工速度快的特点。

(三) ISO 代码

ISO 代码是国际标准化机构制定的用于数控编码和程序控制的一种标准代码。代码主要有 G 指令(即准备功能指令)和 M 指令(即辅助功能指令),具体如表 2-2 所列。我国生产的数控系统也正逐步兼容或采用 ISO 格式。

表 2-2　常用的电火花数控指令

代码	功　　能	代码	功　　能
G00	快速移动,定位指令	G81	移动到机床的极限
G01	直线插补	G82	回到当前位置与零点的一半处
G02	顺时针圆弧插补指令	G90	绝对坐标指令
G03	逆时针圆弧插补指令	G91	增量坐标指令
G04	暂停指令	G92	制定坐标原点
G17	XOY 平面选择	M00	暂停指令
G18	XOZ 平面选择	M02	程序结束指令
G19	YOZ 平面选择	M05	忽略接触感知
G20	英制	M08	旋转头开
G21	公制	M09	旋转头关
G40	取消电极补偿	M80	冲油、工作液流动
G41	电极左补偿	M84	接通脉冲电源
G42	电极右补偿	M85	关断脉冲电源
G54	选择工作坐标系 1	M89	工作液排出
G55	选择工作坐标系 2	M98	子程序调用
G56	选择工作坐标系 3	M99	子程序结束
G80	移动轴直到接触感知		

以上代码,绝大部分与数控铣床、车床的代码相同,只有 G54、G80、G82、M05 等是以前接触较少的指令,其具体用法如下。

G54、G55、G56:

一般的慢走丝线切割机床和部分快走丝线切割机床都有几个或几十个工作坐标系,可以用 G54、G55、G56 等指令进行切换(表 2-3)。在加工或找正过程中定义工作坐标系的主要目的是为了坐标的数值更简洁。这些定义工作坐标系指令可以和 G92 一起使用,G92 代码只能把当前点的坐标系中位置定义为某一个值,但不能把这点的坐标在所有的坐标系中都定义成该值。

如图 2-7 所示,可以通过如下指令切换工作坐标系。

表 2-3　工作坐标系

G54	工作坐标系 0
G55	工作坐标系 1
G56	工作坐标系 2
…	…

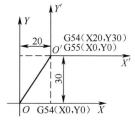

图 2-7　工作坐标系转换

G92 G54 X0 Y0;

G00 X20. Y30. ;

G92 G55 X0 Y0;

这样通过指令,首先把当前的 0 点定义为工作坐标系 O 的零点,然后分别把 X、Y 轴快速移动 20mm、30mm 到达点 O′,并把该点定义为工作坐标系 1 的零点。

G80:

含义:接触感知。

格式:G80 轴+方向

如:G80 X-;/电极将沿 X 轴的负方向前进,直到接触到工件,然后停在那里

G82:

含义:移动到原点和当前位置一半处。

格式:G82 轴

如:G92 X100. ;　/将当前点的 X 坐标定义为 100.

G82 X;　/将电极移到当前坐标系 X=50. 的地方

M00:

含义:暂停指令,用于暂停程序的运行,等待机床操作者的干预,如检验、调整、测量等。等干预完成后,按机床上的按钮,即可继续执行暂停指令后面的加工程序。

M02:

含义:程序指令结束,用于结束整个运行的程序,停止所有的 G 功能及与程序有关的一些运行开关。

M05:

含义:忽略接触感知,只在本段程序起作用。具体用法是:当电极与工件接触感知并停在此处后,若要移走电极,一定要先输入 M05 代码,取消接触感知状态。如:

G80 X-;　　　　　　/X 轴负方向接触感知

G90 G92 X0 Y0;　　/设置当前点坐标为(0,0)

M05 G00 X10. ;　　/忽略接触感知且把电极向 X 轴正方向移动 10mm

若去掉上面代码中的 M05,则电极往往不动作,G00 不执行。

以上代码通常用在加工前电极的定位上,具体实例如下:

如图 2-8 所示,ABCD 为矩形工件,AB、BC 边为设计
基准,现欲用电火花加工一圆形图案,图案的中心为 O 点,
O 到 AB 边、BC 边的距离如图中所标。已知圆形电极的直
径为 20mm,写出电极定位于 O 点的具体过程。

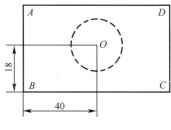

图 2-8　工件找正图

首先将电极移到工件 AB 的左边,Y 轴坐标大致与 O 点
相同,然后执行如下指令。

G80 X+;

G90 G92 X0;

M05 G00 X-10.;

G91 G00 Y-38.;　　/-38. 为一估计值,主要目的是保证电极在 BC 边下方

G90 G00 X50.;

G80 Y+;

G92 Y0;

M05 G00 Y-2.;　　/电极与工件分开,2mm 表示为一小段距离

G91 G00 Z10.;　　/将电极底面移到工件上面

G90 G00 X50. Y28.;

T 功能指令

T 代码(辅助功能指令)与机床操作面板上的手动开关相对应。在程序中使用这些代码,
可以不必人工操作面板上的手动开关。表 2-4 为日本沙迪克公司生产的某数控电火花机床
常用 T 代码。

表 2-4　常用 T 代码

代　码	功　能	代　码	功　能
T82	加工介质排液	T86	加工介质喷淋
T83	保持加工介质	T87	加工介质停止喷淋
T84	液压泵打开	T96	向加工槽送液
T85	液压泵关闭	T97	停止向加工槽送液

(四) 电火花机床常见功能

对于大多数电火花成形加工机床而言,通常具有如下功能。

1. 接触感知功能

接触感知是一个找正功能,用于完成零件的找边工作,如前文所述的 G80 代码的运用。

2. 回原点操作功能

数控电火花机床在加工前首先要回到机械坐标的零点,即 X、Y、Z 轴回到其轴的正极限
处。这样,机床的控制系统才能复位,后续操作机床运动才不会出现紊乱。

3. 置零功能

即将当前点的坐标设置为零。

4. 选择坐标系功能

现在的数控电火花机床一般具有 6 个以上工件坐标系。在实际加工中,可以根据具体要

求灵活选择坐标系。

5. 找中心功能

找中心功能通常用于电极的定位。在加工前,根据实际情况设定适当的参数,机床能够自动定位于工件的中心。找中心分为找外中心和找内中心,找外中心是指自动确定工件在 X 或 Y 轴方向的中心,找内中心指自动确定型腔在 X 或 Y 轴方向的中心。

6. 极摇动功能

早期的普通电火花成形机为了修光侧壁和提高其尺寸精度而添加平动头,使工具电极轨迹向外可以逐步扩张,即可以平动。现在生产的数控电火花成形机床都具有电极摇动功能,摇动加工的作用是:可以精确控制加工尺寸精度;可以加工出复杂的形状,如螺纹;可以提高工件侧面和底面的表面粗糙度;可以加出清棱、清角的侧壁和底边;变全面加工为局部加工,有利于排屑和加工稳定;对电极尺寸精度要求不高。

摇动的轨迹除了可以像平动头的小圆形轨迹外,数控摇动的轨迹还有方形、棱形、叉形和十字形,且摇动的半径可为 9.9mm 以内任一数值。

摇动加工的编程代码各公司均自己规定。以汉川机床厂和日本沙迪克公司为例,摇动加工的指令代码如图 2-9 所示(含义如表 2-5 所列)。

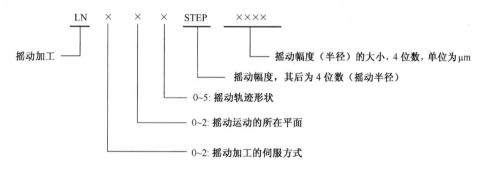

图 2-9 摇动加工的指令代码

表 2-5 电火花数控摇动类型一览表

类型	所在平面	无摇动	⟳	▭	◇	✳	✛
自由摇动	X-Y 平面	000	001	002	003	004	005
	X-Z 平面	010	011	012	013	014	015
	Y-Z 平面	020	021	022	023	024	025
步进摇动	X-Y 平面	100	101	102	103	104	105
	X-Z 平面	110	111	112	113	114	115
	Y-Z 平面	120	121	122	123	124	125
锁定摇动	X-Y 平面	200	201	202	203	204	205
	X-Z 平面	210	211	212	213	214	215
	Y-Z 平面	220	221	222	223	224	225

数控摇动的伺服方式共有以下 3 种(图 2 – 10)。

1)自由摇动

选定某一轴向(例如 Z 轴)作为伺服进给轴,其他两轴进行摇动运动(图 2 – 10(a))。例如:

G01 LN001 STEP30 Z-10

G01 表示沿 Z 轴方向进行伺服进给。LN001 中的 00 表示在 X-Y 平面内自由摇动,1 表示工具电极各点绕各原始点作圆形轨迹摇动,STEP30 表示摇动半径为 30μm,Z-10 表示伺服进给至 Z 轴向下 10mm 为止。其实际放电点的轨迹如图 2 – 10(a)所示,沿各轴方向可能出现不规则的进进退退。

2)步进摇动

在某选定的轴向作步进伺服进给,每进一步的步距为 2μm,其他两轴作摇动运动(图 2 – 10(b))。例如:

G01 LN101 STEP20 Z-10

G01 表示沿 Z 轴方向进行伺服进给。LN101 中的 10 表示在 X-Y 平面内步进摇动,1 表示工具电极各点绕各原始点作圆形轨迹摇动,STEP20 表示摇动半径为 20μm,Z-10 表示伺服进给至 Z 轴向下 10 mm 为止。其实际放电点的轨迹如图 2 – 10(b)所示。步进摇动限制了主轴的进给动作,使摇动动作的循环成为优先动作。步进摇动用在深孔排屑比较困难的加工中。它较自由摇动的加工速度稍慢,但更稳定,没有频繁的进给、回退现象。

3)锁定摇动

在选定的轴向停止进给运动并锁定轴向位置,其他两轴进行摇动运动。在摇动中,摇动半径幅度逐步扩大,主要用于精密修扩内孔或内腔(图 2 – 10(c))。例如:

G01 LN202 STEP20 Z-5

G01 表示沿 Z 轴方向进行伺服进给。LN202 中的 20 表示在 X-Y 平面内锁定摇动,2 表示工具电极各点绕各原始点作方形轨迹摇动,Z-5 表示 Z 轴加工至-5mm 处停止进给并锁定,X、Y 轴进行摇动运动。其实际放电点的轨迹如图 2 – 10(c)所示。锁定摇动能迅速除去粗加工留下的侧面波纹,是达到尺寸精度最快的加工方法。它主要用于通孔、盲孔或有底面的型腔模加工中。如果锁定后作圆轨迹摇动,则还能在孔内滚花、加工出内花纹等。

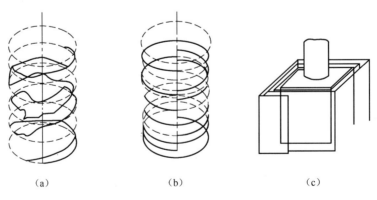

(a)   (b)   (c)

图 2 – 10 数控摇动的 3 种方式

(a)自由摇动;(b)步进摇动;(c)锁定摇动。

（五）电火花加工的工艺条件

在电火花加工中,如何合理地制定电火花加工工艺呢? 如何用最快的速度加工出最佳质量的产品呢? 一般来说,主要采用两种方法来处理:第一,先主后次,如在用电火花加工去除断在工件中的钻头、丝锥时,应优先保证速度,因为此时工件的表面粗糙度、电极损耗已经不重要了;第二,采用各种手段,兼顾各方面。其中主要常见的工艺方法具体如下。

（1）先用机械加工去除大量的材料,再用电火花加工保证加工精度和加工质量。电火花成形加工的材料去除率还不能与机械加工相比。因此,在工件型腔电火花加工中,有必要先用机械加工方法去除大部分加工余量,使各部分余量均匀,从而大幅度提高工件的加工效率。

（2）粗、中、精逐挡过渡式加工方法。粗加工用以蚀除大部分加工余量,使型腔按预留量接近尺寸要求;中加工用以提高工件表面粗糙度等级,并使型腔基本达到要求,一般加工量不大;精加工主要保证最后加工出的工件达到要求的尺寸与粗糙度。

（3）采用多电极加工。在加工中及时更换电极,当电极绝对损耗量达到一定程度时,及时更换,以保证良好的加工质量。

与其他加工相比,影响电火花加工的因素较多,并且在加工过程中还存在着许多不确定或难以确定的因素,如脉冲电源的极性、脉宽、脉间、峰值电流、电极的放电面积、加工深度、电极缩放量等,这些因素与加工速度、加工精度、电极损耗率等加工效果有着密切的关系。这要求操作者有丰富的经验,才能达到预期的加工效果。由于操作者经验的不足,往往使设备性能和功能得不到充分的发挥,造成很大的资源浪费。针对这种情况,机床制造企业研制含有工艺知识库的自动加工系统,使操作者可以很容易地确定适合不同加工要求的最优加工条件,降低操作者对电火花加工参数的选择难度。下面以江南赛特数控设备有限公司的 EDM450 电火花成形机床的 STZNC-60A 控制系统为参照,列出一些常见的加工工艺参数,以供参考。

1. 单段加工时工艺参数（表2-6~表2-9）

表2-6 加工面积和平均电流（中加工）铜—钢

电极尺寸/mm	5×4	10×8	20×15	25×20	50×40	75×60	100×80
加工面积/mm²	20	80	300	500	2000	4500	8000
平均电流/A	≤5	≤10	≤15	≤20	≤25	≤30	≤40

表2-7 放电面积与峰值电流使用参考表

正面放电面积/mm²	峰值电流使用参考值/A		正面放电面积/mm²	峰值电流使用参考值/A	
	铜、铜钨（电极）	石墨（电极）		铜、铜钨（电极）	石墨（电极）
1~10	3~6	3~6	400~1600	30~75	30~75
10~25	6~12	6~12	1600~6000	30~75	30~75
25~100	12~21	12~30	6000	30~75	30~75
100~400	21~60	30~75			

表2-8 加工深度值设定

加工方式	脉宽/μs	低压电流/A	高压/V	深度/mm
粗加工	750	30以上	281	预留深度0.3~0.2
	500	20~30	281	预留深度0.3~0.2
	300	15~30	281	预留深度0.3~0.2

加工方式	脉宽/μs	低压电流/A	高压/V	深度/mm
中加工	250	7~15	281	预留深度0.1~0.07
	160	5~10	281	预留深度0.1~0.07
	120	5~8	281	预留深度0.07~0.04
	60	4~6	281	预留深度0.07~0.04
	40	4~5	281	预留深度0.03~0.02
精加工	25	3~5	281	预留深度0.03~0.02
	17	3~4	281	预留深度0.03~0.02
	12	2~4	281	预留深度0.02
	8	1~3	281	预留深度0.02
超精加工	8	0~1	281	预留深度0.02
	5	0~1	281	预留深度0.02
	5	0~1	100	预留深度0.02

表2-9　脉冲宽度(μs)选择

电极材料	粗加工	中加工	细加工
紫铜	500~300	300~150	150~5
石墨	300~200	200~100	100~10
注:薄形铜片脉宽在200μs~100μs以内;铜钨合金电极不要超过120μs,损耗应在15%~30%			

2. 多段加工时工艺参数

1) 脉宽设定

从最初设定最大脉宽,脉宽÷2。

例:最大脉宽设定300μs,下一个加工条件为300μs÷2=150μs→150μs÷2=75μs→75μs÷2≈40μs→40μs÷2=20μs→20μs÷2=10μs→……等。

2) 电流设定

从最初设定最大电流,电流×70%。

例:最大电流设定20A,下一个加工条件为20A×70%=14A→14A×70%≈10A→10A×70%=7A→……等。

3) 脉宽、休止比例设定

通常脉宽和休止比例是依据粗加工→超精加工而定,一般的比例如表2-10所列,加工实例如表2-11所列。

表2-10　脉宽、休止比例设定

加工要求	比例值	范例/μs
粗加工	1:0.5~1	300:150~300
中加工	1:0.7~2	150:100~300
中精加工	1:1.2~3	75:100~200
精加工	1:1.5~4	40:60~160
超精加工	1:3~10	10:30~100

表2-11　脉宽、休止比例实例

加工要求	加工深度余量/mm	电流/A	脉宽/μs	休止/μs
粗加工	0.12	20	300	150
粗加工→中加工	0.1	14	150	120
中加工→中精加工	0.07	10	75	100
中精加工→精加工	0.05	7	40	80
精加工→超精加工	0.03	5	20	60

3. 人工手动调节(修改)的实用加工参数

在实际电火花加工时,可以根据经验对加工参数进行修改,以取得较好的加工效果,表2-12所列为实践中较为实用的加工参数,实际加工时可作为参数修改的依据。

表2-12 手动调节的实用加工参数参照表

峰值电流	脉宽	脉间	间隙电压	伺服比例	抬刀	工作时间	加强电压	极性	单边间隙
1	30	20	40	4	6~8	15	260	+	0.02
2	60	40	40	4	6~8	15	260	+	0.035
3	100	60	40	4	6~8	15	260	+	0.055
4	120	80	40	4	6~8	15	260	+	0.075
5	150	100	40	4	6~8	15	260	+	0.085
6	180	100	40	4	6~8	15	260	+	0.1
7	200	120	40	4	6~8	15	260	+	0.12
8	240	150	40	4	6~8	15	260	+	0.135
9	260	150	40	4	6~8	15	260	+	0.15
10	300	200	40	4	6~8	15	260	+	0.17
11	330	220	40	4	6~8	15	260	+	0.185
12	360	250	40	4	6~8	15	260	+	0.2
13	380	280	40	4	6~8	15	260	+	0.24
14	420	300	40	4	6~8	15	260	+	0.27
15	450	350	40	4	6~8	15	260	+	0.3
16	480	380	40	4	6~8	15	260	+	0.34

说明:钨加工钢时,起始放电电流设置数值要小一些,脉宽为脉间的一半,抬刀频率要快,如抬刀设置为6;工作时间设置为2~4。如果放电状态稳定,再逐渐加大脉宽、电流,如果增速太快容易积碳。

另外需要注意的是,如果工件加工后需要抛光,那么在水平尺寸的确定过程中需要考虑抛光余量等再加工余量。在一般情况下,加工钢时,抛光余量为精加工粗糙度 Ra_{max} 的3倍;加工硬质合金钢时,抛光余量为精加工粗糙度 Ra_{max} 的5倍。

(六)加工规准转换及加工实例

在电火花加工中最常见的方法是先粗加工,然后再中加工、精加工。不同的加工需要采用不同的加工规准,那么不同的电加工规准如何转换呢?这是电火花加工中必须解决的问题。

1. 加工规准转换

电火花加工中,采用粗、中、精规准逐挡过渡方式进行加工。首先通过粗加工,高速蚀除大部分加工余量,使型腔按预留量接近尺寸要求,这是通过大功率、低损耗的粗加工规准解决的;其次,通过中加工规准使工件粗糙度逐步降低,并使型腔基本达到要求;最后,通过精加工在保证加工精度和表面质量的前提下达到加工尺寸。中、精加工虽然工具电极相对损耗大,但在一般情况下,中、精加工余量仅占全部加工量的极小部分,故工具电极的绝对损耗极小。

电火花加工中,在粗加工完成后,再使用其他规准加工,使工件粗糙度逐步降低,逐步达到加工尺寸。在加工中,规准的转换还需要考虑其他因素,如加工中的最大加工电流要根据不同时期的实际加工面积确定并进行调节,但总体上讲有一些共同点。

1)掌握加工余量

这是提高加工质量和缩短加工时间的最重要环节。一般来说,分配加工余量要做到事先心中有数,在加工过程中只进行微小的调整。

加工余量的控制,主要从粗糙度和电极损耗两方面来考虑。在一般型腔低损耗($\theta<1\%$)加工中能达到的各种表面粗糙度与最小加工余量有一定的规律(表2-13)。在加工中必须使加工余量不小于最小加工余量。若加工余量太小,则最后粗糙度加工不出或者工件达不到规定的尺寸。

表2-13 表面粗糙度与最小加工余量的关系

表面粗糙度 $Ra/\mu m$		最小加工余量/mm	表面粗糙度 $Ra/\mu m$		最小加工余量/mm
低损耗规准的范围($\theta<1\%$)	50 ~ 25	0.5 ~ 1	低损耗规准的范围($\theta<1\%$)	3.2	0.10 ~ 0.20
	12.5	1		1.6	0.05 ~ 0.10
	6.3	0.20 ~ 0.40		0.8	0.05 以下

2)粗糙度逐级逼近

电规准转换的另一个要点是使粗糙度逐级逼近,非常忌讳粗糙度转换过大,尤其是要防止在损耗明显增大的情况下又使粗糙度差别很大。这样电极损耗的痕迹会直接反映在电极表面上,使最后加工粗糙度变差。

粗糙度逐级逼近是降低粗糙度的一种经济有效的方法,否则将使加工质量变差,效率变低。低损耗加工时粗糙度转换可以大一些。转换规准的时机是必须把前一电规准的粗糙表面全部均匀修光并达到一定尺寸后再进行下一电规准的加工。

3)尺寸控制

加工尺寸控制也是规准转换时应予以充分注意的问题之一。一般来说,X、Y 平面尺寸的控制比较直观,并可以在加工过程中随时进行测量;加工深度的控制比较困难,一般机床只能指示主轴进给的位置,至于实际加工深度还要考虑电极损耗和电火花间隙。因此,在一般情况下深度方向都加工至稍微超过规定尺寸,然后在加工完之后,再将上平面磨去一部分。

近年来新发展研制的数控机床,有的具有加工深度的显示,比较高级的机床其显示的深度还自动地扣除了放电间隙和电极损耗量。

4)损耗控制

在理想的情况下,当然最好是在任何粗糙度时都用低损耗规准加工,这样加工质量比较容易控制,但这并不是在所有情况下都能够办到的。同时由于低损耗加工的效率比有损耗加工要低,故对某些要求并不太高而加工余量又很大的工件,其电极损耗的工艺要求可以低一些。有的加工,由于工艺条件或者其他因素,其电极损耗很难控制,因此要采取相应的措施才能完成一定要求的放电加工。

在加工中,为了有目的地控制电极损耗,应先了解如下内容。

(1)用石墨电极作粗加工时,电极损耗一般可以达到1%以下。

(2)用石墨电极采用粗、中加工规准加工得到的零件的最小粗糙度 Ra 能达到 $3.2\mu m$,但通常只能在 $6.3\mu m$ 左右。

(3)若用石墨作电极且加工零件的表面粗糙度 $Ra<3.2\mu m$,则电极损耗约在 $15\% \sim 50\%$

之间。

（4）不管是粗加工还是精加工，电极角部损耗比上述还要大。粗加工时，电极表面会产生缺陷。

（5）紫铜电极粗加工的电极损耗量也可以低于1%，但加工电流超过30A后，电极表面会产生起皱和开裂现象。

（6）在一般情况下用紫铜作电极采用低损耗加工规准进行加工，零件的表面粗糙度 Ra 可以达到3.2μm左右。

（7）紫铜电极的角损耗比石墨电极更大。

了解上述情况后，在规准转换时控制损耗就比较有把握了。电规准转换时对电极损耗的控制最主要的是要掌握低损耗加工转向有损耗加工的时机，也就是用低损耗规准加工到什么粗糙度，加工余量多大的时候才用有损耗规准加工，每个规准的加工余量取多少才比较适当。

石墨电极低损耗加工粗糙度 Ra 一般达到6.3μm左右，转向有损耗加工时其加工余量一般控制在0.20mm以下，这样就可以使总的电极损耗量小于0.20 mm。当然形状不同，加工工艺条件不同，低损耗规准的要求也不一样。例如，形状简单的型腔的低损耗规准与窄槽等的低损耗规准就不一样，转换规准时机也不一样，前者 T_{on}/I_p 值可以小一些，后者则要大一些；前者在损耗值允许时，可以在粗糙度较大的情况下转换为有损耗加工，后者则为了保证成形精度，应当尽可能用低损耗规准加工到较小的粗糙度。

紫铜电极加工时，除了要控制 T_{on}/I_p 值外，还要注意加工电流不要太大。规准转换时要使低损耗加工粗糙度达到尽量小的等级，使精加工损耗量减少到最低限度。

2. 加工实例

例1：一个电极的精加工（本实例所用机床为 Sodick A3R，其控制电源为 Excellence XI）。

加工条件：

（1）电极/工件材料：Cu/St(45钢)。

（2）加工表面粗糙度：$Ra_{max}6μm$。

（3）电极减小量：0.3mm/单侧。

（4）加工深度：5.0mm±0.01mm。

（5）加工位置：工件中心。

单电极加工时的加工条件及加工图形如图2-11所示。

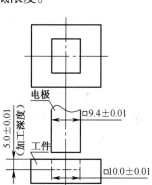

图2-11　单电极加工时的加工图形

加工程序：

```
H0000 = +00005000;                    //加工深度
N0000;
G00G90G54XYZ1.0;                      //加工开始位置,Z轴距工件表面距离为1.0mm
G24;                                  //高速跃动
G01 C170 LN002 STEP10  Z330-H000 M04; //以C170条件加工至距离底面0.33mm,然后返回加工开
                                        始位置
G01 C140 LN002 STEP134 Z156-H000 M04; //以C140条件加工至距离底面0.156mm
G01 C220 LN002 STEP196 Z096-H000 M04; //以C220条件加工至距离底面0.096mm
G01 C210 LN002 STEP224 Z066-H000 M04; //以C210条件加工至距离底面0.066mm
G01 C320 LN002 STEP256 Z040-H000 M04; //以C320条件加工至距离底面0.040mm
G01 C300 LN002 STEP280 Z020-H000 M04; //以C300条件加工至距离底面0.020mm
```

M02；　　　　　　　　　　　　　　//加工结束

程序分析具体如下。

（1）在加工前根据具体的加工要素（如加工工件的材料、电极材料、加工要求达到的表面粗糙度、采用的电极个数等）在该机床的操作说明书上选用合适的加工条件。本加工选用的加工条件如表2-14所列。

表2-14　加工条件表

C代码	ON	IP	HP	PP	Z轴进给余量/μm	摇动步距/μm
C170	19	10	11	10	Z330	10
C140	16	05	51	10	Z156	134
C220	13	03	51	10	Z096	196
C210	12	02	51	10	Z066	224
C320	08	02	51	10	Z040	256
C300	05	01	52	10	Z020	280

（2）由表2-14所列的加工条件表可以看出：加工中峰值电流（IP）、脉冲宽度（ON）逐渐减小，加工深度逐渐加深，摇动的步距逐渐加大。即加工中首先是采用粗加工规准进行加工，然后慢慢采用精加工规准进行精修，最后得到理想的加工效果。

（3）最后采用的加工条件为C300，摇动量为280μm，高度方向上电极距离工件底部的余量为20μm。由此分析可知，在该加工条件下机床的单边放电间隙为20μm。

例2：两个电极的精、粗加工（本实例所用机床为SodickA3R，其控制电源为Excellence XI）。

加工条件：

（1）电极/工件材料：Cu/St（45钢）。

（2）加工表面粗糙度：$Ra_{max}7\mu m$。

（3）粗加工电极减小量：0.3mm/单侧；精加工电极减小量：0.1mm/单侧。

（4）加工深度：5.0mm±0.01mm。

（5）加工位置：工件中心。

精、粗加工两个电极时的加工条件及加工图形如图2-12所示，加工条件表如表2-15所列。

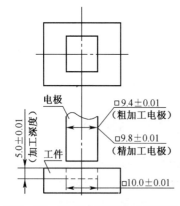

图2-12　精、粗加工两个电极时的
加工条件及加工图形

表2-15　加工条件表

C代码	ON	IP	HP	PP	Z轴进给余量/μm	摇动步距/μm
C170	19	10	11	10	Z330	10
C140	16	05	51	10	Z180	140
C220	13	03	51	10	Z120	200
C120	14	03	51	10	Z100	0
C210	12	02	51	10	Z070	30
C320	08	02	51	10	Z046	54
C310	08	01	52	10	Z026	74

粗加工程序：

```
H0000 = +00005000;              //加工深度
G00 G90 G54XYZl.0;
G24;                            //高速跃动
G01 C170 LN002 STEP010 Z330-H000 M04;   //以 C170 条件加工至距离底面 0.330mm
G01 C140 LN002 STEP140 Z180-H000 M04;   //以 C220 条件加工至距离底面 0.180mm
G01 C220 LN002 STEP200 Z120-H000 M04;   //以 C220 条件加工至距离底面 0.120mm
M02;                           //粗加工程序结束
```

精加工程序读者可以参照上面的程序自己编写,精加工的加工条件为 C120、C210、C320、C310。

例3:图 2-13(a)所示注射模镶块,材料为 40Cr,硬度为 38HRC～40HRC,加工表面粗糙度 Ra 为 0.8μm,要求型腔侧面棱角清晰,圆角半径 $R<0.25$ mm。

1）方法选择

选用单电极平动法进行电火花成形加工,为保证侧面棱角清晰($R<0.3$ mm),其平动量应小,取 $\delta \leqslant 0.25$ mm。

2）工具电极

(1) 电极材料选用锻造过的紫铜,以保证电极加工质量以及加工表面粗糙度。

(2) 电极结构与尺寸如图 2-13(b)所示。

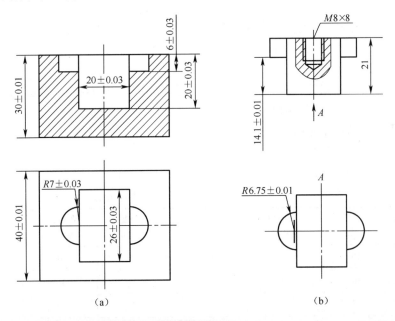

图 2-13 注射模镶块加工
(a)注射模镶块;(b)电极结构与尺寸。

电极水平尺寸单边缩放量取 $b=0.25$mm,根据相关计算式可知,平动量 $\delta_0 = 0.25 - \delta_{精} < 0.25$mm。

由于电极尺寸缩放量较小,用于基本成形的粗加工电规准参数不宜太大。根据工艺数据库所存资料(或经验)可知,实际使用的粗加工参数会产生 1%的电极损耗。因此,对应的型腔主体 20mm 深度与 $R7$mm 搭子的型腔 6mm 厚度的电极长度之差不是 14mm,而是(20-6)×(1+

1%) = 14.14mm。尽管精修时也有损耗,但由于两部分精修量一样,故不会影响二者深度之差。图 2 - 13(b)所示为电极结构,其总长度无严格要求。

3)电极制造

电极可以用机械加工的方法制造,但因有两个半圆的搭子,一般都用线切割加工,主要工序如下。

(1)备料。

(2)刨削上下面。

(3)画线。

(4)加工 $M8\times8$ 的螺孔。

(5)按水平尺寸用线切割加工。

(6)按图示方向前后转动90°,用线切割加工两个半圆及主体部分长度。

(7)钳工修整。

4)镶块坯料加工

(1)按尺寸需要备料。

(2)刨削六面体。

(3)热处理(调质)达 38HRC ~ 40HRC。

(4)磨削镶块 6 个面。

5)电极与镶块的装夹与定位

(1)用 $M8$ 的螺钉固定电极,并装夹在主轴头的夹具上。然而用千分表(或百分表)以电极上端面和侧面为基准,校正电极与工件表面的垂直度,并使其 X、Y 轴与工作台 X、Y 移动方向一致。

(2)镶块一般用平口钳夹紧,并校正其 X、Y 轴,使其与工作台 X、Y 移动方向一致。

(3)定位,即保证电极与镶块的中心线完全重合。用数控电火花成形机床加工时,可利用机床自动找中心功能准确定位。

6)电火花成形加工

所选用的电规准和平动量及其转换过程如表 2 - 16 所列。

表 2 - 16　电规准转换与平动量分配

序号	脉冲宽度/μs	脉冲电流幅值/A	平均加工电流/A	表面粗糙度 Ra/μm	单边平动量/mm	端面进给量/mm
1	350	30	14	10	0	19.90
2	210	18	8	7	0.1	0.12
3	130	12	6	5	0.17	0.07
4	70	9	4	3	0.21	0.05
5	20	6	2	2	0.23	0.03
6	6	3	1.5	1.3	0.245	0.02
7	2	1	0.5	0.6	0.25	0.01

注:1. 型腔深度为20mm,考虑 1% 损耗,端面总进给量为20.2mm;
　　2. 型腔加工表面粗糙度 Ra 为 0.6μm;
　　3. 用 Z 轴数控电火花成形机床加工

（七）电火花加工工件的准备与装夹、校正

电火花加工在整个零件的加工中属于最后一道工序或接近最后一道工序,所以在加工前应认真做好工件的准备工作,加工时应保证装夹准确可靠。

1. 工件的预加工

1）工件的预加工

一般来说,机械切削的效率比电火花加工的效率高。所以电火花加工前,尽可能用机械加工的方法去除大部分加工余量,即预加工(图2-14)。预加工可以节省电火花粗加工时间,提高总的生产效率,但预加工时应注意以下几点。

（1）所留余量要合适,尽量做到余量均匀,否则会影响型腔表面粗糙度和电极不均匀的损耗,破坏型腔的仿型精度。

（2）对一些形状复杂的型腔,预加工比较困难,可直接进行电火花加工。

（3）在缺少通用夹具的情况下,在预加工中需要用常规夹具将工件多次装夹。

（4）预加工后使用的电极上可能有铣削等机加工痕迹(图2-15),如用这种电极精加工则可能影响到工件的表面粗糙度,应对工件上机加工的痕迹进行必要的打磨、抛光处理。

（5）预加工过的工件进行电火花加工时,在起始阶段加工稳定性可能存在问题。

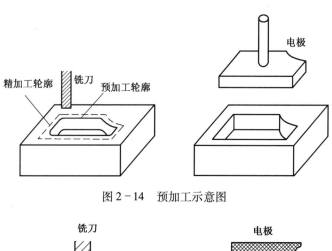

图2-14 预加工示意图

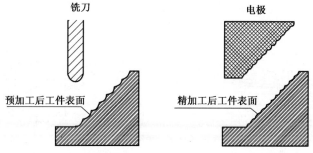

图2-15 预加工后工件表面

2）热处理

工件在预加工后,便可以进行淬火、回火等热处理,即热处理工序尽量安排在电火花加工前面,因为这样可避免热处理变形对电火花加工型腔形状、尺寸精度等的影响。

热处理安排在电火花加工前也有其缺点,如电火花加工将淬火表层加工掉一部分,影响了热处理的质量和效果。所以有些型腔模安排在热处理前进行电火花加工,这样型腔加工后钳工抛光容易,并且淬火时的淬透性也较好。

由上可知,在生产中应根据实际情况,恰当地安排热处理工序。

3)其他工序

工件在电火花加工前还必须除锈去磁,否则在加工中工件吸附铁屑,很容易引起拉弧烧伤。

2. 工件的装夹与校正

1)工件的装夹

将工件去除毛刺,除磁去锈。工件装夹在电火花加工用的专用永磁吸盘上,如图2-16所示。

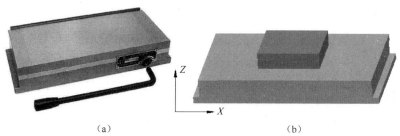

(a)   (b)

图2-16 工件的装夹

(a)永磁吸盘;(b)工件装夹。

在使用永磁吸盘时,首先将工件摆放到吸盘的工作台面上,然后将内六角扳手插入轴孔内沿顺时针方向转动180°到"ON",即可吸住工件进行加工。工件加工完毕,再将扳手插入轴孔内沿逆时针转动180°到"OFF",即可取下工件。在吸盘使用前应擦干净表面以免划伤影响精度,用完后工作面涂防锈油,以防锈蚀,使用时严禁敲击,以防磁力降低。

2)工件的校正

在装夹时应使工件的定位基准面分别与机床的工作台面和机床的 X 或 Y 轴平行。多用百分表来校正(图2-17),表架将百分表固定在机床主轴或其他位置上,将工件放在机床工作台上,目测使工件大致与机床的坐标轴平行。在校正工件的上表面与机床的工作台平行时,工件百分表的测量头与工件上表面接触,依次沿 X 轴和 Y 轴往复移动工作台,按百分表指示值调整工件,必要时在工件的底部与工作台之间塞钢片,直至百分表指针的偏摆范围达到所要求

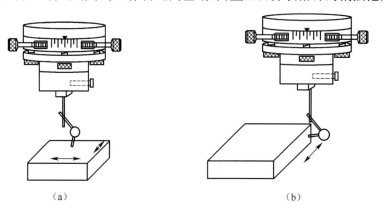

(a)   (b)

图2-17 工件的校正

(a)校正工件与工作台平行;(b)校正工件与 Y 轴平行。

的数值。同样在校正工件的定位基准与机床Y轴(或X轴)平行时,工件百分表的测量头与工件侧面接触,沿Y轴(或X轴)往复移动工作台,按百分表指示值调整工件。

具体的校正过程为:将表架摆放到能比较方便校正工件的样式;使用手控盒移动到相应的轴,使百分表的测头与工件的基准面充分接触;然后移动机床相应的坐标轴,观察百分表的刻度指针,若指针变化幅度较小,则说明工件与该坐标轴比较平行,这时用铜棒轻轻敲击,再移动相应的坐标轴;若指针摆动的幅度越来越小,则敲击的力度要越来越小,要有耐心,直到工件的基准面与坐标轴的平行度达到要求为止。

(八)电极的准备与装夹、校正

1. 电极的制造

在进行电极制造时,尽可能将要加工的电极坯料装夹在即将进行电火花加工的装夹系统上,避免因装卸而产生定位误差。常用的电极制造方法有机械切削加工、线切割加工和电铸加工。

1)切削加工

过去常见的切削加工有车、铣、刨、平面和内外圆柱面磨削等方法。随着数控技术的发展,目前经常采用数控铣床(加工中心)制造电极。数控铣削加工电极不仅能加工精度高、形状复杂的电极,而且速度快。

石墨材料加工时容易碎裂、粉末飞扬,所以在加工前需将石墨放在工作液中浸泡2天~3天,这样可以有效减少崩角及粉末飞扬。紫铜材料切削较困难,为了达到较好的表面粗糙度,经常在切削加工后进行研磨抛光加工。

在用混合法穿孔加工冲模的凹模时,为了缩短电极和凸模的制造周期,保证电极与凸模的轮廓一致,通常采用电极与凸模联合成形磨削的方法。这种方法的电极材料大多数选用铸铁和钢。

当电极材料为铸铁时,电极与凸模常用环氧树脂等材料胶合在一起,如图2-18所示。对于截面积较小的工件,由于不易粘牢,为了防止在磨削过程中发生电极或凸模脱落,可采用锡焊或机械方法使电极与凸模连接在一起。当电极材料为钢时,可把凸模加长些,将其做电极,即把电极和凸模做成一个整体。

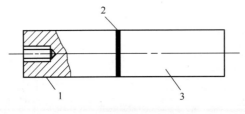

图2-18 电极与凸模粘结

1—电极;2—粘结面;3—凸模。

电极与凸模联合成形磨削,其共同截面的公称尺寸应直接按凸模的公称尺寸进行磨削,公差取凸模公差的1/2~2/3。

当凸、凹模的配合间隙等于放电间隙时,磨削后电极的轮廓尺寸与凸模完全相同;当凸、凹模的配合间隙小于放电间隙时,电极的轮廓尺寸应小于凸模的轮廓尺寸,在生产中可用化学腐蚀法将电极尺寸缩小至设计尺寸;当凸、凹模的配合间隙大于放电间隙时,电极的轮廓尺寸应大于凸模的轮廓尺寸,在生产中可用电镀法将电极扩大到设计尺寸。

2）线切割加工

除用机械方法制造电极以外,在比较特殊需要的场合下也可用线切割加工电极,即适用于形状特别复杂,用机械加工方法无法胜任或很难保证精度的情况。

图2-19所示的电极,在用机械加工方法制造时,通常是把电极分成四部分来加工,然后再镶拼成一个整体,如图2-19(a)所示。由于分块加工中产生的误差及拼合时的接缝间隙和位置精度的影响,使电极产生一定的形状误差。如果使用线切割加工机床对电极进行加工,则很容易地制作出来,并能很好地保证其精度,如图2-19(b)所示。

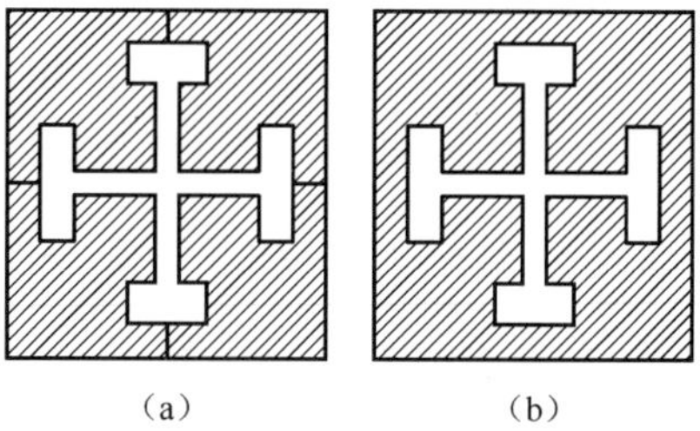

图2-19 机械加工与线切割加工
(a)机械加工方法制造;
(b)线切割加工方法制造。

3）电铸加工

电铸方法主要用来制作大尺寸电极,特别是在板材冲模领域。使用电铸制作的电极放电性能特别好。

用电铸法制造电极,复制精度高,可制作出用机械加工方法难以完成的细微形状的电极。它特别适合于有复杂形状和图案的浅型腔的电火花加工。电铸法制造电极的缺点是加工周期长,成本较高,电极质地比较疏松,使电加工时的电极损耗较大。

2. 电极的装夹与校正

电极装夹的目的是将电极安装在机床的主轴头上,电极校正的目的是使电极的轴线平行于主轴头的轴线,即保证电极与工作台面垂直,必要时还应保证电极的横截面基准与机床的X、Y轴平行。

1）电极的装夹

电极在安装时,一般使用通用夹具或专用夹具直接将电极装夹在机床主轴的下端。常用装夹方法有下面几种。

小型的整体式电极多数采用通用夹具直接装夹在机床主轴下端,采用标准套筒、钻夹头装夹(图2-20、图2-21);对于尺寸较大的电极,常将电极通过螺纹连接直接装夹在夹具上(图2-22)。

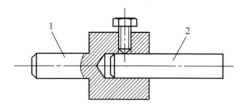

图2-20 标准套筒形夹具
1—标准套筒;2—电极。

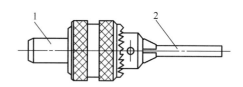

图2-21 钻夹头夹具
1—钻夹头;2—电极。

镶拼式电极的装夹比较复杂,一般先用连接板将几块电极拼接成所需的整体,然后再用机械方法固定(图2-23(a));也可用聚氯乙烯醋酸溶液或环氧树脂粘合(图2-23(b))。在拼接时各结合面需平整密合,然后再将连接板连同电极一起装夹在电极柄上。

当电极采用石墨材料时,应注意以下几点。

(1)由于石墨较脆,故不宜攻螺孔,因此可用螺栓或压板将电极固定于连接板上。石墨电极的装夹如图 2-24 所示。

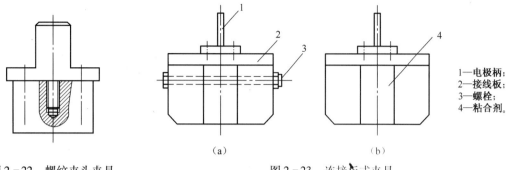

1—电极柄;
2—接线板;
3—螺栓;
4—粘合剂。

图 2-22　螺纹夹头夹具　　　　　　　图 2-23　连接板式夹具

（2）不论是整体的或拼合的电极,都应使石墨压制时的施压方向与电火花加工时的进给方向垂直。如图 2-25 所示,图(a)箭头所示为石墨压制时的施压方向,图(b)为不合理的拼合,图(c)为合理的拼合。

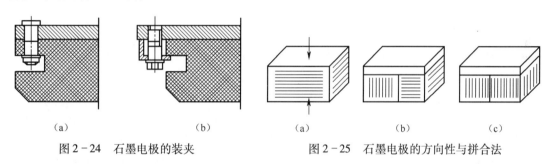

图 2-24　石墨电极的装夹　　　　　　图 2-25　石墨电极的方向性与拼合法

2）电极的校正

电极装夹好后,必须进行校正才能加工,即不仅要调节电极与工件基准面垂直,而且需在水平面内调节、转动一个角度,使工具电极的截面形状与将要加工的工件型孔或型腔定位的位置一致。电极与工件基准面垂直常用球面铰链来实现,工具电极的截面形状与型孔或型腔的定位靠主轴与工具电极安装面相对转动机构来调节,垂直度与水平转角调节正确后,都应用螺钉夹紧,如图 2-26 所示。

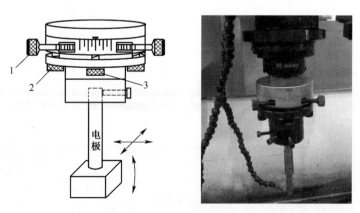

图 2-26　电极装夹

1—电极旋转调整螺钉;2—电极左右水平调整螺钉;3—电极前后水平调整螺钉。

电极装夹到主轴上后,必须进行校正,一般的校正方法具体如下。

(1)根据电极的侧基准面,采用千分表(百分表)找正电极的垂直度,如图2-27所示。

(2)电极上无侧面基准时,将电极上端面作辅助基准找正电极的垂直度,如图2-28所示。

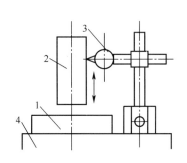

图2-27 用千分表校正电极垂直度
1—工件;2—电极;3—千分表;4—工作台。

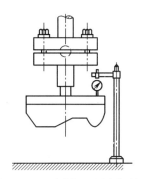

图2-28 型腔加工用电极校正

3)电极的精确定位

电极相对于工件定位是指将已安装校正好的电极对准工件上的加工位置,以保证加工的孔或型腔在凹模上的位置精度。电极的定位与其他数控机床的定位方法大致相似,读者可以借鉴参考。

目前生产的大多数电火花机床都有接触感知功能,通过接触感知功能能较精确地实现电极相对工件的定位。在项目一中介绍了电极相对于工件中心和侧面的归零的操作方法,通过该方法可以将电极定位于工件上的特定点位置。在这里以工件的分中方法为例说明接触感知功能找正的具体方法。

利用数控电火花成形机床的MDI功能手动操作实现电极定位于型腔的中心,具体方法如下(图2-29)。

(1)将工件型腔、电极表面的毛刺去除干净,手动移动电极到型腔的中间,执行如下指令。

G80 X−;

G92 G54 X0;　　//一般机床将G54工作坐标系作为默认工作坐标系,故G54可省略

M05 G80 X+;

M05 G82 X;　　//移到X方向的中心

G92 X0;

G80 Y−;

G92 Y0;

M05 G80 Y+;

M05 G82 Y;　　//移到Y方向的中心

G92 Y0;

(2)通过上述操作,电极找到了型腔的中心。但考虑到实际操作中由于型腔、电极有毛刺等意外因素的影响,应确认找正是否可靠。方法是在找到型腔中心后,执行如下指令。

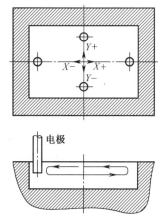

图2-29 找工件中心

G92 G55 X0 Y0;/将目前找到的中心在 G55 坐标系内的坐标值也设定为 X0 Y0,然后再重新执行前面的找正指令,找到中心后,观察 G55 坐标系内的坐标值。如果与刚才设定的零点相差不多,则认为找正成功;若相差过大,则说明找正有问题,必须接着进行上述步骤,至少保证最后两次找正位置基本重合。

目前生产的部分电火花成形机床有找中心按钮,这样可以避免手动输入过多的指令,但同样要多次找正。

■ 项目实施

仔细研究该潜伏式浇口镶件的零件图,其位置尺寸如图 2-30 所示。电火花加工的过程为:工件的准备(工件的装夹与校正)、电极的准备(电极设计、装夹及校正、电极的定位)、选用加工条件、机床操作及加工等。

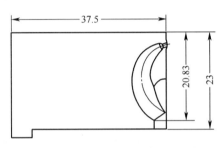

图 2-30 浇口位置尺寸图(边定位)

(一)加工准备

1. 镶件材料的选用

通常塑料模具型腔采用综合性能较好、硬度较高的硬质合金。

2. 工件的准备

将工件去除毛刺,除磁去锈,并将工件摆放到电火花加工用的专用永磁吸盘上,随即进行校正。位置确定后,将内六角扳手插入轴孔内沿顺时针方向转动 180°到"ON",即可吸住工件准备加工(操作时参考图 2-16 和图 2-17)。

3. 电极的准备

1)电极材料的选择

不同的电极材料对电火花加工产品质量有较大的影响。在选用电极材料时,通常需要考虑的因素有:电极的放电加工性能;电极是否容易加工成形;电极材料的成本;电极的重量等。因为潜伏式浇口型腔表面必须光滑,本项目选择紫铜作为电极,确保加工质量。

2)电极的设计

在本项目中,电极的结构设计要考虑电极的装夹与校正。电极的结构如图 2-31 所示。

3)电极的装夹与校正

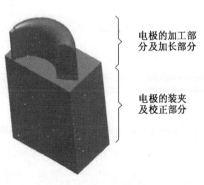

电极的加工部分及加长部分

电极的装夹及校正部分

图 2-31 电极的设计

将电极装夹在电极夹头上,目测法大致校正电极,然后分别调整电极旋转角度、电极左右方向、电极前后方向,如图2-32所示。

注意:在调整电极过程中,当校正表的测头与电极接触时,机床通常会提示接触感知,这时机床不能动作,必须解除接触感知才可以继续移动机床。因此,在校正时需要按住操作面板的忽略接触感知按钮或使用绝缘的校正百分表。

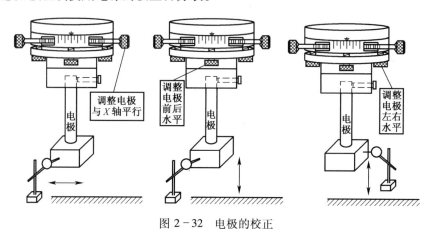

图2-32 电极的校正

4)电极的定位

本项目电极定位十分精确,电火花加工定位要求如图2-30所示,具体可结合本项目相关知识——电极的装夹与校正来分析如何操作机床确定电极的准确位置。

4. 机床操作

为了防止着火,液面至少淹没加工面50mm以上。工作液箱的操作说明如下:工作液箱安装在工作台上,其结构如图2-33所示。加工时,启动油泵,旋转手柄1至通油位置,工作液箱进油;上下移动手柄2,可以调节工作液槽放油量的大小;上下移动手柄3,可以调节工作液箱内油面的高度;旋转手柄4,则油嘴6为吸油状态;旋转手柄5,则油嘴为冲油状态。吸油、冲油压力的大小可以通过旋转手柄1获得。

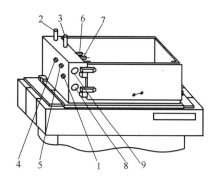

图2-33 工作液箱

1—进油开关及冲吸油压力调节阀;2—放油手柄;3—调节液面高度手柄;4—吸油开关;

5—冲油开关;6—吸油嘴;7—冲油嘴;8—真空表;9—压力表。

在电火花加工中,首先要将工作液加入到工作液槽中,具体过程为:扣上门扣,关闭液槽;闭合放油手柄2(旋转后下压);按手控盒上的液泵键或在程序中用T84代码来打开液泵;用调节液面的高度手柄3调节液面的高度,工作液必须比加工最高点高出50mm以上。

(二) 加工

给合本项目中工艺条件和规准转换的知识,在教师的指导下选择适当的加工参数,完成加工段设定后进行放电加工(参考表 2 - 17,设定 Z 轴深"1mm",开始最大电流"10A",选择加工电极材料"0",选择完工细度"极细",其加工参数如表 2 - 17 所列。设备为江南赛特数控设备有限公司的 EDM450D 单轴电火花成形机床)。设定 0 ~ 5 段加工,待第 5 组加工结束后,暂停加工,观察电极表面是否较粗糙,如有必要,用 1000 目以上的砂纸打磨表面,并继续加工。

表 2 - 17　潜伏式浇口加工参数参考表

组别	设定深度	峰值电流	加工脉宽	休止时间	间隙电压	伺服比例	跳升高度	工作时间	加强电压	极性
0	-0.570	10	350	250	35	4	15	20	260	+
1	-0.770	10	350	250	35	4	15	20	260	+
2	-0.870	7	175	175	35	4	15	10	260	+
3	-0.920	5	80	160	40	4	15	10	260	+
4	-0.950	3	40	120	40	4	15	10	260	+
5	-0.970	2	20	60	40	4	15	10	260	+
*6	-0.990	1	10	40	40	4	15	8	260	+
*7	-1.000	0	5	20	40	4	15	8	260	+

▊ 知识链接

电火花成形加工的加工速度是指在一定电规准下,单位时间内工件被蚀除的体积 V 或质量 m。一般常用体积加工速度 $v_w = V/T$(单位为 mm^3/min)来表示,有时为了测量方便,也用质量加工速度 $v_m = m/t$(单位为 g/min)表示。

在规定的表面粗糙度、规定的相对电极损耗下的最大加工速度是电火花机床的重要工艺性能指标。一般电火花机床说明书上所指的最高加工速度是该机床在最佳状态下所达到的,在实际生产中的正常加工速度大大低于机床的最大加工速度。

影响加工速度的因素分为电参数和非电参数两大类。电参数(电规准)主要是脉冲电源输出波形与参数;非电参数包括加工面积、深度、工作液种类、冲油方式、排屑条件及电极对的材料、形状等。

(一) 电参数对加工速度的影响

电参数主要是指电流脉冲宽度 t_e、电压脉冲宽度 t_i、脉冲间隔 t_0、脉冲频率 f、峰值电流 $\hat{i}_e$、峰值电压 $\hat{u}_i$ 和极性等。

研究结果表明在电火花加工过程中,无论正极或负极都存在单个脉冲的蚀除量 q 与单个脉冲能量 W_M 在一定范围内成正比的关系。某一段时间内的总蚀除量 q 约等于这段时间内各单个有效脉冲蚀除量的总和,所以正、负极的蚀除速度与单个脉冲能量、脉冲频率成正比。用公式表示为

$$q = KW_M f\varphi t \tag{2-1}$$

$$v = \frac{q}{t} = KW_M f\varphi \tag{2-2}$$

式中 q ——在时间 t 内的总蚀除量(g 或 mm³);

v —蚀除速度(g/min 或 mm³/min),即工件生产率或工具损耗速度;

W_M —单个脉冲放电能量(J);

f —脉冲频率(Hz);

t —加工时间(s);

K —与电极材料、脉冲参数、工作液等有关的工艺系数;

φ —有效脉冲利用率。

单个脉冲放电所释放的能量取决于极间放电电压、放电电流和放电持续时间,所以单个脉冲放电能量为

$$W_M = \int_0^{t_e} u(t)\, i(t)\, dt \tag{2-3}$$

式中 W_M ——单个脉冲放电能量(J)。

t_e ——单个脉冲实际放电时间(s);

$u(t)$ ——放电间隙中随时间而变化的电压(V);

$i(t)$ ——放电间隙中随时间而变化的电流(A);

由于火花放电间隙电阻的非线性特性,击穿后间隙上的火花维持电压是一个与电极对材料及工作液种类有关的数值(如在煤油中用纯铜加工钢时约为 25V,用石墨加工钢时约为 30V)。火花维持电压与脉冲电压幅值、极间距离以及放电电流大小等的关系不大,因而正负极的电蚀量正比于平均放电电流的大小和电流脉宽;对于矩形波脉冲电流,实际上正比于放电电流的幅值。在通常的晶体管脉冲电源中,脉冲电流近似地为一矩形波,故当纯铜电极加工钢时的单个脉冲能量为

$$W_M = (25 \sim 30)\hat{i}_e t_e \tag{2-4}$$

式中 $\hat{i}_e$ ——脉冲电流幅值(A);

t_e ——电流脉宽(μs)。

由此可见,提高电蚀量和生产率的途径在于:增加单个脉冲能量 W_M,或者说增加平均放电电流 $\bar{i}_e$(对矩形脉冲即为峰值 $\hat{i}_e$)和脉冲宽度 t_e;提高脉冲频率,或者说减小脉间 t_0;设法提高工艺系数 K。当然,实际生产时要考虑到这些因素之间的相互制约关系和对其他工艺指标的影响,例如脉冲间隔时间过短,将产生电弧放电;随着单个脉冲能量的增加,加工表面粗糙度值也随之增大;等等。

1. 峰值电流对加工速度的影响

当脉冲宽度和脉冲间隔一定时,随着峰值电流的增加,加工速度也增加(图 2-34)。因为加大峰值电流,等于加大单个脉冲能量,所以加工速度也就提高了。但若峰值电流过大(即单个脉冲放电能量很大),加工速度反而下降。

此外,峰值电流增大将降低工件表面粗糙度和增加电极损耗。在生产中,应根据不同的要求,选择合适的峰值电流。

2. 脉冲宽度对加工速度的影响

单个脉冲能量的大小是影响加工速度的重要因素。对于矩形波脉冲电源,当峰值电

流一定时,脉冲能量与脉冲宽度成正比。脉冲宽度增加,加工速度随之增加,因为随着脉冲宽度的增加,单个脉冲能量增大,使加工速度提高;但若脉冲宽度过大,加工速度反而下降(图2-35)。这是因为单个脉冲能量虽然增大,但转换的热能有较大部分散失在电极与工件之中,不起蚀除作用。同时,在其他加工条件相同时,随着脉冲能量过分增大,蚀除产物增多,排气排屑条件恶化,间隙消电离时间不足导致拉弧,加工稳定性变差等,因此加工速度反而降低。

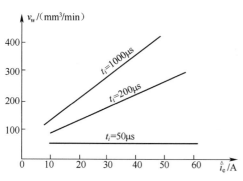

图2-34 峰值电流与加工速度的关系曲线

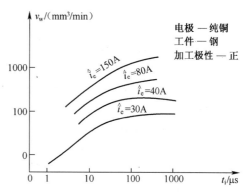

图2-35 脉冲宽度与加工速度的关系曲线

3. 脉冲间隔对加工速度的影响

在脉冲宽度一定的条件下,若脉冲间隔减小,则加工速度提高(图2-36)。这是因为脉冲间隔减小导致单位时间内工作脉冲数目增多、加工电流增大,故加工速度提高;但若脉冲间隔过小,会因放电间隙来不及消电离引起加工稳定性变差,导致加工速度降低。

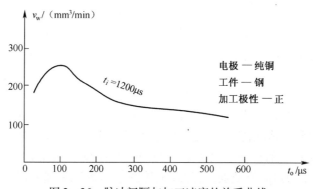

图2-36 脉冲间隔与加工速度的关系曲线

在脉冲宽度一定的条件下,为了最大限度地提高加工速度,应在保证稳定加工的同时,尽量缩短脉冲间隔时间。带有脉冲间隔自适应控制的脉冲电源,能够根据放电间隙的状态,在一定范围内调节脉冲间隔的大小,这样既能保证稳定加工,又可以获得较大的加工速度。

(二)非电参数对加工速度的影响

1. 加工面积的影响

图2-37所示是加工面积和加工速度的关系曲线。由图可知,加工面积较大时,它对加工速度没有多大影响。但若加工面积小到某一临界面积时,加工速度会显著降低,这种现象叫做"面积效应"。因为加工面积小,在单位面积上脉冲放电过分集中,致使放电间隙的电蚀产物

排除不畅,同时会产生气体排除液体的现象,造成放电加工在气体介质中进行,因而大大降低加工速度。

从图 2-37 可以看出,峰值电流不同,最小临界加工面积也不同。因此,确定一个具体加工对象的电参数时,首先必须根据加工面积确定工作电流,并估算所需的峰值电流。

2. 排屑条件的影响

在电火花加工过程中会不断产生气体、金属屑末和碳黑等,如不及时排除,则加工很难稳定地进行。加工稳定性不好,会使脉冲利用率降低,加工速度降低。为便于排屑,一般都采用冲油(或抽油)和电极抬起的办法。

(1) 冲(抽)油压力的影响。在加工中对于工件型腔较浅或易于排屑的型腔,可以不采取任何辅助排屑措施。但对于较难排屑的加工,不冲(抽)油或冲(抽)油压力过小,则因排屑不良产生的二次放电的机会明显增多,从而导致加工速度下降;但若冲油压力过大,加工速度同样会降低。这是因为冲油压力过大,产生干扰,使加工稳定性变差,故加工速度反而会降低。图 2-38 所示是冲油压力和加工速度关系曲线。

冲(抽)油的方式与冲油压力大小应根据实际加工情况来定。若型腔较深或加工面积较大,冲(抽)油压力要相应增大。

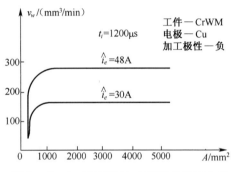

图 2-37　加工面积与加工速度的关系曲线

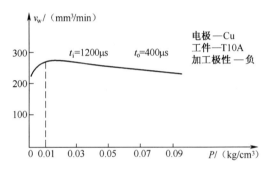

图 2-38　冲油压力和加工速度的关系曲线

(2)"抬刀"对加工速度的影响。为使放电间隙中的电蚀产物迅速排除,除采用冲(抽)油外,还需经常抬起电极以利于排屑。在定时"抬刀"状态,会发生放电间隙状况良好无需"抬刀"而电极却照样抬起的情况,也会出现当放电间隙的电蚀产物积聚较多急需"抬刀"时而"抬刀"时间未到却不"抬刀"的情况。这种多余的"抬刀"运动和未及时"抬刀"都直接降低了加工速度。为克服定时"抬刀"的缺点,目前较先进的电火花机床都采用了自适应"抬刀"功能。自适应"抬刀"是根据放电间隙的状态,决定是否"抬刀"。放电间隙状态不好,电蚀产物堆积多,"抬刀"频率自动加快;当放电间隙状态好,电极就少抬起或不抬。这使电蚀产物的产生与排除基本保持平衡,避免了不必要的电极抬起运动,提高了加工速度。

图 2-39 所示为抬刀方式对加工速度的影响。由图可知,同样加工深度时,采用自适应"抬刀"比定时"抬刀"需要的加工时间短,即加工速度高。同时,采用自适应"抬刀",加工工件质量好,不易出现拉弧烧伤。

3. 工具电极材料和加工极性的影响

在电参数选定的条件下,采用不同的电极材料与加工极性,加工速度也大不相同。由图 2-40 可知,采用石墨电极,在同样加工电流时,正极性比负极性加工速度高。

在加工中选择极性,不能只考虑加工速度,还必须考虑电极损耗。如用石墨做电极时,正极性加工比负极性加工速度高,但在粗加工中,电极损耗会很大。故在不计电极损耗的通孔加工、取折断工具等情况,用正极性加工;而在用石墨电极加工型腔的过程中,常采用负极性加工。

从图2-40还可看出,在同样加工条件和加工极性情况下,采用不同的电极材料,加工速度也不相同。例如,中等脉冲宽度、负极件加工时,石墨电极的加工速度高于铜电极的加工速度。在脉冲宽度较窄或很宽时,铜电极加工速度高于石墨电极。此外,采用石墨电极加工的最大加工速度,比用铜电极加工的最大加工速度的脉冲宽度要窄。

由上所述,电极材料对电火花加工非常重要,正确选择电极材料是电火花加工首要考虑的问题。

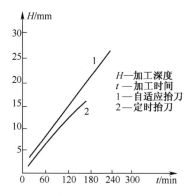

图2-39 抬刀方式对加工速度的影响

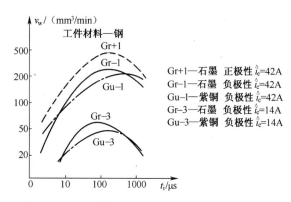

图2-40 电极材料和加工极性对加工速度的影响

4. 金属材料热学常数

所谓热学常数是指熔点、沸点(汽化点)、热导率、比热容、熔化热、气化热等。常见材料的热学常数如表2-18所列。

表2-18 常用材料的热学物理常数

热学物理常数	材　料				
	铜	石墨(碳)	钢	钨	铝
熔点 T_r/℃	1083	3727	1535	3410	657
比热容 c/J·(Kg·k)$^{-1}$	393.56	1674.7	695.0	154.91	1004.8
熔化热 q_r/J·Kg^{-1}	179258.4	—	209340	159098.4	385185.6
沸点 T_f/℃	2595	4830	3000	5930	2450
气化热 q_q/J·Kg^{-1}	5304256.9	46054800	6290667	—	10894053.6
导热率 λ/W·(m·K)$^{-1}$	3.998	0.800	0.816	1.700	2.378
热扩散率 α/cm^2·s^{-1}	1.179	0.217	0.150	0.568	0.920
密度 ρ/g·cm^{-3}	8.9	2.2	7.9	19.3	2.54

注:1. 热导率为0℃时的值;

2. 热扩散率 $\alpha = \lambda / c\rho$。

每次脉冲放电时,通道内及正、负电极放电点都瞬时获得大量热能。而正、负电极放电点所获得的热能,除一部分由于热传导散失到电极其他部分和工作液中外,其余部分将依次消耗在以下几处。

(1)使局部金属材料温度升高直至达到熔点,而每克金属材料升高1℃(或1K)所需的热量即为该金属材料的比热容。

(2)每熔化1g材料所需的热量即为该金属的熔化热。

（3）使熔化的金属液体继续升温至沸点，每克材料升高1℃所需的热量即为该熔融金属的比热容。

（4）使熔融金属气化，每汽化1g材料所需的热量称为该金属的汽化热。

（5）使金属蒸气继续加热成过热蒸气，每克金属蒸气升高1℃所需的热量为该蒸气的比热容。

显然当脉冲放电能量相同时，金属的熔点、沸点、比热容、熔化热、汽化热越高，电蚀量将越少，越难加工；另一方面，热导率较大的金属，会将瞬时产生的热量传导散失到其他部位，因而降低了本身的蚀除量。而且当单个脉冲能量一定时，脉冲电流幅值越小，脉冲宽度越长，散失的热量也越多，从而使电蚀量减少；相反，若脉冲宽度越短，脉冲电流幅值越大，由于热量过于集中而来不及传导扩散，虽使散失的热量减少，但抛出的金属中汽化部分比例增大，多耗用了汽化热，电蚀量也会降低。因此，电极的蚀除量与电极材料的热导率以及其他热学常数、放电持续时间、单个脉冲能量等有密切关系。

5. 工作液的影响

电火花加工，一般在液体介质中进行，介质液面通常高出加工工件几十毫米。液体介质通常称为工作液，工作液的作用如下。

（1）形成火花击穿放电通道，并在放电结束后迅速恢复间隙的绝缘状态。

（2）对放电通道产生压缩作用。

（3）帮助电蚀产物的抛出和排除。

（4）对工具和工件具有冷却作用。

工作液性能对加工质量的影响很大。介电性能好、密度和黏度大的工作液有利于压缩放电通道，提高放电的能量密度，强化电蚀产物的抛出效应，但黏度过大不利于电蚀产物的排出，影响正常放电。目前工作液有3种：第一种工作液是油类有机化合物。第二种工作液是乳化液，乳化液的优点是成本低，配置简便，也有补偿工具电极损耗的作用，且不腐蚀机床和零件。目前，乳化液多用于电火花线切割加工。第三种工作液是水，水的优点是流动性好、散热性好，不易起弧，不燃、无味价格低廉。电火花成形加工主要采用油类工作液。粗加工时采用的脉冲能量大、加工间隙也较大、爆炸排屑抛出能力强，往往选用介电性能、黏度较大的全损耗系统用油（即机油），且全损耗系统用油的燃点较高，大能量加工时着火燃烧的可能性小；而在中、精加工时放电间隙比较小，排屑比较困难，故一般均选用黏度小、流动性好、渗透性好的煤油作为工作液。

由于油类工作液有味、容易燃烧，尤其在大能量粗加工时工作液高温分解产生的烟气很大，故寻找一种像水那样的流动性好、不产生碳黑、不燃烧、无色无味、价廉的工作液介质一直是努力的目标。水的绝缘性能和黏度较低，在同样加工条件下，和煤油相比，水的放电间隙较大，对通道的压缩作用差，蚀除量较少且易锈蚀机床，但经过采用各种添加剂，可以改善其性能，且最新的研究成果表明，水基工作液在粗加工时的加工速度可大大高于煤油，但在大面积精加工中取代煤油还有一段距离。在电火花高速加工小孔、深孔的机床上，已广泛使用蒸馏水或自来水工作液。

（三）电参数对电极损耗的影响

电极损耗是电火花成形加工中的重要工艺指标。在生产中，衡量某种工具电极是否耐损耗，不只是看工具电极损耗速度 v_E 的绝对值大小，还要看同时达到的加工速度 v_W，即每蚀除单位重量金属工件时，工具相对损耗多少。因此，常用相对损耗或损耗比作为衡量工具电极耐

损耗的指标,即

$$\theta = v_E / v_W \times 100\% \tag{2-5}$$

式中的加工速度和损耗速度如以 mm^3/min 为单位计算,则为体积相对损耗 θ;如以 g/min 为单位计算时,则为质量相对损耗 θ_E。若为等截面的穿孔加工,则也可理解为长度损耗比 θ_L。在加工中采用长度相对损耗比较直观,测量较为方便(图 2 - 41),但由于电极部位不同,损耗不同,因此长度相对损耗还分为端面损耗、边损耗、角损耗。在加工中,同一电极的长度相对损耗大小顺序为:角损耗>边损耗>端面损耗。

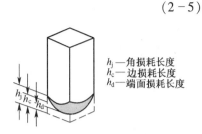

图 2 - 41　电极损耗长度说明图

h_j—角损耗长度
h_c—边损耗长度
h_d—端面损耗长度

电火花加工中,电极的相对损耗小于1%,称为低损耗电火花加工。低损耗电火花加工能最大限度地保持加工精度,所需电极的数目也可减至最少,因而简化了电极的制造,加工工件的表面粗糙度 Ra 可达 $3.2\mu m$ 以下。除了充分利用电火花加工的极性效应、覆盖效应及选择合适的工具电极材料外,还可从改善工作液方面着手,实现电火花的低损耗加工。若采用加入各种添加剂的水基工作液,还可实现对紫铜或铸铁电极小于1%的低损耗电火花加工。

1. 脉冲宽度对电极损耗的影响

在峰值电流一定的情况下,随着脉冲宽度的减小,电极损耗增大。脉冲宽度越窄,电极损耗 θ 上升的趋势越明显(图 2 - 42)。所以精加工时的电极损耗比粗加工时的电极损耗大。脉冲宽度增大,电极相对损耗降低的原因总结如下。

(1)脉冲宽度增大,单位时间内脉冲放电次数减少,使放电击穿引起电极损耗的影响减少。同时,负极(工件)承受正离子轰击的机会增多,正离子加速的时间也长,极性效应比较明显。

(2)脉冲宽度增大,电极"覆盖效应"增加,也减少了电极损耗。在加工中电蚀产物(包括被熔化的金属和工作液受热分解的产物)不断沉积在电极表面,对电极的损耗起补偿作用。但如这种飞溅沉积的量大于电极本身损耗,就会破坏电极的形状和尺寸,影响加工效果;如飞溅沉积的量恰好等于电极的损耗,两者达到动态平衡,则可得到无损耗加工。由于电极端面、角部、侧面损耗的不均匀性,因此无损耗加工是难以实现的。

2. 峰值电流的影响

对于一定的脉冲宽度,加工时的峰值电流不同,电极损耗也不同。

用紫铜电极加工钢时,随着峰值电流的增加,电极损耗也增加。图 2 - 43 所示是峰值电流对电极相对损耗的影响。由图可知,要降低电极损耗,应减小峰值电流。因此,对一些不适宜

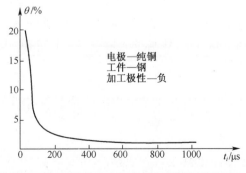

图 2 - 42　脉冲宽度与电极相对损耗的关系

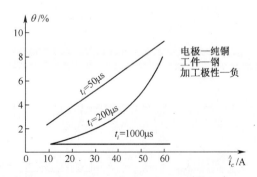

图 2 - 43　峰值电流与电极相对损耗的关系

用长脉冲宽度粗加工而又要求损耗小的工件,应使用窄脉冲宽度、低峰值电流的方法。

由上可见,脉冲宽度和峰值电流对电极损耗的影响效果是综合性的。只有脉冲宽度和峰值电流保持一定关系,才能实现低损耗加工。

3. 脉冲间隔的影响

在脉冲宽度不变时,随着脉冲间隔的增加,电极损耗增大(图 2－44)。因为脉冲间隔加大,引起放电间隙中介质消电离状态的变化,使电极上的"覆盖效应"减少。

随着脉冲间隔的减小,电极损耗也随之减少,但超过一定限度,放电间隙将来不及消电离而造成拉弧烧伤,反而影响正常加工的进行。尤其是粗规准、大电流加工时,更应注意。

4. 加工极性的影响

在其他加工条件相同的情况下,加工极性不同对电极损耗影响很大(图 2－45)。当脉冲宽度 t_i 小于某一数值时,正极性损耗小于负极性损耗;反之,当脉冲宽度 t_i 大于某一数值时,负极性损耗小于正极性损耗。一般情况下,采用石墨电极和铜电极加工钢时,粗加工用负极性,精加工用正极性。但在钢电极加工钢时,无论粗加工或精加工都要用负极性,否则电极损耗将大大增加。

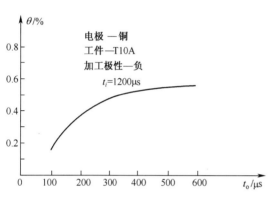

图 2－44　脉冲间隔对电极相对损耗的影响

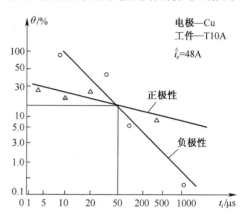

图 2－45　加工极性对电极相对损耗的影响

(四) 非电参数对电极损耗的影响

1. 加工面积的影响

在脉冲宽度和峰值电流一定的条件下,加工面积对电极损耗影响不大,是非线性的(图 2－46)。当电极相对损耗小于 1% 时,随着加工面积的继续增大,电极损耗减小的趋势越来越

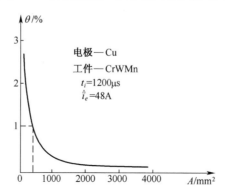

图 2－46　加工面积对电极相对损耗的影响

慢。当加工面积过小时,则随着加工面积的减小而电极损耗急剧增加。

2. 冲油或抽油的影响

由前面所述,对形状复杂、深度较大的型孔或型腔进行加工时,若采用适当的冲油或抽油的方法进行排屑,有助于提高加工速度。但另一方面,冲油或抽油压力过大反而会加大电极的损耗。因为强迫冲油或抽油会使加工间隙的排屑和消电离速度加快,这样减弱了电极上的"覆盖效应"。当然,不同的工具电极材料对冲油、抽油的敏感性不同。如图2-47所示,用石墨电极加工时,电极损耗受冲油压力的影响较小;而紫铜电极损耗受冲油压力的影响较大。

由上可知,在电火花成形加工中,应谨慎使用冲、抽油。加工本身较易进行且稳定的电火花加工,不宜采用冲、抽油;若非采用冲、抽油不可的电火花加工,也应注意使冲、抽油压力维持在较小的范围内。

冲、抽油方式对电极损耗无明显影响,但对电极端面损耗的均匀性有较大区别。冲油时电极损耗呈凹形端面,抽油时则形成凸形端面(图2-48)。这主要是因为冲油进口处所含各种杂质较少,温度比较低,流速较快,使进口处"覆盖效应"减弱的缘故。

实践证明,当油孔的位置与电极的形状对称时用交替冲油和抽油的方法,可使冲油或抽油所造成的电极端面形状的缺陷互相抵消,得到较平整的端面。另外,采用脉动冲油(冲油不连续)或抽油比连续的冲油或抽油的效果好。

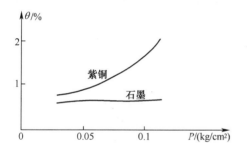

图2-47 冲油压力对电极相对损耗的影响

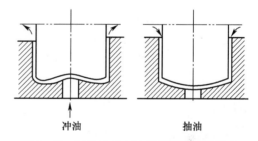

图2-48 冲油方式对电极端部损耗的影响

3. 电极的形状和尺寸的影响

在电极材料、电参数和其他工艺条件完全相同的情况下,电极的形状和尺寸对电极损耗影响也很大(如电极的尖角、棱边、薄片等)。如图2-49(a)所示的型腔,用整体电极加工较困难。在实际中首先加工主型腔(图2-49(b)),再用小电极加工副型腔(图2-49(c))。

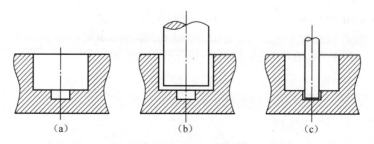

图2-49 分解电极图
(a)型腔;(b)加工主型腔;(c)加工副型腔。

4. 工具电极材料的影响

工具电极损耗与其材料有关,损耗的大致顺序如下:银钨合金 < 铜钨合金 < 石墨(粗规准) < 紫铜 < 钢 < 铸铁 < 黄铜 < 铝。

结合前面非电参数对电极损耗的影响,总结电极损耗的因素如表2-19所列。

表2-19 影响电极损耗的因素

因　素	说　　明	减少损耗条件
脉宽宽度	脉宽越大,损耗越小,至一定数值后,损耗可降低至小于1%	脉宽足够大
峰值电流	峰值电流增大,电极损耗增加	减小峰值电流
加工面积	影响不大	大于最小加工面积
极　性	影响很大。应根据不同电源、不同电规准、不同工作液和不同的电极材料、工件材料,选择合适的极性	一般脉宽大时用正极性,小时用负极性,钢电极用负极性
电极材料	常用电极材料中黄铜的损耗最大,紫铜、铸铁、钢次之,石墨和铜钨、银钨合金较小。紫铜在一定的电规准和工艺条件下,也可以得到低损耗加工	石墨做粗加工电极、紫铜做精加工电极
工件材料	加工硬质合金工件时电极损耗比钢工件大	用高压脉冲加工或用水作工作液,在一定条件下可降低损耗
工作液	常用的煤油、机油获得低损耗加工需具备一定的工艺条件;水和水溶液比煤油容易实现低损耗加工(在一定条件下),如硬质合金工件的低损耗加工,黄铜和钢电极的低损耗加工	
排屑条件和二次放电	在损耗较小的加工时,排屑条件越好则损耗越大,如紫铜,有些电极材料则对此不敏感,如石墨。损耗较大的规准加工时,二次放电会使损耗增加	在许可条件下,最好不采用强迫冲(抽)油

思考与练习题

1. 下面4个电火花放电状态中,(　　)状态是不正常工作状态。
　　A. 短路　　　　B. 电弧放电　　　　C. 火花放电　　　　D. 开路
2. 用电火花进行精加工,采用(　　)。
　　A. 宽脉冲、正极性加工　　　　　　　B. 宽脉冲、负极性加工
　　C. 窄脉冲、正极性加工　　　　　　　D. 窄脉冲、负极性加工
3. 在电火花加工中,脉冲宽度减小将引起电极相对损耗(　　)。
　　A. 增加　　　　B. 先大后小　　　　C. 不变　　　　D. 减小
4. 在电火花加工中,脉冲频率降低将引起电极相对损耗(　　)。
　　A. 增加　　　　B. 先大后小　　　　C. 不变　　　　D. 减小
5. 为了提高电火花加工速度,可以增加单个脉冲能量 W_M,这种方法适用于(　　)。
　　A. 精加工　　B. 粗加工　　　　C. 镜面加工　　D. 半精加工
6. 不能作为电火花加工工具电极的材料是(　　)。

A. 紫铜　　　B. 石英　　　C. 石墨　　　D. 碳钢

7. 降低电火花加工工具电极的损耗要充分利用几个效应,但不能利用的是(　　)。

A. 极性效应　　B. 吸附效应　　C. 传热效应　　D. 压电效应

8. 总结电参数对电火花加工速度和电极损耗的影响。

9. 电火花加工中哪些非电参数对加工有影响?试总结。

10. 在本项目中电火花加工为什么需要采用几个不同的加工条件?在比较每个加工条件所达到的表面粗糙度后谈谈看法。

11. 仔细观察加工出的潜伏式浇口,结合本项目实施过程,探讨能够进一步提高加工质量的手段。

项目三　显示器型腔的电火花加工

■ 项目描述

如图 3 - 1 所示的显示器型腔模具,这类零件加工的特点是:材料硬度高,型腔面积大,尺寸精度高,表面粗糙度要求高(通常 $Ra0.8\mu m$ 或以上),位置精度高。用数控加工中心难以对腔体内部进行清棱、清角加工,用电火花加工该类模具型腔可达到实际要求。

图 3 - 1　显示器外壳及其型腔实体图

本项目在实施中难度较高。学生需要掌握电火花加工用电极的尺寸设计、基准球定位操作技能,并能正确选择加工参数和熟练操作电火花成形机床。

■ 知识目标

1. 掌握常见电火花加工方法。
2. 掌握电极的设计方法。
3. 理解复杂形状电极的定位方法。
4. 掌握影响电火花加工精度和表面质量的因素。

■ 能力目标

1. 能设计中等难度的型腔模具加工用的电极。
2. 熟练校正电极。
3. 正确装夹及校正工件。
4. 熟练掌握基准球定位操作技能。

■ 相关知识

(一) 电火花加工方法

电火花成形加工是用工具电极对工件进行复制加工的工艺方法,主要分为型腔加工和穿孔加工两大类。电火花成形加工的应用又分为冲压模(包括凸凹模)、塑料模、粉末冶金模、型孔零件、小孔和深孔等。

1. 冲压模具的穿孔加工

电火花加工的冲模是生产上应用较多的一种模具,由于形状复杂和尺寸精度要求高,所以它的制造已成为生产上的关键技术之一。特别是凹模,应用一般的机械加工是困难的,在某些情况下甚至不可能,而靠钳工加工则劳动量大,质量不易保证,还常因淬火变形而报废,采用电火花加工或线切割加工能较好地解决这些问题。冲模采用电火花加工与采用机械加工比较有如下优点。

(1)可以在工件淬火后进行加工,避免了热处理变形的影响。

(2)冲模的配合间隙均匀,刃口耐磨,提高了模具质量。

(3)不受材料硬度的限制,可以加工硬质合金等冲模,扩大了模具材料的选用范围。

(4)对于中、小型复杂的凹模可以不用镶拼结构,而采用整体式,简化了模具的结构,提高了模具强度。

凹模的尺寸精度主要靠工具电极来保证,因此,对工具电极的精度和表面粗糙度都应有一定的要求。如凹模的尺寸为 L_2,工具电极相应的尺寸为 L_1(图 3-2),单边火花间隙值为 S_L,则:$L_2 = L_1 + 2S_L$,其中,火花间隙值 S_L 主要取决于脉冲参数与机床的精度。只要加工规准选择恰当,加工稳定,火花间隙值 S_L 的波动范围会很小。因此,只要工具电极的尺寸精确,用它加工出的凹模的尺寸也是比较精确的。

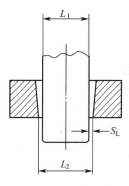

图 3-2 凹模的电火花加工

用电火花穿孔加工凹模有较多的工艺方法,在实际中应根据加工对象、技术要求等因素灵活地选择。穿孔加工的具体方法简介如下。

1)间接法

间接法是指在模具电火花加工中,凸模与加工凹模用的电极分开制造,首先根据凹模尺寸设计电极,然后制造电极,进行凹模加工,再根据间隙要求来配制凸模。图 3-3 所示为间接法加工凹模的过程。

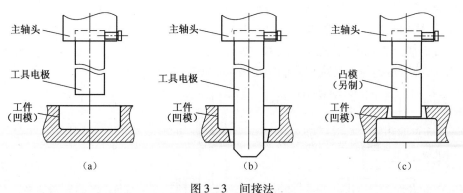

图 3-3 间接法
(a)加工前;(b)加工后;(c)配制凸模。

间接法的优点具体如下。

(1)可以自由选择电极材料,电加工性能好。

(2)因为凸模是根据凹模另外进行配制,所以凸模和凹模的配合间隙与放电间隙无关。

间接法的缺点是:电极与凸模分开制造,配合间隙难以保证均匀。

2) 直接法

直接法适合于加工冲模,它是指将凸模长度适当增加,先作为电极加工凹模,然后将端部损耗的部分去除直接成为凸模(其过程如图3-4所示)。直接法加工的凹模与凸模的配合间隙靠调节脉冲参数、控制火花放电间隙来保证。

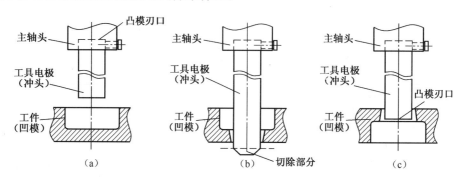

图3-4 直接法
(a)加工前;(b)加工后;(c)切除损耗部分。

直接法的优点具体如下。

(1) 可以获得均匀的配合间隙,模具质量高。

(2) 无须另外制作电极。

(3) 无须修配工作,生产率较高。

直接法的缺点具体如下。

(1) 电极材料不能自由选择,工具电极和工件都是磁性材料,易产生磁性,电蚀下来的金属屑可能被吸附在电极放电间隙的磁场中而形成不稳定的二次放电,使加工过程很不稳定,故电火花加工性能较差。

(2) 电极和冲头连在一起,尺寸较长,磨削时较困难。

3) 混合法

混合法也适用于加工冲模,它是指将电火花加工性能良好的电极材料与冲头材料粘结在一起,共同用线切割加工或磨削成形,然后用电火花性能好的一端作为加工端,将工件反置固定,用"反打正用"的方法实行加工。这种方法不仅可以充分发挥加工端材料好的电火花加工工艺性能,还可以达到与直接法相同的加工效果(图3-5)。

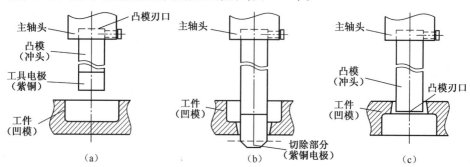

图3-5 混合法
(a)加工前;(b)加工后;(c)切除损耗部分。

混合法的特点具体如下。

（1）可以自由选择电极材料，电加工性能好。

（2）无须另外制作电极。

（3）无须修配工作，生产率较高。

（4）电极一定要粘结在冲头的非刃口端。

4）阶梯工具电极加工法

阶梯工具电极加工法在冷冲模具电火花成形加工中极为普遍，其应用方面有以下两种。

（1）无预孔或加工余量较大时，可以将工具电极制作为阶梯状，将工具电极分为两段，即缩小了尺寸的粗加工段和保持凸模尺寸的精加工段。粗加工时，采用工具电极相对损耗小、加工速度高的电规准加工，粗加工段加工完成后只剩下较小的加工余量(图3-6(a))。精加工段即凸模段，可采用类似于直接法的方法进行加工，以达到凸凹模配合的技术要求(图3-6(b))。

（2）在加工小间隙、无间隙的冷冲模具时，配合间隙小于最小的电火花加工放电间隙，用凸模作为精加工段是不能实现加工的，则可将凸模加长后，再加工或腐蚀成阶梯状，使阶梯的精加工段与凸模有均匀的尺寸差，通过加工规准对放电间隙尺寸的控制，使加工后符合凸凹模配合的技术要求(图3-6(c))。

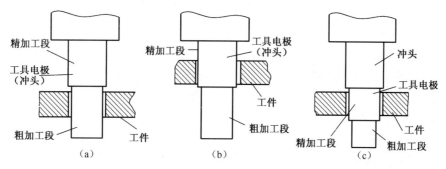

图3-6　用阶梯工具电极加工冲模

(a)粗加工；(b)精加工；(c)凸模加长。

除此以外，可根据模具或工件不同的尺寸和特点，要求采用双阶梯或多阶梯工具电极。阶梯形的工具电极可以由直柄形的工具电极用"王水"酸洗、腐蚀而成。机床操作人员应根据模具工件的技术要求和电火花加工的工艺常识，灵活运用阶梯工具电极的技术，充分发挥穿孔电火花加工工艺的潜力，完善其工艺技术。

2. 塑料模具的成形加工

塑料模具的电火花成形加工和冲压模具的穿孔加工相比有下列特点。

（1）电火花成形加工为盲孔加工，工作液循环困难，电蚀产物排除条件差。

（2）型腔多由球面、锥面、曲面组成，且在一个型腔内常有各种圆角、凸台或凹槽，有深有浅，还有各种形状的曲面相接，轮廓形状不同，结构复杂。这就使得加工中电极的长度和型面损耗不一，故损耗规律复杂，且电极的损耗不可能由进给实现补偿，因此型腔加工的电极损耗较难进行补偿。

（3）材料去除量大，表面粗糙度要求严格。

（4）加工面积变化大，要求电规准的调节范围相应也大。

根据加工对象、精度、表面粗糙度等要求和机床的性能(是否为数控机床、加工精度、最佳表面粗糙度等)确定加工方法。电火花成形加工的方法通常有如下3种。

1）单工具电极直接成形法

单工具电极直接成形法（图3-7）是指采用同一个工具电极完成模具型腔的粗、中及精加工。

对普通的电火花机床，在加工过程中先用无损耗或低损耗电规准进行粗加工，然后采用平动头使工具电极作圆周平移运动，按照粗、中、精的顺序逐级改变电规准，进行侧面平动修整加工。在加工过程中，借助平动头逐渐加大工具电极的偏心量，可以补偿前后两个加工电规准之间放电间隙的差值，这样就可完成整个型腔的加工。

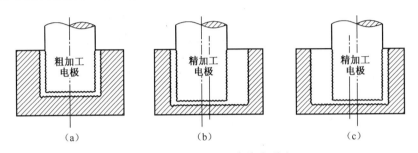

图3-7　单工具电极直接成形法

（a）粗加工；（b）精加工型腔（左侧）；（c）精加工型腔（右侧）。

单电极平动法加工时，工具电极只需一次装夹定位，便可达到±0.05mm的加工精度，避免了因反复装夹带来的定位误差。但单工具电极直接成形法的主要缺点是电极损耗大，影响型腔尺寸精度、形状精度和表面粗糙度。比如，对于棱角要求高的型腔，加工精度就难以保证。

如果加工中使用的是数控电火花机床，则不需要平动头，可利用工作台按照一定轨迹作微量移动来修光侧面。

2）多电极更换法

多电极更换法（图3-8）是指根据一个型腔在粗、中、精加工中放电间隙各不相同的特点，采用几个不同尺寸的工具电极完成一个型腔的粗、中、精加工。在加工时首先用粗加工电极蚀除大量金属，然后更换电极进行中、精加工；对于加工精度高的型腔，往往需要较多的电极来精修型腔。

多电极更换加工法的优点是仿型精度高，尤其适用于尖角、窄缝多的型腔模加工。但要求多个电极的一致性好、制造精度高；另外，更换电极时要求定位装夹精度高，因此一般只用于精密型腔的加工，例如盒式磁带、收录机、电视机等壳体的模具，都是用多个电极加工出来的。

3）分解电极加工法

分解电极加工法（图3-9）是单电极平动加工法和多电极更换加工法的综合应用。该方法工艺灵活性强，仿形精度高，适用于尖角窄缝、沉孔、深槽多的复杂型腔模加工。根据型腔的几何形状，把电极分解成主型腔和副型腔电极分别制造。先加工出主型腔，后用副型腔电极加工尖角、窄缝等部位的副型腔。此方法的优点是可以根据主、副型腔不同的加工条件，选择不同的加工规准，有利于提高加工速度和改善加工表面质量；同时还可以简化电极制造，便于修整电极。缺点是更换电极时主型腔和副型腔电极之间要求有精确的定位。

近年来国外已广泛采用像加工中心那样具有电极库的3~5轴数控电火花机床，事先把复杂型腔分解为简单表面和相应的简单电极，编制好程序，加工过程中自动更换电极和转换规准，实现复杂型腔的加工。同时配合一套高精度辅助工具、夹具系统，可以大大提高电极的装

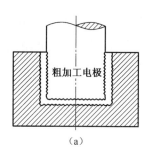
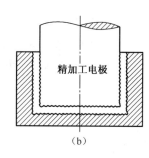

（a）　　　　　　　　　　　（b）

图 3 - 8　多电极更换法

（a）粗加工;（b）更换大电极精加工。

图 3 - 9　分解电极加工法

夹定位精度,使采用分解电极法加工的模具精度大为提高。

（二）电极的设计

电极设计是电火花加工中的关键点之一。在设计中,首先是详细分析产品图纸,确定电火花加工位置;然后根据现有设备、材料、拟采用的加工工艺等具体情况确定电极的结构形式;最后根据不同的电极损耗、放电间隙等工艺要求对照型腔尺寸进行缩放,同时要考虑工具电极各部位投入放电加工的先后顺序不同;工具电极上各点的总加工时间和损耗不同、同一电极上端角、边和面的损耗值不同等因素来适当补偿电极。

1. 电极的结构形式

电极的结构通常由加工部分、延伸部分、校正部分、装夹部分等组成（图 3 - 10）,其中电极的加工部分必不可少,其他部分应尽可能简化。在设计时电极的延伸部分如可以用来校正电极,就不必另外单独设计校正部分。在确定电极的结构时还需要考虑电极如何进行 XY 方向及 Z 方向的定位。如图 3 - 11（a）所示的电极为加工一个凸形曲面的电极,该电极容易装夹、校正及 XY 方向的定位,但 Z 方向的定位较难。若设计成图 3 - 11（b）的形式,则如图 3 - 11（c）所示,用基准球就很容易实现 Z 方向的定位。

图 3 - 10　电极的结构

1—加工部分;2—延伸部分;

3—校正部分;4—装夹部分。

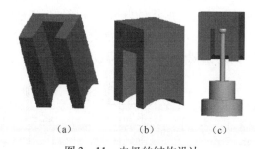

（a）　　　　（b）　　　　（c）

图 3 - 11　电极的结构设计

在实际生产中,根据型孔或型腔的尺寸大小、复杂程度及电极的加工工艺性等来确定电极的结构形式,常用的电极结构形式如下。

1）整体电极

整体电极由一整块材料制成,如图 3 - 12 所示。如果电极尺寸较大,则在内部设置减轻孔及多个冲油孔,如图 3 - 12(b)所示。

2) 镶拼式电极

镶拼式电极是对形状复杂而制造困难的电极分成几块来加工,然后再镶拼成整体电极。如图 3 - 13 所示,将方形电极分成 4 块,加工完后再镶拼成整体。这样既可以保证电极的制造精度得到了尖锐的凹角,而且简化了电极的加工,节约了材料,降低了制造成本,但在制造中应保证各分块之间的位置准确,配合要紧密牢固。

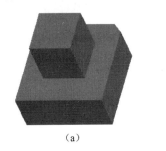 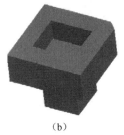

图 3 - 12   整体式电极

图 3 - 13   镶拼式电极

2. 电极的尺寸

电极的尺寸包括垂直尺寸和水平尺寸,它们的公差是型腔相应部分公差的 1/2 ~ 2/3。

1) 垂直尺寸

电极平行于机床主轴轴线方向上的尺寸称为电极的垂直尺寸。电极的垂直尺寸取决于采用的加工方法、加工工件的结构形式、加工深度、电极材料、型孔的复杂程度、装夹形式、使用次数、电极定位校正、电极制造工艺等一系列因素。在设计中,综合考虑上述各种因素后很容易确定电极的垂直尺寸,下面简单举例说明。

如图 3 - 14(a)所示的凹模穿孔加工电极,L_1 为凹模板挖孔部分长度尺寸,在实际加工中 L_1 部分虽然不需电火花加工,但在设计电极时必须考虑该部分长度;L_3 为电极加工中端面损耗部分,在设计中也要考虑。

如图 3 - 14(b)所示的电极用来清角,即清除某型腔的角部圆角。加工部分电极较细,受力易变形,由于电极定位、校正的需要,在实际中应适当增加 L_1 部分的长度。

如图 3 - 14(c)所示的电火花成形加工电极,电极尺寸包括加工一个型腔的有效高度 L、加工一个型腔位于另一个型腔中需增加的高度 L_1、加工结束时电极夹具和工件无需加工的表面或压板不发生碰撞而应增加的高度 L_2 等。

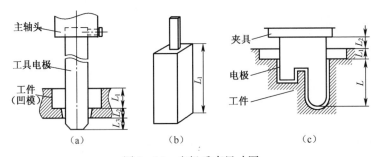

图 3 - 14   电极垂直尺寸图

2) 水平尺寸

电极的水平尺寸是指与机床主轴轴线相垂直的横截面尺寸,如图 3 - 15 所示。

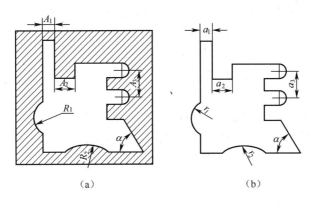

图 3-15　电极水平截面尺寸缩放示意图

(a)型腔；(b)电极。

电极的水平尺寸可用下式确定

$$a = A \pm Kb \qquad (3-1)$$

式中　a——电极水平方向的尺寸；

　　　A——型腔水平方向的尺寸；

　　　K——与型腔尺寸标注法有关的系数；

　　　b——电极单边缩放量，粗加工时，$b = \delta_1 + \delta_2 + \delta_0$（$\delta_1$、$\delta_2$、$\delta_0$ 的意义如图 3-16 所示）。

说明：如果工件加工后需要抛光，那么在水平尺寸的确定过程中需要考虑抛光余量等再加工余量。在一般情况下，加工钢时，抛光余量为精加工粗糙度 Ra_{max} 的 3 倍；加工硬质合金钢时，抛光余量为精加工粗糙度 Ra_{max} 的 5 倍。

公式 $a = A \pm Kb$ 中的 ± 号和 K 值的具体含义如下。

（1）凡图样上型腔凸出部分，其相对应的电极凹入部分的尺寸应放大，即用"+"号；反之，凡图样上型腔凹入部分，其相对应的电极凸出部分的尺寸应缩小，即用"−"号。

（2）K 值的选择原则：当图中型腔尺寸完全标注在边界上（即相当于直径方向尺寸或两边界都为定形边界）时，K 取 2；一端以中心线或非边界线为基准（即相当于半径方向尺寸或一端边界定形，另一端边界定位）时，K 取 1；对于图中型腔中心线之间的位置尺寸（即两边界为定位尺寸）以及角度值和某些特殊尺寸（如图 3-17 中的 a_1），电极上相对应的尺寸不增不减，K 取 0。对于圆弧半径，亦按上述原则确定。

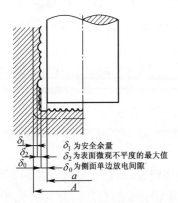

图 3-16　电极单边缩放量原理图

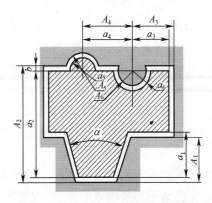

图 3-17　电极型腔水平尺寸对比图

根据以上叙述,在图3-17中,电极尺寸 a 与型腔尺寸 A 有如下关系。

$$a_1 = A_1, a_2 = A_2 - 2b, a_3 = A_3 - b,$$
$$a_4 = A_4, a_5 = A_5 - b, a_6 = A_6 + b$$

当精加工且精加工的平动量为 c 时,$b = \delta_0 + c$。

3)电极的排气孔和冲油孔

电火花成形加工时,型腔一般均为盲孔,排气、排屑较为困难,这直接影响加工效率与稳定性,精加工时还会影响加工表面粗糙度。为改善排气、排屑条件,大、中型腔加工电极都设计有排气、冲油孔。一般情况下,开孔的位置应尽量保证冲液均匀和气体易于排出。电极开孔示意图如图3-18所示。

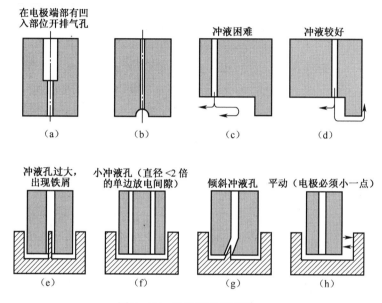

图3-18 电极开孔示意图

在实际设计中要注意以下几点。

(1)为便于排气,经常将冲油孔或排气孔上端直径加大,如图3-18(a)所示。

(2)气孔尽量开在蚀除面积较大以及电极端部凹入的位置,如图3-18(b)所示。

(3)冲油孔要尽量开在不易排屑的拐角、窄缝处,如图3-18(c)不好,图3-18(d)好。

(4)排气孔和冲油孔的直径约为平动量的1倍~2倍,一般取1mm~1.5mm;为便于排气排屑,常把排气孔、冲油孔的上端孔径加大到5mm~8mm;孔距在20mm~40mm左右,位置相对错开,以避免加工表面出现“波纹”。

(5)尽可能避免冲液孔在加工后留下的柱芯,如图3-18(f)、(g)、(h)较好,图3-18(e)不好。

(6)冲油孔的布置需注意冲油要流畅,不可出现无工作液流经的“死区”。

(三)基准球定位方法

电火花加工中电极通常利用电极与工件进行直接感知定位,但由于电极的接触面积较大、电极或工件有毛刺等因素的影响,电极定位精度通常在0.01mm左右。目前现代化的企业纷纷采用基准球定位(图3-19)。基准球定位过程中采用的是点接触,接触面积小,定位准确,定位精度可小于 0.005mm。

（a）　　　　　　　　　　　（b）

图 3 - 19　基准球

（a）放置在电火花机床主轴上的基准球；（b）固定在电火花机床工作台上的基准球。

目前使用基准球定位方法主要有两种：一是使用安装在电火花机床主轴上的基准球定位，工作台上不需要基准球。这种定位方法的前提是电极主轴安装 3R 或 EROWA 等标准夹具，如图 3 - 19（a）所示，基准球安装在机床主轴上与主轴中心完全重合，电极固定在 3R 或 EROWA 夹具上且电极的放电部位中心与夹具中心重合（如果不重合需要测量电极中心与夹具中心距离）。二是使用两个基准球，一个基准球安装在电火花机床主轴上，另一个放置在机床工作台上，如图 3 - 19（b）所示。这种定位方法应用较广，安装在电火花机床主轴上的基准球不需要与机床主轴重合，电极也不需要与机床主轴重合。现以使用两个基准球为例详细介绍使用基准球将电极定位于工件中心的方法。其主要定位过程分 3 个阶段，具体如下。

1. 放置在工作台上基准球位置的确定

放置在工作台上基准球位置主要通过安装在电火花机床主轴上的基准球与工作台上的基准球感知来确定，具体如图 3 - 20 所示。设定一个工件坐标系或直接采用机械坐标系，首先操作机床面板通过目测方法将安装在机床主轴上的基准球移到工作台基准球的正上方 5mm ~ 10mm，两个基准球从 Z 轴方向进行感知，如图 3 - 20（c）箭头 1 所示，感知完后安装在机床主轴上的基准球自动上升到设定的高度，两个基准球脱离接触。然后安装在机床主轴上的基准球沿设定的距离向 X 或 Y 方向平移，再沿 Z 轴下降（通常以刚才 Z 方向两基准球接触感知时的 Z 坐标为基础再下降一个基准球的直径，保证两基准球球心在同一高度上），再分别沿图 3 - 20（c）箭头 2、3、4、5 所示方向进行接触感知。通过这样感知，得到固定在机床工作台上基准球球心 X、Y 坐标及基准球最高点的 Z 坐标。由于开始从图 3 - 20（c）所示箭头 1 方向进行感知时，两个基准球的球心的 X、Y 并不完全重合，因此通过两基准球感知而得到的工作台上基准球的最高点的 Z 坐标可能有较大误差。因此通常需要按照上述过程，两个基准球分别沿图 3 - 20（c）箭头 1、2、3、4、5 方向再进行感知，然后比较两次感知的坐标误差，如果误差大于允许的值，则需要再一次重复感知，直至最后两次感知的误差在许可的范围内。如果多次感知得到的结果不理想，则需要分析原因，如是否基准球表面太脏，必要时用干净的布片蘸酒精擦拭基准球表面。通过上述操作，得到放置在工作台上基准球最高点的坐标（X，Y，Z）。

2. 确定工件中心

安装在机床主轴上的基准球首先从 Z 方向感知工件，如图 3 - 21（a）所示，得到工件上表面的坐标，然后如图 3 - 21（b）、（c）、（d）、（e）所示分别从 X+、X-、Y+、Y-4 个方向对工件进行

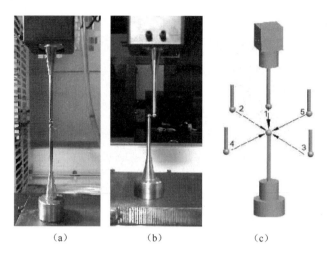

图 3 - 20　工作台上基准球位置的确定

(a)基准球顶部感知;(b)基准球侧面感知;(c)基准球感知示意图。

感知,得到工件的中心位置坐标。

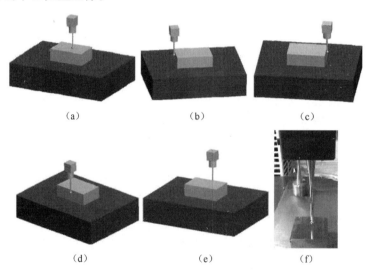

图 3 - 21　工作中心坐标的确定

3. 电极坐标的确定

取下安装在机床主轴上的基准球,在机床主轴上安装并校正好电极。如图 3 - 22 所示,电极如箭头 1、2、3、4、5 所示从 5 个方向与固定在机床工作台上的基准球感知,通过感知可知,当电极下表面的中心位置与固定在机床工作台上的基准球最高点处重合时,工作台上基准球最高点的坐标就是电极下表面中心的坐标。这样就可知电极下表面中心与工件中心的相对位置,根据相对位置的坐标差值,就很容易将电极定位于工件的中心。

现通过举例说明利用基准球定位的原理。

首先如图 3 - 20 所示,通过感知假设得到固定在机床工作台上基准球最高点的坐标(300,200,100),然后如图 3 - 21 所示,通过感知假设得到工件上表面中心位置坐标(128,158,26),则固定在机床工作台上的基准球最高点与工件上表面中心的坐标差值为:$\Delta x = 178$, $\Delta y = 42$, $\Delta z = 74$。最后,如图 3 - 22 所示将电极对固定在工作台上的基准球从 Z、X、Y 方向感知。当电

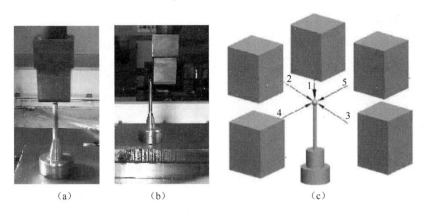

图 3 – 22　电极坐标的确定

(a)感知电极底部;(b)感知电极侧面;(c)感知电极示意图。

极的下表面与基准球的最高点重合时,电极的坐标也为(300,200,100),这样就得到了电极与工件上表面中心的坐标值也为 $\Delta x = 178$, $\Delta y = 42$, $\Delta z = 74$。

（四）复杂形状电极的校正与定位

1. 复杂电极校正与定位

对于复杂的较大电极,当其无侧面基准时,通常用电极与加工部分相连的端面(图 3 – 23)为电极校正面,保证电极与工作台平面垂直。

图 3 – 23　复杂电极校正示意图

(a)复杂电极;(b)电极校正。

对于较复杂电极,当其不容易通过电极的最底部与基准球或工件表面感知时,通常采用电极上端面与基准球感知的方法来确定电极 Z 方向的位置。如图 3 – 24 所示,电极加工部分最大尺寸为 10.5mm,通过基准球与电极上端面感知(如图 3 – 24(b))、安装在主轴上基准球和安装在工作台上基准球的感知、安装在主轴上基准球与工件的感知,可知电极底部与工件表面的相对位置,从而实现电极在 Z 方向的定位。

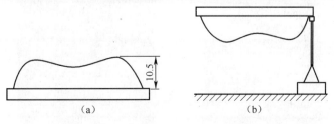

图 3 – 24　电极 Z 方向感知示意图

2. 快速装夹夹具

近年来,在电火花加工中为保证极高的重复定位精度且不降低加工效率,采用快速装夹的标准化夹具。目前有瑞士的 EROWA 和瑞典的 3R 夹具系统可实现快速精密定位。快速装夹的标准化夹具的原理是:电极在制造时将电极与夹具作为一个整体组件装在与数控电火花机床上配备的工艺定位基准附件相同的加工设备上完成。工艺定位基准附件都统一同心,因此电极在制造完成后,直接取下电极和夹具的组件,装入数控电火花机床的基准附件上,可以不用校正电极。工艺定位基准附件不仅在电火花加工机床上使用,还可以在车床、铣床、磨床、线切割等机床上使用。因而可以实现电极制造和电极使用的一体化,使电极在不同机床之间转换时不必再费时去找正。

图 3-25 所示为 EROWA 快速夹具系统,电极装夹系统通过夹紧插销与定位片连接,在卡盘外部有两种相互垂直的基准面。中小型电极可以通过电极夹头装夹在定位板上。图 3-26 (a)所示为使用 3R 夹具把基准球装夹在机床主轴上。在自动装夹电极中,电极夹头的快速装夹与精确定位是依靠安装在机床主轴上的卡盘(卡盘内有定位的中心孔,四周有多个定位凸爪)来实现的。

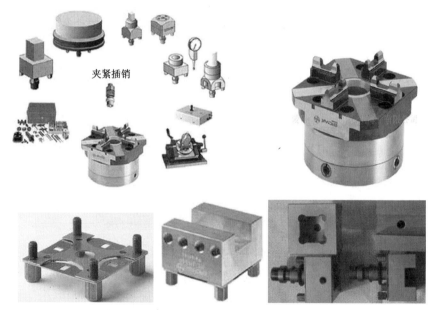

图 3-25 EROWA 快速夹具系统

(a)

(b)

（c）　　　　　　　　　　（d）

图 3 - 26　3R 夹具

（a）基准球装夹在 3R 夹具上；（b）3R 夹具；（c）卡盘；（d）电极夹头与拉杆。

■ 项目实施

电火花加工如图 3 - 1 所示的显示器模具型腔的过程为：工件的准备（工件的装夹与校正）、电极的准备（电极设计、装夹及校正、电极的定位）、选用加工条件、机床操作及加工等。

（一）加工准备

1. 工件的准备

（1）工件材料的选用。通常塑料模具型腔采用综合性能较好、硬度较高的硬质合金钢。

（2）工件的准备。将工件去除毛刺，除锈去磁。

（3）工件校正。使工件的一边与机床坐标轴 X 轴或 Y 轴平行。具体校正方法参照项目二。

2. 电极的准备

1）电极材料选择

该项目中电极材料选用紫铜。

2）电极的设计

电极的结构设计要考虑电极的装夹与校正。若采用 3R、EROWA 等夹具时，电极不需要校正，因此电极设计时不必考虑校正部位，电极用来与夹具装夹的部分比加工部分多 1mm ~ 2mm 即可。若在加工中不使用 3R 等快速夹具，则电极必须校正。校正电极与工作台垂直的方法如图 3 - 23 所示，同时还要校正电极的侧面，使电极与工作台的 X 轴或 Y 轴平行。此时电极必须要设计校正部分，电极用来与夹具装夹的部分比加工部分则需要多 10mm 左右，以方便使用百分表对其进行校正。

3）结构分析

该电极共分两个部分，各个部分的位置及作用如图 3 - 27 所示。

4）尺寸分析

横截面尺寸分析：横截面尺寸最好根据加工条件确定或根据经验值确定。在没有实际经验的情况下根据加工条件来选定。在实际生产中电火花加工的效率较低，机械切削加工的效率较高。为了提高加工效率，对大面积型腔，通常先用高速加工中心铣去绝大部分余量，然后再用电火花加工型腔到规定的尺寸。因此显示器型腔应先用高速加工中心去除大部分余量，然后再用电火花加工到实际尺寸。如果经过高速加工中心铣削后余量均匀且较小，则只需用一个电极精加工；若经过高速加工中心铣削后余量不均匀导致型腔部分位置加工余量较大，则需要两个电极。通常粗加工电极的单侧缩放量为 0.2mm ~ 0.5mm，精加工电极的单侧缩放量

电极的加工部分及加长部分，15.5mm

电极的装夹及校正部分 30mm

图 3 - 27　电极的设计

为 0.05mm ~ 0.15mm。本项目拟采用一个电极进行放电加工，考虑到清棱、清角的缘故，加工余量为 0.5mm。

长度方向尺寸分析：电极端部用来放电加工。由于型腔大部分余量被高速加工中心去除，电火花加工的余量小。所以根据经验在加工型腔深度的基础上增加，需要增加 5mm 即可。本显示器型腔最深尺寸为 10.5mm，因此电极加工部分最大尺寸为 15.5mm（图 3 - 27）。

5）电极装夹与校正

现代模具制造企业通常采用 3R 等专用夹具来快速装夹，电极通常不需要校正。如果不采用专用夹具，可参考图 3 - 23 所示的方法进行电极的装夹与校正。

6）电极的定位

本项目电极定位要求高，拟通过基准球感知，确定电极相对于工件的位置。

显示器电极定位于工件的具体过程如下。

（1）放置在工作台上基准球位置的确定。通过安装在电火花机床主轴上的基准球与放置在机床工作台上基准球的感知，确定放置在机床工作台上基准球最高点坐标（即基准球球心 X、Y 坐标及基准球最高点的 Z 坐标）。通常为了保证定位精确，至少要感知两次以上，最后两次基准球最高点坐标差值不得超过允许值（如某企业选定感知误差不得大于 0.003mm）。为了便于理解，假设在某一工作坐标系下，感知后得到基准球最高点的坐标为（400,500,150）。

（2）确定工件中心坐标。通过安装在电火花机床主轴上的基准球与工件的感知，确定工件上表面中心位置。假设感知后得到的工件上表面中心位置坐标为（200,230,58）。

（3）电极坐标的确定。取下安装在机床主轴上的基准球，安装好电极。操作机床使电极从 5 个方向与固定在机床工作台上的基准球感知（图 3 - 22）。注意，由于电极下表面为曲面，电极最底部与基准球感知不太容易。因此基准球在 Z 方向上感知电极上与加工部分相连的端面（图 3 - 28）。通过感知，电极的中心与固定在机床工作台上的基准球中心重合（即 X、Y 坐标相同），电极上与加工部分相连的端面与固定在机床上基准球最高点 Z 坐标在感知结束瞬间相同。根据前面感知，固定在机床上基准球最高点坐标为（400,500,150），因此电极与固定在机床上基准球感知时，电极下端面中心的坐标也为（400,500,150）。由图 3 - 27 可知电极的加工部分高度为 15.5mm，因此电极感知时电极最底部中心位置坐标为（400,500,134.5）。当然电极与基准球感知后，电极一般在 Z 方向会升高一个数值，这个数值通常是可知的。假设电极从 Z 向感知后升高 10mm，则电极与固定在机床工作台上的基准球感知后电极最底部中心位置为（400,500,134.5+10）。通过上述操作，工件上表面的中心位置坐标为（200,230,58），电极底部中心位置为（400,500,144.5），这样，电极底部中心到工件上表面中

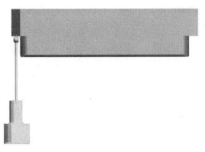

图 3 - 28 显示器电极 Z 方向感知

心的坐标差值为：$\Delta x = 200$，$\Delta y = 270$，$\Delta z = 86.5$。

总之，通过放置在工作台上基准球与装夹在机床主轴上基准球的感知、基准球与工件的感知、电极与基准球的感知，实现显示器电极精确定位于工件上。

3. 加工条件的选择

本项目显示器模具型腔首先经过高速加工中心铣削去除大部分余量，然后采用电火花成形加工。为了保证型腔的表面粗糙度 $Ra0.8\mu m$，本项目选择完工细度为"极细"。

结合本项目中工艺条件和规准转换的知识，在教师的指导下选择适当的加工参数，完成加工段设定后进行放电加工（设定 Z 轴深"0.5mm"，开始最大电流"20A"，选择加工电极材料"0"，选择完工细度"极细"，其加工参数如表 3 - 1 所列）。加工段设定为 0~6 段，待第 6 组加工结束后，暂停加工，观察电极表面是否较粗糙，如有必要，用 1000 目以上的砂纸打磨表面，并继续加工。

表 3 - 1　显示器加工参数参考表

组别	设定深度	峰值电流	加工脉宽	休止时间	间隙电压	伺服比例	跳升高度	工作时间	加强电压	极性
0	-0.100	20	400	250	35	4	15	20	260	+
1	-0.200	20	400	250	35	4	15	20	260	+
2	-0.300	14	200	150	35	4	15	20	260	+
3	-0.370	9	100	160	40	4	15	15	260	+
4	0.420	6	40	120	40	4	15	10	260	+
5	0.450	4	20	60	40	4	15	10	260	+
6	-0.470	2	10	30	40	4	15	10	260	+
*7	-0.490	1	5	20	40	4	15	8	260	+
*8	-0.500	0	5	20	40	4	15	8	260	

（二）加工

启动机床进行加工。开始加工时，要观察放电效果及加工坐标正确与否。加工结束后及时清理机床。

■**知识链接**

（一）影响加工精度的主要因素

电加工精度包括尺寸精度和仿形精度（或形状精度）。与通常的机械加工一样，机床本身的各种误差,工件和工具电极的定位、安装误差都会影响到加工精度,本项目主要讨论与电火花加工工艺有关的因素。

1. 放电间隙

电火花加工中,工具电极与工件间存在着放电间隙,因此工件的尺寸、形状与工具并不一致。如果加工过程中放电间隙是常数,根据工件加工表面的尺寸、形状可以预先对工具尺寸、形状进行修正。但放电间隙是随电参数、电极材料、工作液的绝缘性能等因素变化而变化的,从而影响了加工精度。

间隙大小对形状精度也有影响,间隙越大,则复制精度越差,特别是对复杂形状的加工表面,棱角部位电场强度分布不均,间隙越大,仿形的逼真度越差,影响越严重。因此,为了减少加工尺寸误差,应该采用较弱小的加工规准,缩小放电间隙,另外还必须尽可能使加工过程稳定。放电间隙在精加工时一般为0.01mm(单面),粗加工时可达0.5mm以上。

2. 二次放电

影响电火花加工形状精度的因素还有"二次放电"。"二次放电"是指已加工表面上由于电蚀产物等的介入而再次进行的非正常放电,集中反映在加工深度方向的侧面产生斜度和加工棱角或棱边变钝。产生加工斜度的情况如图3-29所示,由于工具电极下端部加工时间长,绝对损耗大,而电极入口处的放电间隙则由于电蚀产物的存在,随"二次放电"的概率增大而逐渐扩大,因而产生了加工斜度。

3. 工具电极的损耗

在电火花加工中,随着加工深度的不断增加,工具电极进入放电区域的时间是从端部向上逐渐减少的。实际上,工件侧壁主要是靠工具电极底部端面的周边加工出来的。因此,电极的损耗也必然从端面底部向上逐渐减少,从而形成了损耗锥度(图3-30),工具电极的损耗锥度反映到工件上是加工斜度。

另外,工具的尖角或凹角很难精确地复制在工件上,这是因为当工具为尖角时,一则由于放电间隙的等距性,工件上只能加工出以尖角顶点为圆心,放电间隙 S 为半径的圆弧;二则工具上的尖角本身因尖端放电蚀除的概率大而损耗成圆角,如图3-31(a)所示。当工具为凹角时,工件上对应的尖角处放电蚀除的概率大,容易遭受腐蚀而成为圆角,如图3-31(b)所示。采用高频窄脉宽精加工,放电间隙小,圆角半径可以明显减小,因而提高了仿形精度,可以获得圆角半径小于0.01mm的尖棱。目前,电火花加工的精度可达0.01mm~0.05mm。

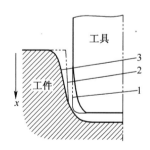

图3-29　冲油方式对电极端部损耗的影响

1—电极无损耗时工具轮廓线;

2—电极有损耗而不考虑二次放电时的工件轮廓线;

3—实际工件轮廓线。

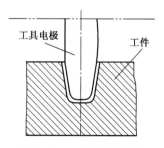

图3-30　工具斜度图形

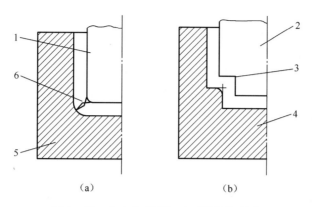

图 3-31　电火花成形加工时圆角的形成

(a)工具电极有尖角时;(b)工具电极有凹角时。

1,2—工具电极;3—凹角;4,5—工件电极;6—尖角。

(二) 电火花加工的表面质量

电火花加工的表面质量主要包括表面粗糙度、表面变质层和表面力学性能三部分。

1. 表面粗糙度

表面粗糙度是指加工表面上的微观几何形状误差。电火花加工表面粗糙度的形成与切削加工不同,它是由无方向性的无数电蚀小凹坑组成,特别有利于保存润滑油;而机械加工表面则存在着切削或磨削刀痕,具有方向性。两者相比,在相同的表面粗糙度和有润滑油的情况下,电火花加工表面的润滑性能和耐磨损性能均比机械加工表面好。

工件的电火花加工表面粗糙度直接影响其使用性能,如耐磨性、配合性质、接触刚度、疲劳强度和抗腐蚀性等。尤其对于高速、高压条件下工作的模具和零件,其表面粗糙度往往决定其使用性能和使用寿命。

对表面粗糙度影响最大的是单个脉冲能量,因为脉冲能量大,每次脉冲放电的蚀除量也大,放电凹坑既大又深,从而使表面粗糙度恶化。表面粗糙度和脉冲能量之间的关系,可用如下实验公式来表示

$$R_{amax} = K_R t_e^{0.3} \hat{i}_e^{0.4} \qquad (3-1)$$

式中　　R_{amax} ——实测的表面粗糙度(μm);

　　　　K_R ——常数,铜加工钢时常取 2.3;

　　　　t_e ——脉冲放电时间(μs);

　　　　$\hat{i}_e$ ——峰值电流(A)。

工件材料对加工表面粗糙度也有影响,在一定的脉冲能量下,不同的电极材料表面粗糙度值大小不同。熔点高的材料(如硬质合金),在相同能量下加工的表面粗糙度要比熔点低的材料(如钢)好。当然,加工速度会相应下降。

工具电极表面的粗糙度值大小也影响工件的加工表面粗糙度值。例如,石墨电极表面比较粗糙,因此它加工出的工件表面粗糙度值也大。

由于电极的相对运动,工件侧边的表面粗糙度值比端面小。

干净的工作液有利于得到理想的表面粗糙度。因为工作液中含蚀除产物等杂质越多,越

容易发生积碳等不利状况,从而影响表面粗糙度。

从式(3-1)可见,影响表面粗糙度的因素主要是脉宽 t_e 与峰值电流 $\hat{i}_e$ 的乘积,亦即单个脉冲能量的大小。实践中发现,即使单脉冲能量很小,但在电极面积较大时,R_{amax} 很难低于 $2\mu m$,而且加工面积越大,可达到的最佳表面粗糙度越差。这是因为在煤油工作液中的工具和工件相当于电容器的两个极,具有"潜布电容"(寄生电容),相当于在放电间隙上并联了一个电容器,当小能量的单个脉冲到达工具和工件时,电能被此电容"吸收",只能起"充电"作用而不会引起火花放电。只有经过多个脉冲充电达到较高的电压,积累了较多的电能后,才能引起击穿放电,形成较大的放电凹坑。

2. 表面变质层

在电火花加工过程中,工作物熔融除去部位的内部和边缘,常有一部分残留熔融体再凝固的现象发生,因此在加工面表层有一部分残留的已熔融再凝固的电极材料及加工液燃烧所生成的碳化物(图3-32)。

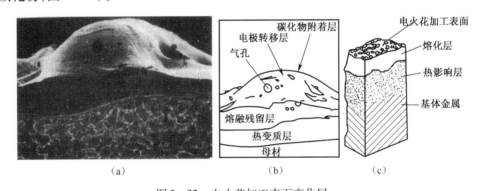

图 3-32 电火花加工表面变化层

(a)电火花加工表面(×350);(b)电火花加工表面示意图;(c)电火花加工表面变化层。

1)熔化凝固层

熔化层位于电火花加工后工件表面的最上层,它被电火花脉冲放电产生的瞬时高温所熔化,又受到周围工作液介质的快速冷却作用而凝固。对于碳钢来说,熔化层在金相照片上呈现白色,故又称为白层。白层与基体金属完全不同,是一种树枝状的淬火铸造组织,与内层的结合不很牢固。熔化层中有渗碳、渗金属、气孔及其他夹杂物。熔化层厚度随脉冲能量增大而变厚,为 1 倍~2 倍的 R_{amax},一般为 0.01mm~0.1mm。

2)热影响层

热影响层位于熔化层和基体之间,热影响层的金属材料并没有被熔化,只是受到高温的影响,使材料的金相组织发生了变化,它与基体材料没有明显的界限。由于加工材料、加工前热处理状态及加工脉冲参数的不同,热影响层的变化也不同。对淬火钢将产生二次淬火区、高温回火区和低温回火区;对未淬火钢而言主要是产生淬火区。因此,淬火钢的热影响层厚度比未淬火钢大。

不同金属材料的热影响层金相组织结构是不同的,耐热合金的热影响层与基体组织差异不大。

3)显微裂纹

电火花加工中,加工表面层受高温作用后又迅速冷却而产生残余拉应力。在脉冲能量较大时,表面层甚至出现细微裂纹,裂纹主要产生在熔化层,只有脉冲能量很大时才扩展到热影响层。脉冲能量对显微裂纹的影响是非常明显的。脉冲能量越大,显微裂纹越宽越深;脉冲能量很小时,加工表面粗糙度 Ra 小于 $1.25\,\mu m$ 时,一般不会出现显微裂纹。

工件材料不同对裂纹的敏感性也不同,硬质合金等硬脆材料容易产生裂纹。工件加工前的热处理状态对裂纹产生的影响也很明显,加工淬火材料要比加工淬火后回火或退火的材料容易产生裂纹,因为淬火材料脆硬,原始残余拉应力也较大。

3. 表面力学性能

1)显微硬度及耐磨性

工件在加工前由于热处理状态及加工中脉冲参数不同,加工后的表面层显微硬度变化也不同。加工后表面层的显微硬度一般比较高,但由于加工电参数、冷却条件及工件材料热处理状况不同,有时显微硬度会降低。一般来说,电火花加工表面外层的硬度比较高,耐磨性好。但对于滚动摩擦,由于是交变载荷,尤其是干摩擦,因熔化层和基体结合不牢固,容易剥落而磨损,因此,有些要求较高的模具需把电火花加工后的表面变化层预先研磨掉。

2)残余应力

电火花表面存在着由于瞬时先热后冷作用而形成的残余应力,而且大部分表现为拉应力。残余应力的大小和分布,主要与材料在加工前热处理的状态及加工时的脉冲能量有关。因此对表面层质量要求较高的工件,应尽量避免使用较大的加工规准,同时在加工中一定要注意工件热处理的质量,以减少工件表面的残余应力。

3)疲劳性能

电火花加工后,工件表面变化层金相组织的变化,会使耐疲劳性能比机械加工表面低许多倍。采用回火处理、喷丸处理等,有助于降低残余应力或使残余拉应力转变为压应力,从而提高其耐疲劳性能。

实验表明,当表面粗糙度 Ra 在 $0.32\,\mu m \sim 0.08\,\mu m$ 范围内时,电火花加工表面的耐疲劳性能将与机械加工表面相近,这是因为电火花精微加工表面所使用的加工规准很小,熔化凝固层和热影响层均非常薄,不会出现显微裂纹,而且表面残余拉应力也较小。

(三)影响电火花加工质量的因素

影响加工质量的原因是多方面的,大致与电极材料的选择、电极设计与制造、电极装夹、找正及定位、操作工艺是否恰当等有关。

1. 正确选择电极材料

在电火花加工中,紫铜和石墨是常用的电极材料。石墨的品种很多,不是所有的石墨材料都可作为电加工的电极材料,应该使用电加工专用的高强度、高密度、高纯度的特种石墨。实际加工中应根据紫铜和石墨电极的特点灵活选用电极材料。

2. 设计及制造电极时正确控制电极的缩放尺寸

设计及制造电极是电火花加工的第一步。根据实际加工工艺选择合适的电极尺寸缩放量。通常电极的尺寸要偏"小"一些,也就是"宁小勿大"。若放电间隙留小了,电极做"大"了,使实际的加工尺寸超差,则造成不可修复的废品。如电极略微偏"小",在尺寸上留有调整的余地,经过平动调节或稍加配研,可最终保证图纸的尺寸要求。电极制造后要测量,根据测量值选择合适的加工条件及电极平动半径。

3. 正确进行电极和工件装夹、校正及电极定位

电极和工件装夹、校正及电极定位是电火花加工中最重要的环节之一,操作不当可能直接导致工件报废,操作中需要认真自我检查。精密电火花加工中通常需要多个电极加工,电极定位精度不高可能影响加工余量,从而影响加工效率。如电极深度没有对准导致粗加工深度过浅,则精加工余量会加大,加工效率降低;如电极深度没有对准导致粗加工深度过深,则精加工余量不够,工件表面粗糙度可能会达不到要求或者工件报废。

4. 注意实际进给深度由于电极损耗引起的误差

在进行尺寸加工时,由于电极长度相对损耗会使加工深度产生误差,往往使实际加工深度小于图纸要求。因此一定要在加工程序中,计算、补偿上电极损耗量,或者在半精加工阶段停机进行尺寸复核,并及时补偿由于电极损耗造成的误差,然后再转换成最后的精加工。

5. 要密切注视和防止电弧烧伤

加工过程中由于放电条件选择不恰当、局部电蚀物密度过高,排屑不良,放电通道、放电点不能正常转移,将使工件局部放电点温度升高,在工件表面形成明显的烧伤痕迹或者小坑,引起恶性循环,使放电点更加稳定集中,转化为稳定电弧。防止使工件表面积碳烧伤的办法是增大脉间及加大冲油,增加抬刀频率和幅度,改善排屑条件。发现加工状态不稳定时就采取措施,防止转变成稳定电弧。

(四) 电火花加工的稳定性

在电火花加工中,加工的稳定性是一个很重要的概念。加工的稳定性不仅关系到加工的速度,而且关系到加工的质量。

1. 电规准与加工稳定性

一般来说,单个脉冲能量较大的规准,容易达到稳定加工。但是,当加工面积很小时,不能用很强的规准加工。另外,加工硬质合金不能用太强的规准加工。

脉冲间隔太小常易引起加工不稳。在微细加工、排屑条件很差、电极与工件材料不太合适时,可增加间隔来改善加工的不稳定性,但这样会引起生产率下降。t_i/I_p 很大的规准比 t_i/I_p 较小的规准加工稳定性差。当 t_i/I_p 大到一定数值后,加工很难进行。

对每种电极材料对,必须有合适的加工波形和适当的击穿电压,才能实现稳定加工。

当平均加工电流超过最大允许加工电流密度时,将出现不稳定现象。

2. 电极进给速度

电极的进给速度与工件的蚀除速度应相适应,这样才能使加工稳定进行。进给速度大于蚀除速度时,加工不易稳定。

3. 蚀除物的排除情况

良好的排屑是保证加工稳定的重要条件。单个脉冲能量大则放电爆炸力强,电火花间隙大,蚀除物容易从加工区域排出,加工就稳定。在用弱规准加工工件时必须采取各种方法保证排屑良好,实现稳定加工。冲油压力不合适也会造成加工不稳定。

4. 电极材料及工件材料

对于钢工件,各种电极材料的加工稳定性好坏次序如下。

紫铜(铜钨合金、银钨合金) > 铜合金(包括黄铜) > 石墨 > 铸铁 > 不相同的钢 > 相同的钢。

淬火钢比不淬火钢工件加工时稳定性好;硬质合金、铸铁、铁合金、磁钢等工件的加工稳定性差。

5. 极性

不合适的极性可能导致加工极不稳定。

6. 加工形状

形状复杂(具有内外尖角、窄缝、深孔等)的工件加工不易稳定,其他如电极或工件松动、烧弧痕迹未清除、工件或电极带磁性等均会引起加工不稳定。

另外,随着加工深度的增加,加工变得不稳定。工作液中混入易燃微粒也会使加工难以进行。

思考与练习题

1. 电火花穿孔加工中常采用哪些加工方法?

2. 电火花成形加工中常采用哪些加工方法?

3. 若型腔底部为不规则曲面,其电极如何校正、定位?

4. 电火花加工的表面粗糙度与哪些因素有关,又是如何影响的?

5. 使用高速加工中心预加工去除型腔大部分余量对电火花后续加工有无影响? 从电极设计、加工条件选用、加工效率等方面分析型腔预加工对电火花加工的影响。

项目四　镶针排孔的电火花加工

▎项目描述

塑料制品如显示器喇叭孔位(图4-1)、收音机喇叭孔位以及牙刷头部刷毛的安装孔位等,在塑料模具的设计中,通常采用镶针的方法成形这些小排孔。以前,模具型腔中镶针排孔的加工通常采用钻头和丝锥进行加工,但由于模架、模仁材料较硬且受工人技术水平的限制较大,因此采用机械加工的方法极易导致钻头和丝锥断入模具型腔中,以致很难处理断入工件内的钻头或丝锥。

图4-1　显示器喇叭孔位的加工

电火花加工可以实现无切削加工,即可以"以柔克刚",因此可以用电火花加工方法对镶针处的排孔进行加工。本项目在实施中难度不高。学生需要掌握DX703型电火花穿孔机床的基本结构,能用穿孔机床进行穿孔加工。

▎知识目标

1. 掌握高速小孔加工的工作原理。
2. 掌握电火花穿孔加工的机床结构。
3. 掌握电火花穿孔机床的操作。

▎能力目标

1. 熟练安装穿孔用电极。
2. 熟练穿孔电极的校正及定位。
3. 能用电火花穿孔机床进行穿孔加工。

▎相关知识

(一) 小孔电火花加工

1. 小孔加工的特点

小孔电火花加工也是电火花成形加工的一种应用,尤其是对于硬质合金、耐热合金等特殊材料而言。小孔加工的特点如下。

（1）加工面积小，深度大，直径一般为 0.05mm ~ 2mm，深径比达 20 以上。

（2）小孔加工在孔穿通前均视为盲孔加工，排屑困难。

小孔加工由于工具电极截面积小，容易变形；不易散热，排屑又困难，因此电极损耗大。工具电极应选择刚性好、容易矫直、加工稳定性好和损耗小的材料，如铜钨合金丝、钨丝、钼丝、铜丝等。加工时为了避免电极弯曲变形，还需设置工具电极的导向装置。

为了改善小孔加工时的排屑条件，使加工过程稳定，常采用电磁振动头，使工具电极丝沿轴向振动，或采用超声波振动头，使工具电极端面有轴向高频振动，进行电火花超声波复合加工，可以大大提高生产率。如果所加工的小孔直径较大，允许采用空心电极（如空心不锈钢管或铜管），则可以用较高的压力强迫冲油，加工速度将会显著提高。

2. 小孔加工的原理

电火花高速小孔加工工艺是近年来新发展起来的。其工作原理的要点有 3 个。

（1）采用中空的管状电极。

（2）管中通高压工作液冲走电蚀产物。

（3）加工时电极作回转运动，可使端面损耗均匀，不致受高压、高速工作液的反作用力而偏斜。

相反，高压流动的工作液在小孔孔壁按螺旋线轨迹流出孔外，像静压轴承那样，使工具电极管"悬浮"在孔心，不易产生短路，可加工出直线度和圆柱度很好的小深孔。

用一般空心管状电极加工小孔，容易在工件上留下毛刺料芯，阻碍工作液的高速流通，且电极过长过细时会歪斜，以致引起短路。为此电火花高速加工小深孔时采用专业厂特殊冷拔的双孔管状电极，其截面上有两个半月形的孔，如图 4 - 2 中 A—A 放大断面图形所示，加工中电极转动时，工件孔中不会留下毛刺料芯。

加工时工具电极作轴向进给运动，管电极中通入 1MPa ~ 5MPa 的高压工作液（自来水、去离子水、蒸馏水、乳化液或煤油），如图 4 - 2 所示。由于高压工作液能迅速将电极产物排出，且能强化火花放电的蚀除作用，因此这一加工方法的最大特点是加工速度高，一般小孔加工速度可达 20mm/min ~ 60mm/min，比普通钻削小孔的速度还要快。这种加工方法最适合加工直径为 0.3mm ~ 3mm 的小孔，且深径比可达到 300。工具电极可订购冷拉的单孔或多孔的黄铜或纯铜管。

我国加工出的样品中就有一例是加工直径为 1mm、深度达 1m 的深孔零件，且孔的尺寸精度和圆柱度均很好。图 4 - 3 所示是这类高速电火花小深孔加工机床的外形，现已被应用于加工线切割零件的预穿丝孔、喷嘴，以及耐热合金等难加工材料的小、深、斜孔加工中，并且会日益扩大其应用领域。

3. 异形小孔的电火花加工

电火花加工不但能加工圆形小孔，而且能加工多种异形小孔。苏州电加工机床研究所已经研制出商品化的异形小孔专用电火花加工机床，此机床可用钟表游丝作为扁电极，通过点位置控制系统，可以组合加工出化纤喷丝板 Y 形、十字形、米字形等各种小异形孔，图 4 - 4 所示为加工出的各种典型小异形孔。

加工微细而又复杂的异形小孔，加工情况与圆形小孔加工基本一样，关键是异形电极的制造，其次是异形电极的装夹，另外要求机床自动控制系统更加灵敏。制造异形小孔电极，主要有下面几种方法。

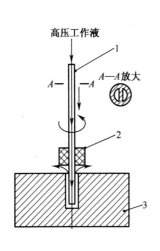

图4-2 电火花高速小孔加工原理示意图
1—管电极;2—导向器;3—工件。

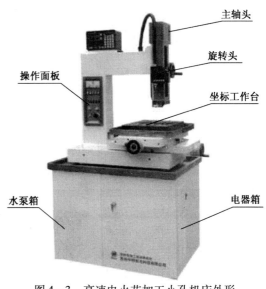

图4-3 高速电火花加工小孔机床外形

1) 冷拔整体电极法

采用电火花线切割加工工艺并配合钳工修磨制成异形电极的硬质合金拉丝模,然后用该模具拉制成Y形、十字形等异形截面的电极。这种方法效率高,用于较大批量生产。

2) 电火花线切割加工整体电极法

利用精密电火花线切割加工制成整体异形电极。这种方法的制造周期短、精度和刚度较好,适用于单件、小批量试制。

3) 火花反拷加工整体电极法

用这种方法制造的电极,定位、装夹均方便且误差小,但生产效率较低。图4-5所示为电火花反拷加工制造异形电极的示意图。

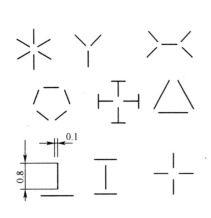

图4-4 各种异形小孔的孔形

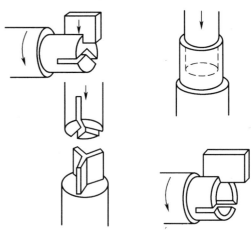

图4-5 电火花反拷加工制造异形电极的示意图

(二) 穿孔机床的组成及作用

1. 机床的组成

本项目以DX703型电火花高速穿孔机床进行结构讲解和项目实施,其布局如图4-3所示,主要由主轴系统、旋转头、坐标工作台、机床电气、操作面板、工作液系统六部分组成。

1）主轴系统

主轴系统装在立柱上,立柱装在底座上,主轴是完成加工中伺服进给的主要部件。

2）旋转头

它装在主轴的滑块上,由主滑块带动上下运动。它实现电极的装夹、旋转、导电及旋转时高压工作液的密封等功能。

3）坐标工作台

坐标工作台装在底座上。它完成工件的装夹和前、后、左、右移动。

4）机床电气

机床电气安置在床身内的底座上。装有脉冲电源、主轴伺服系统、机床电器等。

5）操作面板

它装在立柱的正面,面板上装有操作开关及按钮。在它上部有光栅数显表。

6）工作液系统

它是工作液储存、过滤并将工作液运送到加工区的部件。放置在床身内部。

2. 穿孔机床主要部件概述及作用

1）主轴系统

主轴(又称旋转头)由步进电机带动丝杠螺母完成上下运动,如图4-6所示。主轴采用圆柱形导轨或直线导轨。旋转头装在主轴滑块上。它们之间用绝缘板绝缘。主轴头内部装有行程开关,以限定主轴滑块运动的位置,如图4-7所示。

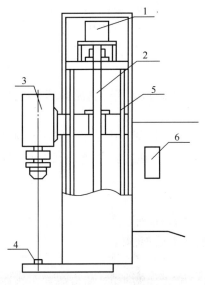

图4-6 主轴系统

1—步进电机;2—丝杆;3—主轴(旋转头);
4—导向器;5—直线导轨;6—升降组合。

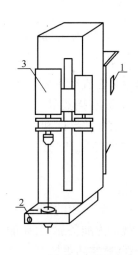

图4-7 导向器夹紧螺钉位置

1—二次行程开关;
2—导向器夹紧螺钉;3—旋转头。

摇动Z轴手轮可以使整个主轴系统上下运动,以调节装在主轴系统下端的导向器与工件之间的距离。这部分运动由方形导轨导向、蜗杆蜗轮、齿轮、齿条传动。主轴头不运动时用紧定手柄锁紧压块,可以锁定主轴头,运动时必须放松。

松开导向器前部的螺钉,可取下导向器,换上所需规格的导向器再拧紧。

2）旋转头

旋转头装在主轴滑块上,它实现电极的装夹、旋转、导电及旋转时高压工作液的密封导入,如图4-8和图4-9所示。电极的旋转采用低速同步电机驱动,中间经同步齿形带减速,旋转主轴转速为45r/min。

电极采用小型钻夹头夹持,并用特制密封圈密封。更换不同规格电极时,密封圈也作相应变化。更换时可按图4-9顺序将所需的电极、夹头、密封圈导套组合好,放入旋转主轴端孔内,再旋紧螺母即可。如果在装拆电极丝时,密封圈取不下,可启动工作液泵,利用工作液的压力将其冲出。

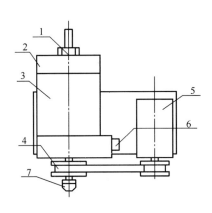

图4-8 旋转头外形图

1—高压水管接头;2—密封组合;3—旋转头主体;
4—同步带;5—步进电机;6—电刷组合;7—夹头。

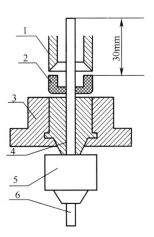

图4-9 密封圈安装示意图

1—主轴;2—密封圈;3—螺母;
4—夹头柄;5—夹头;6—电极丝。

3）坐标工作台

该工作台装在机床底座上,由下拖板、中拖板、工作台等组成。工作台用大理石制成,台下装有接液盘,并配有挡液罩。

拖板运动有导轨导向和丝杠螺母传动。导轨间隙通过螺钉调节压条来消除。坐标工作台的 X、Y 运动方向还装有光栅数显,可直接显示工作台位置。通过油注器,可给导轨面加油润滑。

4）工作液

高速穿孔机床所用的工作液为蒸馏水或纯净水,也可以用普通清洁的自来水代替。工作液置入工作液桶内准备加工,在加工区加工后经工作台排入废液桶内。

5）过滤器滤芯的更换

过滤器使用一段时间后,由于有很多的杂质附在浅隙式滤芯表面,使过滤器出现阻塞现象,或出现滤芯损坏。出现这些情况,应清洗或更换滤芯,其方法如下。

（1）拆下连接在机床床身上的高压管接头,将所有管道从工作液桶中抽出。

（2）打开过滤器上盖,取出O形密封圈和过滤器的滤芯,换上新的滤芯,再放上密封圈,盖上盖,将螺钉拧紧。

（3）连接好高压管,将其余管道放入工作液桶中即可。

6）工作液系统的使用操作

工作液系统的操作按钮在操作面板上。启动工作液系统前,应做好以下联机准备工作。

(1) 检查所有导管是否接通。

(2) 将工作液桶内注满工作液,通过过滤器进水管把工作液装满过滤器和过滤器的出水管。将另一只废液桶置于工作液箱旁。

(3) 把过滤器的进水管和调压阀的出水管一同放入工作液桶内,应完全浸入工作液,废液管插入废液桶内。

(4) 检查高压泵内润滑油是否充足,润滑油不得低于窗孔上的指示线,但也不能超过一半。润滑油为 30 号或 40 号机油。

(5) 检查高压管的两端与旋转头的接口螺帽是否拧紧。

经过上述准备就可以进行电气操作和压力调整。

7) 电气操作

(1) 打开操作面板上的总电源开关。

(2) 将操作面板上的水泵开关打开,工作液系统开始运转,第一次开启时间较长,需几分钟,直到电极中心孔内有工作液喷射出来。

(3) 旋转调压阀,将工作液压力调到所需要值,一般为 6MPa(在压表上显示)。

至此,工作液系统调整联机完毕,可以进行正常加工了。

(三) 穿孔机床的操作面板及使用

穿孔机床的操作面板布局如图 4 - 10 所示。

(1) 对刀开关的使用:按下开关的"1"端,机床进入对刀状态,当电极丝碰到工件时,蜂鸣器发声。按下开关"0"端,机床结束对刀状态。

(2) 旋转开关的使用:按下开关的"1"端,旋转头运行。按下开关"0"端,旋转头停止运行。

(3) 空置开关:此处未设置用途。

(4) 水泵开关的使用:按下开关的"1"端,水泵运行。按下开关"0"端,水泵停止运行。

(5) 高频开关的使用:按下开关的"1"端,高频开启(接通)。按下开关"0"端,高频停止。

(6) 加工开关的使用:按下开关的"1"端,机床开始加工。按下开关"0"端,加工停止。

(7) 上下开关的使用:按下开关"I"端,主轴带动电极丝向下运动。按下开关"II"端,主轴带动电极丝向上运动。

(8) 功率管开关的使用:按下 8 ~ 11 开关的"1"端,相应的功率管接入电路。按下开关"0"端,相应的功率管停止接入电路。

(9) 急停开关的使用:在紧急情况下,按一下该开关,电箱的电源就断开,紧急情况解除后

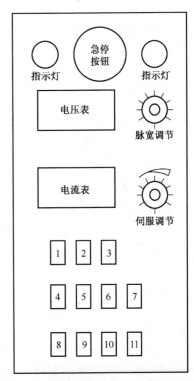

图 4 - 10　操作面板布局
1—对刀;2—旋转;3—空置;
4—水泵;5—高频;6—加工;
7—上下;8~11—功率管。

要恢复,只要向顺时针旋一下就可以了。

(10)脉宽调节旋钮的使用:顺时针方向旋,脉宽增加。逆时针方向旋,脉宽减小。

(11)伺服调节旋钮的使用:顺时针方向旋,进给速度加快。逆时针方向旋,进给速度减慢。

(四)穿孔机床的安全操作规程

(1)开机前必须详细阅读机床说明书,不熟悉机床的情况下切勿操作机床,以免发生安全事故。

(2)每日操作前检查储水桶是否有足够纯净水。

(3)铜管电极的装夹与校正必须保证进给加工方向垂直于工作台面。

(4)定期检查注油器内机油是否足够,机械油路是否畅通。

(5)取用铜管电极时,务必小心,不能有所弯曲或脏污堵塞,否则会造成电极烧损及放电不稳定。

(6)必须使用规格符合铜管口径的导嘴,规格不符会使加工孔径变大造成加工困难。

(7)放电加工过程中,切勿双手分别触摸正负电极处的工件和机头部分,以免造成触电事故。

(8)做到文明生产,加工操作完毕后务必安全切断系统电源。打扫工作场地,擦拭清理机床。

▌项目实施

1. 开机的准备

接上380V、50Hz电网电源,将面板上的急停开关顺时针旋一下,使之弹出,合上左下方总开关,使整机带电,风机运行。检查工作液桶中是否装满工作液,废液桶是否清空。在不装密封圈及电极的情况下,开水泵直至水从钻夹头流出,然后关掉水泵,进行下一步操作。

2. 装夹工件和电极

(1)用手动上/下开关使主轴处于合适位置。

(2)用压板、T形螺杆将工件固定在工作台上,不能松动。如有必要可用磁性表座和百分表或千分表配合,将其放置在主轴上,通过移动 X 或 Y 轴对工件进行校正(可参考项目二中工件校正的内容)。

(3)左旋电极夹头,取出夹头;开水泵,冲出密封圈后关水泵;根据电极直径选择相应的密封圈,穿入电极。

(4)按如图4-9所示进行电极装夹,装夹时不能用力太大,否则会使电极破损。

(5)开水泵,观察电极丝的出水情况,如出现异常必须重新穿入电极并装夹。查看正常后关闭水泵。

3. 安装导向器

按电极丝的尺寸选取导向器,并按图4-7所示把导向器装入导向器座内。

注意:为便于电极穿入导向器,应开启"旋转"开关。

4. 开"对刀"→开"上下"使电极向下运动

当电极露出导向器端面10mm左右时进行 X 和 Y 轴的先后对刀(可参考项目一中工件侧面或中心的归零方法进行操作),根据图纸的标注尺寸摇动 X 和 Y 轴实现电极相对于工件的定位。

5. 加工

（1）根据电极丝直径、电极工件材料、加工表面粗糙度、工作效率，设置脉冲参数和加工电流（详见推荐使用参数表4-1和4-2）。

（2）检查放电回路连线及工作液管路是否连接可靠。

（3）手摇二次行程拖板的手柄，使导向器下移到离工件表面3mm处，同时打开旋转头控制键，使旋转头转动。

（4）开启"水泵"开关，使水泵工作，查看其压力表并调节压力阀，使压力在6MPa，电极出口处的工作液应射出有力。

（5）打开"高频"开关，开启加工电源，电压表约为85V。

（6）将"加工"开关打开，Z轴会自动向下进给，当电极与工件之间的距离小到放出火花时，说明加工已经开始。然后调节伺服旋钮，调节时应由小值向大值逐渐顺时针旋转调节伺服旋钮，使主轴运行稳定，电流表读数在8A～10A（该值与加工数据有关，根据加工情况是变值）之间，电压表读数在15V左右。

（7）在加工过程中，查看加工状态，若有频繁短路，电压表读数跳动厉害，则应手动操作，使主轴抬起，观察工作液的喷射情况及电极端部损耗是否均匀，然后加以适当的处理。

（8）孔穿后，会在工件下端面的孔口处看见火花和喷水。欲使孔的出口质量较好，则加工时间要适当延长。

6. 关机

确认不再加工后，关闭"高频"、"水泵"，Z轴自动回升直到电极完全退出加工孔后，关"加工"键使主轴锁停，再将导向器抬起，卸下工件，切断总电源，清洗工作台面及擦拭机床。

■ 知识链接

（一）常用穿孔加工数据（表4-1、表4-2）

表4-1　普通钢（用黄铜电极）

电极直径 ϕ/mm	速度	挡位	功率管/只	加工间隙电压/V	加工电流/A
0.3～0.5	慢	1	1	20	2
	中	2	1	15	3
	快	3	2	10	4
0.5～0.8	慢	2	1～2	15	2
	中	3	2	12	3～5
	快	4～6	3	10	5～8
0.8～ϕ1.5	慢	3～4	2～3	15	5～7
	中	4～5	4～5	10	8～15
	快	6～8	6～8	7	15～25
1.5～ϕ3	慢	4～5	3～5	15	10～20
	中	6～7	6	10	15～25
	快	8～9	7～8	7	25～30

表 4 − 2　硬质合金及有色金属(用紫铜电极)

电极直径 ϕ/mm	速度	挡位	功率管/只	加工间隙电压/V	加工电流/A
0.3 ~ ϕ0.5	慢	1	1	16	3
	中	2	1	13	4
	快	3	2	8	5
0.5 ~ ϕ0.8	慢	2	1 ~ 2	16	3
	中	3	2	10	3 ~ 5
	快	4 ~ 6	3	8	5 ~ 8
0.8 ~ ϕ1.5	慢	3 ~ 4	2 ~ 3	12	5 ~ 7
	中	4 ~ 5	4 ~ 5	8	8 ~ 15
	快	6 ~ 8	6 ~ 8	7	15 ~ 25
1.5 ~ ϕ3	慢	4 ~ 5	3 ~ 5	12	10 ~ 20
	中	6 ~ 7	6	8	15 ~ 25
	快	8 ~ 9	7 ~ 8	6	25 ~ 30

本加工数据仅根据标准样机的工艺试验及几种工艺要求结果而得出。实际使用时可在具体加工实际中根据不同工艺要求选择不同加工参数,从而获得有所侧重的加工结果。

(二)穿孔机床非故障的异常情况处理

1. 旋转头漏水

(1)若旋转头泄流孔只是轻微渗水,不影响加工,属正常情况,可不必理会。

(2)若旋转头泄流孔漏水较多,使电极出水口压力明显不足则必须更换密封组件。具体更换方法如下。

① 卸下旋转头轴承座上固定导向座的4个内六角螺丝。

② 从导向座里拆下密封件,更换新的密封件。

③ 清理端面及轴面,使其保持清洁。

④ 固定导向座。

2. 加工速度低

(1)先检查高频参数是否正确,电流是否过小,高频电源线是否连接可靠。

(2)查看工作液压力,若低于6MPa,则可调节压力阀,使之达到6MPa。

(3)电极出液是否顺畅。

3. 电极烧结

这种情况一般大多是工作液在管路中受阻所致,查看管路是否弯折,特别是电极内孔,会由于加工液有杂质造成堵死。然后进行排除,有时也可能因参数选择不合理,加工电流过大造成电极头熔融。此时将熔融部分截去即可。

4. 电极出口偏斜,出液不正,加工不稳定

(1)先检查高频参数是否正确,高频电源线是否连接可靠。

(2)电极不直,旋转后晃动较大。

(3)有时由于电极质量不高,造成电极端口损耗不均匀,出现电极出口偏斜,造成加工不稳定。处理方法:选用质量较高的电极。一旦出现出口偏斜,可将偏斜部分截去。

5. 水泵和高频无法启动,旋转头不转

（1）检查保险丝是否烧毁,如烧断则更换相应规格的保险丝。

（2）三相电源缺相,检查电源进线。

（3）检查热继电器是否因为电压过低或水泵负载过大而动作,手动使热保护器复位。

6. 风机不转,光栅数显不显示

（1）三相电源缺相,检查电源进线。

（2）检查保险丝是否烧毁,如烧断更换相应规格的保险丝。

7. 加工不稳定,电压表、电流表抖动厉害

检查工件是否压紧,电极是否夹紧,加工参数是否选择合理。操作机床前应仔细阅读相关资料,并在实际中摸出一套相关经验,使加工稳定,机床处于最佳状态。

8. 工作液压力不足或无压力

（1）工作液桶是否有水,如缺水加满。

（2）过滤器堵塞,更换滤芯。

（3）水压是否为6MPa,调节压力阀至合适位置。

（4）若水泵溢流管有水连续流出,但泵压下降,调节压力阀也无法升高压力时,应拆泵体更换双面油封或活塞。

（三）穿孔机床的维护保养和检查

1. 机床在搬运时,必须特别小心,尤以主轴头、导向器、工作台面等,不能受损伤。

2. 机床安装后,在使用之前必须清洗掉各部分的防锈油脂及灰尘。然后按表4-3所列进行注油润滑。

表4-3　润滑位置及方法

润滑位置	润滑油	数量	说　　明
工作台导轨	导轨油	适量	左右两侧4个油孔,操作开始前一周注油
主轴导轨、丝杆、螺母	导轨油	适量	拔开主轴头后的挡片,用油枪注到各件上,每8h一次
二次行程导轨	导轨油	适量	用油枪直接注入,每8h一次

3. 工作液系统

（1）平时应检查水泵内机油是否充足,油量应不低于观察孔下边缘。

（2）新机在使用20h后,必须更换机油。放油时,应先开机运转2min~3min,然后停机拧下泵壳上的油盖,将水泵倾倒,以放尽机油,随后注入柴油清洗泵壳内腔,直到放出的柴油清洁为止,然后重新注入机油。这一点对延长机床寿命非常重要,在水泵累计使用到100h,再以同样的方法更换机油,以后每隔100h~200h更换一次机油。

（3）平时应检查工作液桶是否有足够的工作液,工作液系统如进入空气将影响正常加工,有可能会导致水泵损坏。

（4）机床连续使用时应定时检查油温,使用时间较长后会导致水温升高,尤其在夏天环境温度较高时,水温会升高更快,导致油温迅速升高,油温超过70℃时应立即停机,以避免水泵损坏。

（四）穿孔机床一般故障的处理

机床在使用时可能会出现一些故障,常见故障的原因及排除方法如表4-4所列。

表4-4 常见故障及处理

编 号	故障现象	原 因	排除方法
1	开机无电源	断路器坏 急停开关未打开	换断路器 顺时针旋转打开
2	光栅不显示	无交流220V(FR1保险丝环) 光栅自动开关未开 电源缺相(三相电源)	换保险丝 合上开关 重新接电
3	机床工作灯不亮	FR2保险丝坏 灯泡坏	换保险丝 换灯泡
4	水泵不工作	水泵开关坏 热继电器过流保护	换开关 热继电器复位
5	加工不放电	功放开关都处于关闭状态 误开了靠边定位开关 高频开关没打开或坏了 水泵开关未开 FR3保险丝断 夹具上的线松了	打开功放开关 关上开关 打开或换开关 打开水泵开关 换保险丝 拧紧固定螺母
6	打开靠边定位时, 蜂鸣器长鸣	夹具与外壳有导通现象	清除夹具、台面和其他部分的杂物(特别是金属)
7	二次行程开关 不能升降	锁紧手柄未松	松开手柄
8	水泵工作但无压力	有漏气现象	检查水循环系统:从进水管至高压管各接头部分是否漏气
9	水泵漏水	泵体的接头、螺丝有松动 密封用V型支撑环坏	拧紧所有松动部分 换支撑环
10	旋转部分漏水	旋转部分内密封件磨损	换密封件
11	打出小孔不垂直	导向不好	调整导向器
12	不能升降	电机和丝杆的连接件松	拧紧连接件
13	高频关不断	高频开关坏	换高频开关
14	加工拉蓝弧	功放管被击穿 波段开关坏	换功放管 换波段开关

思考与练习题

1. 如果加工时电流选择较大,会对加工质量产生怎样的影响?

2. 当加工薄工件时应如何装夹?

3. 思考一下如果没有穿孔机床,用成形机床可否进行孔位的加工,加工时应当注意哪些问题?

项目五　浇口镶件孔的线切割加工

■ 项目描述

项目二中介绍了潜伏式浇口的电火花加工,其模具的装配及浇口的拼装如图2-2和图2-3所示,显然拼装后的方形浇口组件需通过直通的方孔装配到型芯(凸模)中。由于型芯的硬度较高,一般机械切削方法难以加工,特别是方形孔与异形孔。如果采用电火花线切割的方法进行镶件孔的加工就可以轻松地完成加工任务。考虑到实际加工时一般先加工镶件孔,再通过配做的方法加工镶件,且尺寸精度无需控制得非常严格,故单个镶件孔的直通部分尺寸标注时可不标注公差,如图5-1所示。

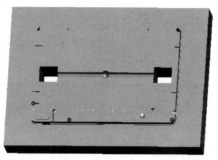
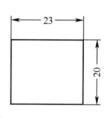

图5-1　型芯中的镶件孔

本项目实施难度不高。在实施本项目中,学生需要掌握线切割加工原理、线切割机床结构;熟悉线切割机床的操作界面及线切割加工基本过程。

■ 知识目标

1. 掌握电火花线切割加工原理及特点。
2. 了解电火花线切割机床分类及结构。
3. 初步掌握线切割加工流程。

■ 技能目标

1. 熟练启动、关闭机床。
2. 熟悉线切割机床的安全操作规程。
3. 熟练电火花线切割机床操作面板。
4. 能熟练使用 HF 系统和加工界面。

■ 相关知识

(一) 电火花线切割加工概述

1. 线切割加工的概念
电火花线切割加工(Wire Cut EDM,WCEDM)是在电火花加工基础上发展起来的一种新的工艺形式,是用线状电极(钼丝或铜丝等)依靠火花放电对工件进行切割加工,故称为电火花线切割加工,有时简称线切割。线切割加工技术已经得到了迅速发展,逐步成为一种高精度和高自动化的加工方法,在模具、各种难加工材料、成形刀具和复杂表面零件的加工等方面得到了广泛应用。

2. 线切割加工的特点

电火花线切割加工与电火花成形加工都是利用火花放电产生的热量来蚀除金属的,它们加工的工艺和机理有较多的相同点又有各自独有的特性(注:电火花成形加工和线切割加工均为电火花加工,人们习惯将电火花成形加工简称为电火花加工,电火花线切割加工简称为线切割加工)。

1) 共同特点

(1) 二者的加工原理相同,都是通过电火花放电产生的热来熔解去除金属,所以二者加工材料的难易与材料的硬度无关,加工中不存在显著的机械切削力。

(2) 二者的加工机理、生产率、表面粗糙度等工艺规律基本相似,材料的可加工性等也基本相似,可以加工硬质合金等一切导电材料。

(3) 二者加工的电压、电流波形基本相似。单个脉冲也有多种形式的放电状态,如开路、正常火花放电、短路等。

2) 不同特点

(1) 从加工原理上看,电火花成形加工是将电极形状复制到工件上的一种工艺方法。在实际中可以加工通孔(穿孔加工)和盲孔(成形加工),如图 5-2(a)、(b)所示;而线切割加工是利用移动的细金属导线(铜丝或钼丝)做电极,对工件进行脉冲火花放电、切割成形的一种工艺方法。

(2) 从产品形状角度看,电火花加工必须先用数控加工等方法加工出与产品形状相似的电极。线切割加工中产品的形状是通过工作台按给定的控制程序移动而合成的,只对工件进行轮廓图形加工,余料仍可利用。

(3) 从电极角度看,电火花加工必须制作成形用的电极(一般用铜、石墨等材料制作而成),而线切割加工用移动的直径为 0.03mm ~ 0.35mm 细金属导线(铜丝或钼丝)做电极,不需要制造特定形状的电极,

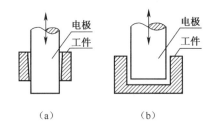

图 5-2 电火花加工
(a)电火花穿孔加工;(b)电火花成形加工。

省掉了成形的工具电极,大大降低了成形工具电极的设计和制造费用。用简单的工具电极,靠数控技术实现复杂的切割轨迹,缩短了生产准备时间,加工周期短,这不仅对新产品的试制很有意义,对大批量生产也增加了快速性和柔性。

(4) 从电极损耗角度看,电火花加工中电极相对静止,易损耗,故通常采用多个电极加工;而线切割加工中由于电极丝连续移动,使单位长度电极丝的损耗较少,从而对加工精度的影响比较小,特别在低速走丝线切割加工时,电极丝一次性使用,电极丝损耗对加工精度的影响更小。正是电火花线切割加工有许多突出的长处,因而在国内外发展都较快,已获得了广泛的应用。

(5) 从应用角度看,电火花加工可以加工通孔、盲孔,特别适宜加工形状复杂的塑料模具

等零件的型腔以及刻文字、花纹等,而线切割加工只能加工通孔,能方便加工出小孔、形状复杂的窄缝及各种形状复杂零件(图5-3)。

(a)

(b)

图5-3　加工产品实例
(a)电火花加工产品;(b)线切割加工产品。

(6)从工作液角度看,线切割加工采用乳化液或去离子水做工作液,而不是采用机油、煤油等油类工作液,不必担心发生火灾,容易实现安全无人运转。

(7)从放电状态看,线切割一般没有稳定电弧放电状态。因为电极丝与工件始终有相对运动,尤其是快速走丝电火花线切割加工,所以线切割加工的间隙状态可以认为是由正常火花放电、开路和短路这3种状态组成。

(8)从极性角度看,由于线切割电极工具是直径较小的细丝,故脉冲宽度、平均电流等不能太大,加工工艺参数的范围较小,属中、精正极性电火花加工,工件常接脉冲电源正极。

3. 线切割加工的应用

线切割加工为新产品试制、精密零件加工及模具制造等开辟了一条新的工艺途径,主要应用于以下几个方面。

1)加工模具零件

电火花线切割加工主要应用于冲模、挤压模、塑料模、电火花成形加工用电极的加工等。由于电火花线切割加工机床加工速度和精度的迅速提高,目前已达到可与坐标磨床相竞争的程度。例如,中小型冲模,材料为模具钢,过去用曲线磨削的方法加工,现在改用电火花线切割整体加工的方法,制造周期可缩短3/4~4/5,成本降低2/3~3/4,配合精度高,不需要熟练的操作工人。因此,一些工业发达国家的精密冲模的磨削等工序,已被电火花成形和电火花线切割加工所代替。

2)切割电火花成形加工用的电极

一般穿孔加工用的电极以及带锥度型腔加工用的电极,以及铜钨、银钨合金之类的电极材料,用线切割加工特别经济,同时也适用于加工微细复杂形状的电极。

3)试制新产品及零件加工

在新产品开发过程中需要单件的样品,使用线切割直接切割出零件,例如试制切割特殊微电机硅钢片定转子铁心,由于不需另行制造模具,可大大缩短制造周期、降低成本。又如在冲压生产时,未制造落料模时,先用线切割加工的试样进行成形等后续加工,得到验证后再制造落料模。另外修改设计、变更加工程序比较方便,加工薄件时还可多片叠在一起加工。在零件制造方面,可用于加工品种多、数量少的零件,特殊难加工材料的零件,材料试验件,各种型孔、型面、特殊齿轮、凸轮、样板、成形刀具。有些具有锥度切割的线切割机床,可以加工出"天圆地方"等上下异形面的零件。同时还可进行微细加工、异形槽和标准缺陷的加工等。表 5-1 所列为电火花线切割加工的应用领域。

表 5-1 电火花线切割加工的应用领域

电火花线切割加工	平面形状的金属模加工	冲模、粉末冶金模、拉拔模、挤压模的加工
	立体形状的金属模加工	冲模用凹模的退刀槽加工、压铸模、塑料膜等分模面加工
	电火花成形加工用电极制作	形状复杂的微细电极的加工、一般穿孔用电极的加工、带锥度电极的加工
	试制品及零件加工	试制零件的直接加工、批量小品种多的零件加工、特殊材料的零件加工、材料试件的加工
	轮廓量规的加工	各种卡板量具的加工、凸轮及模板的加工、成形车刀的成形加工
	微细加工	化纤喷嘴加工、异型槽和窄槽加工、标准缺陷加工

4. 发展概况

20 世纪中期,前苏联拉扎林科夫妇发明了电火花加工方法,开创了制造技术的新局面,随后前苏联又于 1955 年制成了电火花线切割机床,瑞士于 1968 年制成了 NC 方式的电火花线切割机床。电火花线切割加工历经半个多世纪的发展,已经成为先进制造技术领域的重要组成部分。电火花线切割加工不需要制作成形电极,能方便地加工形状复杂的大厚度工件,工件材料的预加工量少,因此在模具制造、新产品试制和零件加工中得到了广泛应用。尤其是进入 20 世纪 90 年代后,随着信息技术、网络技术、航空和航天技术、材料科学技术等高新技术的发展,电火花线切割加工技术也朝着更深层次、更高水平的方向发展。

我国是国际上开展电火花加工技术研究较早的国家之一,20 世纪 50 年代后期先后研制了电火花穿孔机床和线切割机床。线切割加工机床经历了靠模仿形、光电跟踪、简易数控等发展阶段,在上海张维良高级技师发明了世界独创的快速走丝线切割技术后,出现了众多形式的数控线切割机床,线切割加工技术突飞猛进,为我国国民经济,特别是模具工业的发展作出了巨大的贡献。随着精密模具需求的增加,对线切割加工的精度要求愈来愈高,快速走丝线切割机床目前的结构与其配置已无法满足生产的精密要求。在大量引进国外慢走丝精密线切割机床的同时,也开始了国产慢走丝机床的研制工作,至今已有多种国产慢走丝线切割机床问世。我国的线切割加工技术的发展要高于电火花成形加工技术,如在国际市场上除高速走丝技术外,我国还陆续推出了大厚度(≥300mm)及超大厚度(≥600mm)线切割机床,在大型模具与工件的线切割加工方面,发挥了巨大的作用,拓宽了线切割工艺的应用范围,在国际上处于先进水平。

5. 电火花线切割技术的现状及发展趋势

随着模具等制造业的快速发展,近年来我国电火花线切割机床的生产和技术得到了飞速发展,同时也对电火花线切割机床提出了更高的要求,促使我国电火花线切割生产企业积极采用现代研究手段和先进技术深入开发研究,向信息化、智能化和绿色化方向不断发展,以满足市场的需要。未来的发展,将主要表现在以下几个方面。

（1）稳步发展高速走丝线切割机床的同时，重视低速走丝电火花线切割机床的开发和发展。

① 高速走丝机床依然稳步发展。高速走丝电火花线切割机床是我国发明创造的。由于高速走丝有利于改善排屑条件，适合大厚度和大电流高速切割，加工性价比优异，因而在未来较长的一段时间内，高速走丝电火花线切割机床仍是我国电加工行业的主要发展机型。目前的发展重点是提高高速走丝电火花线切割机床的质量和加工稳定性，使其满足那些量大面宽的普遍模具及一般精度要求的零件加工要求。根据市场的发展需要，高速走丝电火花线切割机床的工艺水平必须相应提高，其最大切割速度应稳定在 $100\text{mm}^2/\text{min}$ 以上，而加工尺寸精度控制在 $0.005\text{mm} \sim 0.01\text{mm}$ 范围内，加工表面粗糙度 Ra 达到 $1\mu\text{m} \sim 2\mu\text{m}$。这就需要在机床结构、加工工艺、高频电流及控制系统等方面加以改善，积极采用各种先进技术，重视窄脉宽、高峰值电流的高频电源的开发及应用。

② 重视低速走丝电火花线切割机床的开发和发展。低速走丝电火花线切割机床由于电极丝移动平稳，易获得较高加工精度和表面粗糙度，适于精密模具和高精度零件的加工。我国在引进、消化、吸收的基础上，也开发并批量生产了低速走丝电火花线切割机床，满足了国内市场的部分需要。现在必须加强对低速走丝机床的深入研究，开发新的规格品种，为市场提供更多的国产低速走丝电火花线切割机床。与此同时，还应该在大量实验研究的基础上，建立完整的工艺数据库，完善 CAD/CAM 软件，使自主版权的 CAD/CAM 软件商品化。

（2）进一步完善机床结构设计，改进走丝机构。

① 为使机床结构更加合理，必须用先进的技术手段对机床总体结构进行分析。这方面的研究将涉及运用先进的计算机有限元模拟软件对机床的结构进行力学和热稳定性的分析。为了更好地参与国际市场竞争，还应注意造型设计，在保证机床技术性能和清洁加工的前提下，使机床结构合理，操作方便，外形新颖。

② 为了提高坐标工作台精度，除考虑热变形及先进的导向结构外，还应采用丝距误差补偿和间隙补偿技术，以提高机床的运动精度。

③ 高速走丝电火花线切割机床的走丝机构，是影响其加工质量及加工稳定性的关键部件，目前存在的问题较多，必须认真加以改进。目前已开发的恒张力装置及可调速的走丝系统，应在进一步完善的基础上推广应用。

④ 支持新机型的开发研究。目前新开发的自旋式电火花线切割机床、高低双速电火花线切割机床、走丝速度连续可调的电火花线切割机床，在机床结构和走丝方式上都有创新。尽管它们还不够完善，但这类的开发研究工作都有助于促进电火花线切割技术的发展，必须积极支持，并帮助完善。

（3）积极推广多次切割工艺，提高综合工艺水平。

根据放电腐蚀原理及电火花线切割工艺规律可知，切割速度和加工表面质量是一对矛盾，要想在一次切割过程中既获得很高的切割速度，又要获得很好的加工质量是很困难的。提高电火花线切割的综合工艺水平，采用多次切割是一种有效方法。多次切割工艺在低速走丝电火花线切割机床上早已推广应用，并获得了较好的工艺效果。当前的任务是通过大量的工艺实验来完善各种机型的各种工艺数据库，并培训广大操作人员合理掌握工艺参数的优化选取，以提高其综合工艺效果。在此基础上，可以开发多次切割的工艺软件，帮助操作人员合理掌握多次切割工艺。

（4）发展 PC 控制系统，扩充线切割机床的控制功能。

随着计算机技术的发展,PC 的性能和稳定性都在不断增强,而价格却持续下降,为电火花线切割机床开发应用 PC 数控系统创造了条件。目前国内已有的基于 PC 的电火花线切割数控系统,主要用于加工轨迹的编程和控制,PC 的资源还没有得到充分开发利用,今后可以在以下几个方面进行深入开发研究。

① 开发和完善开放式的数控系统。进一步充分利用、开发 PC 的资源,扩充数控系统的功能。

② 继续完善数控电火花线切割加工的计算机绘图、自动编程、加工规准控制及其缩放功能,扩充自动定位、自动找中心、低速走丝的自动穿丝、高速走丝的自动紧缩等功能,提高电火花线切割加工的自动化程度。

③ 研究放电间隙状态数值检测技术,建立伺服控制模型,开发加工过程伺服进给自适应控制系统。为了提高加工精度,还应对传动系统的丝距误差及传动间隙进行精确检测,并利用 PC 进行自动补偿。

④ 开发和完善数值脉冲电源,并在工艺实验基础上建立工艺数据库,开发加工参数优化选取系统,以帮助操作者根据不同的加工条件和要求合理选用加工参数,充分发挥机床潜力。

⑤ 深入研究电火花线切割加工工艺规律,建立加工参数的控制模型,开发加工参数的自适应控制系统,提高加工稳定性。

⑥ 开发有自主版权的电火花线切割 CAD/CAM 和人工智能软件。在上述各模块开发利用的基础上,建立电火花线切割 CAD/CAM 集成系统和人工智能系统,并使其商品化,以全面提高我国电火花线切割加工的自动化程度及工艺水平。

(二) 电火花线切割加工原理

电火花线切割加工原理同电火花成形加工原理一样,利用工具电极(电极丝)和工件两极之间瞬时的脉冲放电产生的高温对工件进行尺寸加工。线切割加工时(图 5-4),绕在滚丝筒(又称贮丝筒)上的电极丝沿滚丝筒的回转方向以一定的速度移动,装夹在机床工作台上的工件由工作台按预定控制轨迹相对于电极丝作成形运动。脉冲电源的一极接工件,另一极接电极丝;在工件与电极丝之间总是保持一定的放电间隙且喷洒工作液,电极之间的火花放电蚀出一定的缝隙,连续不断的脉冲放电就切出了所需形状和尺寸的工件。

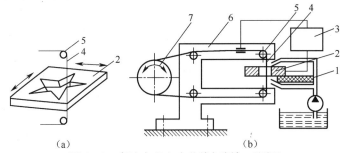

图 5-4　高速走丝电火花线切割加工原理

(a) 线切割工艺示意图;(b) 装置结构。

1—绝缘底板;2—工件;3—脉冲电源;4—钼丝;5—导向轮;6—支架;7—贮丝筒。

(三) 电火花线切割机床简介

1. 电火花线切割机床的分类

根据电极丝的移动速度即走丝速度,电火花线切割机床通常分为两大类:一类是高速走丝电火花线切割机床或往复走丝电火花线切割机床(又称快走丝)(WEDM-HS),如图5-5所示,这类机床的电极丝作高速往复运动,一般走丝速度为8m/s~10m/s,这是我国生产和使用的主要机种,也是我国独创的电火花线切割加工模式,用于加工中、低精度的模具和零件。另一类是低速走丝电火花线切割机床或单向走丝电火花线切割机床(又称慢走丝)(WEDM-LS),如图5-6所示,这类机床的电极丝作低速单向运动,一般走丝速度低于0.2m/s,这是国外生产和使用的主要机种,用于加工高精度的模具和零件。

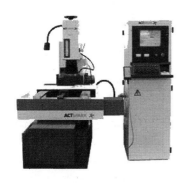

图5-5　快走丝电火花线切割机床　　　　图5-6　慢走丝电火花线切割机床

2. 快走丝线切割机床与慢走丝线切割机床的主要区别

1) 结构

走丝系统是结构上的主要区别,慢走丝电火花线切割机床的电极丝是单向移动,一端是放丝轮,一端是收丝轮,加工区的电极丝是由高精度的导向器定位;快走丝电火花线切割机床的电极丝是往复移动,电极丝的两端都固定在贮丝筒上,因走丝速度高,加工区的电极丝由导丝轮定位。

2) 功能

慢走丝电火花线切割机床比快走丝电火花线切割机床的功能更完善、先进、可靠。例如,慢走丝电火花线切割机床的控制系统采用闭环控制,电极丝具有恒张力控制,可进行拐角控制,自动穿丝等,这些都是大多数快走丝电火花线切割机床所不具备的。

3) 工艺指标

快走丝电火花线切割机床和慢走丝电火花线切割机床的工艺指标,如表5-2所列。

表5-2　快走丝线切割机床与慢走丝线切割机床工艺指标

工艺指标 ＼ 机型	快 走 丝	慢 走 丝
走丝速度/(m/s)	6~10	0.001~0.26
电极丝工作状态	往复运动,反复使用	单向运行,一次性使用
电极丝材料	钼、钨钼合金	黄铜、以铜为主的合金或镀覆材料
电极丝直径/mm	常用值0.12~0.20	常用值0.1~0.25
穿丝方式	只能手动穿丝	可手动穿丝也可自动穿丝
电极丝长度	数百米	数千米

机型 工艺指标	快走丝	慢走丝
电极丝张力/N	上丝后即固定不变	可调节,通常 2.0N ~ 25N
运丝系统结构	较简单	复杂
电极丝损耗	均布于参与工作的电极丝全长	忽略不计
脉冲电源	开路电压80V ~ 110V,工作电源1A ~ 5A	开路电压300V 左右,工作电源 1A ~ 32A
单边放电间隙/mm	0.01 ~ 0.03	0.003 ~ 0.12
工作液	乳化液或水基工作液	去离子水、煤油
导丝结构形式	普通导丝轮,寿命较短	蓝宝石或钻石导向器,寿命较长
机床价格/万元	2 ~ 20	25 ~ 150
最大切割速度/(mm^2/mim)	180 左右	400 左右
加工精度/mm	0.01	0.001 ~ 0.005
表面粗糙度/μm	0.8 ~ 3.2	0.1 ~ 0.4
工作环保	较脏,有污染	干净,使用去离子水做工作液,无害

20 世纪 80 年代初期,快走丝电火花线切割机床与慢走丝电火花线切割机床在工艺指标上还各有所长,差距不明显。近 20 年来,慢走丝电火花线切割机床的发展很快,快走丝电火花线切割机床虽然在加工速度、表面粗糙度、大厚度切割上有一定的提高,并开始采用多次切割(习惯将采用多次切割的快走丝电火花线切割机床称为中走丝电火花线切割机床),但是在加工精度上仍然徘徊不前。从表 5-2 可以看出,快走丝比慢走丝线切割的工艺指标方面已经差了一个档次。

3. 电火花线切割机床的型号

目前国内使用的电火花线切割机床分国内企业生产的机床和境外企业生产的机床。境外生产电火花线切割机床的企业主要是瑞士和日本两国,主要公司有瑞士阿奇夏米尔公司、日本沙迪克公司、日本三菱机电公司等。境外机床的编号一般以系列代码加基本参数代号来编制,如日本沙迪克的 A 系列、AQ 系列、AP 系列。国内生产电火花线切割机床的企业主要有苏州三光科技有限公司、汉川机床集团公司、苏州工业园区江南赛特数控设备有限公司等。

我国电火花线切割机床型号是根据 JB/T 7445.2-1998《特种加工机床型号编制方法》的规定编制的。例如,快走丝电火花线切割机床型号 DK7732 的含义如下。

D 为机床类别代号,表示电加工机床;

K 为机床特性代号,表示数控;

7 为组别代号,表示电火花加工机床;

7 为型别代号,表示线切割机床;

32 为基本参数代号,表示工作台横向行程为 320mm。

电火花线切割机床的主要技术参数包括工作台行程(纵向行程×横向行程)、最大切割厚度、加工表面粗糙度、加工精度、切割速度以及数控系统的控制功能等。

4. 电火花线切割机床的结构

1）快走丝电火花线切割机床的结构

快走丝电火花线切割机床（图5-7）主要由机床、脉冲电源、控制系统三大部分组成。机床由床身、工作台、丝架、贮丝筒组成。电极丝的移动由丝架和贮丝筒完成。因此，丝架和贮丝筒也称为走丝系统，工作台由上滑板和下滑板组成。

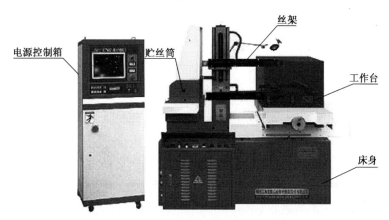

图5-7 快走丝电火花线切割加工设备组成

（1）床身部分。床身一般为铸件，是坐标工作台、绕丝机构及丝架的支承和固定基础。通常采用箱式结构，应有足够的强度和刚度。床身内部安置电源和工作液箱，考虑电源的发热和工作液泵的振动，有些机床将电源和工作液箱移出床身外另行安放。

（2）工作台部分。电火花线切割机床最终都是通过工作台与电极丝的相对运动来完成对零件加工的。为保证机床精度，对导轨的精度、刚度和耐磨性有较高的要求。一般都采用"十"字滑板、滚动导轨和丝杆传动副将电动机的旋转运动变为工作台的直线运动，通过两个坐标方向各自的进给移动，可获得各种平面图形、曲线轨迹。为保证工作台的定位精度和灵敏度，传动丝杆和螺母之间必须消除间隙。

（3）走丝系统。快走丝电火花线切割机床的走丝系统如图5-4所示。走丝系统使电极丝以一定的速度运动并保持一定的张力。在快走丝机床上，一定长度的电极丝平整地卷绕在贮丝筒上（图5-8(a)），电极丝张力与排绕时的拉紧力有关，贮丝筒通过联轴节与驱动电动机相连。为了重复使用该段电极丝，电动机由专门的换向装置（图5-8(b)）控制作正反向交替

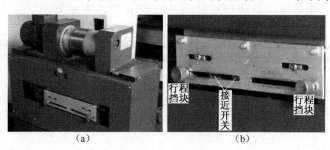

图5-8 贮丝筒

(a)贮丝筒；(b)运丝换向装置。

运转。走丝速度等于贮丝筒周边的线速度,通常为8m/s～10m/s。在运动过程中,电极丝由丝架支撑,并依靠导丝轮保持电极丝与工作台垂直或倾斜一定的几何角度(锥度切割时)。

导丝轮:如图5-9所示的导丝轮又称导向轮或导轮。在线切割加工中电极丝的丝速通常为8m/s～10m/s,如采用固定导向器来定位快速运动的电极丝,即使是高硬度的金刚石,寿命也很短。因此,采用由滚动轴承支承的导丝轮,利用滚动轴承的高速旋转功能来承担电极丝的高速移动。

导电块:导电块有时又简称导电器,高频电源的负极通过导电块与高速运行的电极丝连接。因此,导电块必须耐磨,而且接触电阻要小。由于切割微粒粘附在电极丝上,导电块磨损后拉出一条凹槽,凹槽会增加电极丝与导电块的摩擦,加大电极丝的纵向振动,影响加工精度和表面粗糙度。因此,导电块要能多次使用。快走丝电火花线切割机床的导电块有两种:一种是圆柱形,电极丝与导电块的圆柱面接触导电,可以轴向移动和圆周转动以满足多次使用的要求;另一种是方形或圆形的薄片,电极丝与导电块的大面接触导电,方形薄片的移动和圆形薄片的转动满足多次使用的要求。导电块的材料都采用硬质合金,既耐磨又导电。

张力调节器:在加工时电极丝因往复运行,经受交变应力及放电时的热轰击而被伸长,使张力减小,影响了加工精度和表面粗糙度。没有张力调节器,就须人工紧丝,如果加工大工件,中途紧丝就会在加工表面形成接痕,影响表面粗糙度。张力调节器(图5-9)的作用就是把伸长的丝收入张力调节器,使运行的电极丝保持在一个恒定的张力上,也称恒张力机构。张紧重锤2在重力作用下,带动张紧滑块4,两个张紧轮5沿导轨移动,始终保持电极丝处于拉紧状态,保证加工平稳。

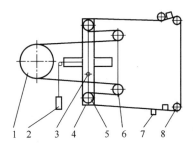

图5-9　导丝系统组成

1—贮丝筒;2—重锤;3—固定插销;4—张丝滑块;5—张紧轮;6—导丝轮;7—导电块;8—导丝轮。

2)慢走丝电火花线切割机床的结构

(1)组成。与快走丝电火花线切割机床一样,慢走丝电火花线切割机床主要由机床、脉冲电源、控制系统三大部分组成,如图5-10所示。

慢走丝电火花线切割机床的数控装置9与工作台7组成闭环控制,提高了加工精度。为了保证工作液的电阻率和加工区的热稳定,适应高精度加工的需要,去离子水4配备有一套过滤、空冷和离子交换系统。从图5-10中可以看出,与快走丝电火花线切割机床相比主要的区别还是走丝系统,慢走丝电火花线切割机床的电极丝是单向运行,由新丝放丝卷筒6放丝,由废丝卷筒11收丝。

(2)走丝系统。慢走丝系统如图5-11所示。未使用的金属丝筒2(绕有1kg～3kg金属丝)靠废丝卷丝轮1的转动使金属丝以较低的速度(通常0.2m/s以下)移动。为了提供一定的张力(2N～5N),在走丝路径中装有一个机械式或电磁式张力机构4和5。为实现断丝时能自动停车并报警,走丝系统中通常还装有断丝检测微动开关。用过的电极丝集中到卷丝筒上或送到专门的收集器中。

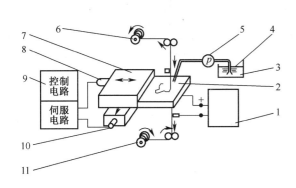

图5-10 慢走丝电火花线切割机床加工设备组成
1—脉冲电源;2—工件;3—工作液箱;
4—去离子水;5—泵;6—新丝放丝卷筒;
7—工作台;8—X轴电动机;9—数控装置;
10—Y轴电动机;11—废丝卷筒。

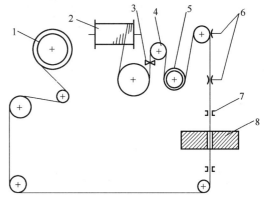

图5-11 慢走丝系统示意图
1—废丝卷丝轮;2—未使用的金属丝;
3—拉丝模;4—张力电动机;
5—电极丝张力调节轴;6—退火装置;
7—导向器;8—工件。

为了减轻电极丝的振动,应使其跨度尽可能小(按工件厚度凋整),通常在工件的上下采用蓝宝石V形导向器或圆孔金刚石模块导向器;其附近装有引电部分,工作液一般通过引电区和导向器再进入加工区,可使全部电极丝通电部分都能冷却。性能较好的机床上还装有靠高压水射流冲刷引导的自动穿丝机构,能使电极丝经一个导向器穿过工件上的穿丝孔而被传送到另一个导向器,在必要时也能自动切断并再穿丝,为无人连续切割创造了条件。

导向器:在图5-11中,加工区两端的导向器7是保持加工区电极丝位置精度的关键零件,与快走丝电火花线切割机床相比,慢走丝电火花线切割机床的走丝速度要低50倍左右。因此,采用高硬度的蓝宝石或金刚石作为固定导向器,但是导向器仍然要被磨损,也要求能够多次使用。

导向器的结构有两种,一种是V型导向器,用两个对顶的圆截锥形组合成V型,加上一个做封闭之用的长圆柱,形成完整的三点式导向,在接触点磨损后,转动圆截锥形和长圆柱,满足多次使用的要求。另一种是模块导向器,模块的导向孔对电极丝形成全封闭、无间隙导向,定位精度高,但是导向器磨损后须更换。有的机床把V型导向和模块导向器组合在一起使用,称为复合式导向器。

(3)张力控制系统。张力控制系统如图5-12所示,这种张力控制系统是利用电极丝的移动速度来控制电极丝的张力,如加工区的张力小于设定张力,则设定张力的直流电机增大放丝阻力,调整加工区的张力到设定张力,采用一个有效的阻尼系统将电极丝的振动幅度压到最低,在精加工时,该系统对提高电极丝的位置精度有很大作用。

(4)自动穿丝装置。在放丝卷筒换新丝、意外断丝、多孔加工时,都需要把丝重新穿过上导向器、工件起始孔、下导向器,高压空气(穿丝气流)首先将电极丝通过导向孔穿入导向器,然后依靠高压水流形成的负压,将电极丝在高压冲液水柱的包络下穿入导向器,采用搜索功能,电极丝的尖端在搜索中找到工件起始孔的位置,并可靠地自动插入直径小到0.3mm的起始孔。

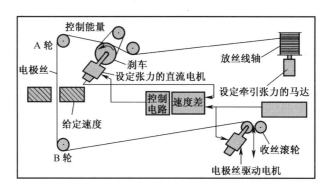

图 5 – 12 张力控制系统

（四）电火花线切割机床的常见功能

（1）模拟加工功能。模拟显示加工时电极丝的运动轨迹及其坐标。

（2）短路回退功能。加工过程中若进给速度太快而电腐蚀速度慢,在加工时出现短路现象,控制器会改变加工条件并沿原来的轨迹快速后退,消除短路,防止断丝。

（3）回原点功能。遇到断丝或其他一些情况,需要回到起割点,可用此操作使电极丝回到程序原点。

（4）单段加工功能。加工完当前段程序后自动暂停,并有相关提示信息,如:单段停止!按 OFF 键停止加工,按 RST 键继续加工。此功能主要用于检查程序每一段的执行情况。

（5）暂停功能。暂时中止当前的功能(如加工、单段加工、模拟、回退等)。

（6）MDI 功能。手动数据输入方式输入程序功能,即可通过操作面板上的键盘,把数控指令逐条输入存储器中。

（7）进给控制功能。能根据加工间隙的平均电压或放电状态的变化,通过取样、变频电路,不断定期地向计算机发出中断申请,自动调整伺服进给速度,保持平均放电间隙,使加工稳定,提高切割速度和加工精度。

（8）间隙补偿功能。线切割加工数控系统所控制的是电极丝中心移动的轨迹。因此,加工零件时应有补偿量,其大小为单边放电间隙与电极丝半径之和。

（9）自动找中心功能。电极丝自动找正后停在孔中心处。

（10）信息显示功能。可动态显示程序号、计数长度、电规准参数、切割轨迹图形等参数。

（11）断丝保护功能。在断丝时,控制机器停在断丝坐标位置上,等待处理,同时高频停止输出脉冲,丝筒停止运转。

（12）停电记忆功能。可保存全部内存加工程序,当前没有加工完的程序可保持 24h 以内,随时可停机。

（13）断电保护功能。在加工时如果突然发生断电,系统会自动将当时的加工状态记下来。在下次来电加工时,系统自动进入自动方式,并提示:

从断电处开始加工吗? 按 OFF 键退出! 按 RST 键继续!

这时,如果想继续从断电处开始加工,则按 RST 键,系统将从断电处开始加工,否则按 OFF 键退出加工。

说明:使用该功能时不要轻易移动工件和电极丝,否则来电继续加工时,会发生很长时间的回退,影响加工效果甚至导致工件报废。

(14)分时控制功能。可以一边进行切割加工,一边编写另外的程序。

(15)倒切加工功能。从用户编程的反方向进行加工,主要用于加工大工件、厚工件时电极丝断丝等场合。电极丝在加工中断丝后穿丝较困难,若从起割点重切耗时间长,并且重复加工时,间隙内的污物多,易造成拉弧、断丝。此时采用倒切加工功能,即回到起始点,用倒切加工完成加工任务。

(16)平移功能。主要用在切割完当前图形后,在另一个位置加工同样图形等场合。这种功能可以省掉重新画图的时间。

(17)跳步功能。将多个加工轨迹连接成一个跳步轨迹(图5-13)。可以简化加工的操作过程。图中实线为零件形状,虚线为电极丝路径。

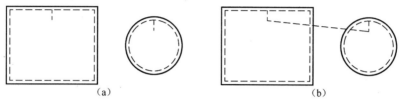

图5-13　图形坐标

(a)跳步前轨迹;(b)跳步后轨迹。

(18)任意角度旋转功能。可以大大简化某些轴对称零件的编程工艺,如齿轮只需先画一个齿形,然后让它旋转几次,就可圆满完成。

(19)代码转换功能。能将ISO代码转换为3B代码等。

(20)锥度切割功能。可加工出具有一定锥度要求的零件。

(21)上下异性功能。可加工出上下表面形状不一致的零件,如上面为圆形、下面为方形等。

项目实施

线切割加工的一般步骤如图5-14所示。本项目主要目的是熟悉机床的操作及线切割加工原理,加工零件尺寸简单,因此完成本项目的过程为:机床基本操作、工件装夹、零件图形绘制(或读入)、生成加工路径、设置加工参数、生成加工程序、加工等。

(一)电火花线切割机床安全操作规程

(1)进入实训区必须穿合身的工作服、戴工作帽,衬衫要系入裤内,敞开式衣袖要扎紧,女同学必须把长发纳入帽内;禁止穿高跟鞋、拖鞋、凉鞋、裙子、短裤及戴围巾。

(2)开机前按机床说明书要求对各润滑点加油。

(3)开动机床前,要检查机床电气控制系统是否正常,工作台和传动丝杆润滑是否充分。检查工作液是否充足,然后开慢车空转3min~5min,检查各传动部件是否正常,确认无故障后,才可正常使用。

(4)按照线切割加工工艺正确选用加工参数,按规定的操作顺序操作。

(5)用手摇柄转动贮丝筒后,应及时取下手摇柄,防止贮丝筒转动时将手摇柄甩出伤人。

(6)装卸电极丝时,注意防止电极丝扎手,卸下的废丝应放在规定的容器内,防止造成电

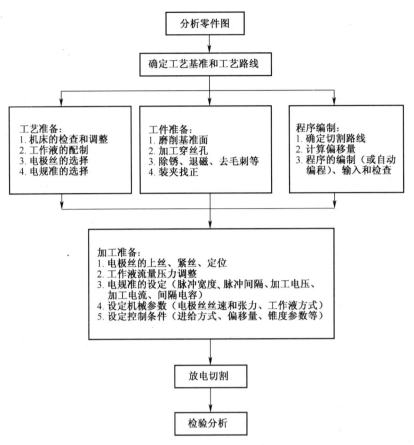

图 5-14 电火花线切割加工工艺规程流程图

器短路等故障。

（7）停机时,要在贮丝筒刚换向后尽快按停止按钮,以防止贮丝筒启动时冲出行程引起断丝。

（8）安装工件的位置,应防止电极丝切割到夹具;防止夹具与线架下臂碰撞;防止超出工作台的行程极限。

（9）加工零件前,应进行无切削轨迹仿真运行,并应安装好防护罩,工件应消除残余应力,防止切削过程中夹丝、断丝,甚至工件迸裂伤人。

（10）定期检查导丝轮 V 型的磨损情况,如磨损严重应及时更换。经常检查导电块与钼丝接触是否良好,导电块磨损到一定程度,要及时更换。

（11）不能用手或手持导电工具同时接触工件与床身(脉冲电源的正极与地线),以防触电。

（12）禁止用湿手按开关或接触电器部分;防止工作液及导电物进入电器部分;发生因电器短路起火时应先切断电源,用四氯化碳等合适的灭火器灭火,不准用水灭火。

（13）在检修时,应先断开电源,防止触电。

（14）加工结束后断开总电源,擦净工作台,并对夹具等上油。

（二）电火花线切割机床的维护与保养

线切割机床维护和保养的目的是为了保持机床能正常可靠地工作,延长其使用寿命。

1. 机床的维护

（1）整机应经常保持清洁,停机 8h 以上应擦拭并涂油防锈。

（2）丝架上的导电块、排丝轮、导轮周围以及贮丝筒两端应经常用煤油清洗干净,清洗后的脏油不应流回工作台的回液槽内。

（3）钼丝电极与工件间的绝缘是由工件夹具保证的,应经常将导电块、工件夹具的绝缘物擦拭干净,保证绝缘要求。

（4）导轮、排丝轮及轴承一般使用 6 个~8 个月应成套更换。

（5）不定期检查贮丝筒电机的炭刷、转子,发现炭刷磨损严重或转子污垢,应更换炭刷或清洁转子。

（6）工作液循环系统如有堵塞应及时疏通,特别要防止工作液渗入机床内部造成电器故障。

（7）更换行程限位开关后,需重新调节撞块的撞头,调节原则是:保证 0.5mm~1mm 的超行程,超行程过小则动作不够可靠,超行程过大则损耗行程开关。

（8）机床应与外界震动源隔绝,避免附近有强烈的电磁场,整个工作区保持清洁。

（9）当供电电压超过额定电压±10%时,建议用稳压电源。

2. 机床的保养

1）定期润滑

机床各运动部位采用定期润滑方式进行润滑。上下拖板的丝杆、传动齿轮、轴承、导轨,丝筒的丝杆、传动齿轮、轴承、导轨应每天用油枪进行加油润滑,润滑油型号为 HJ-30 机械油。加油时要摇动手柄或用手转动贮丝筒,使丝杆、导轨全程移动。对导轮、排丝轮轴承进行加油之前,应将导轮、排丝轮用煤油清洗干净后再上油,加油期为每 3 个月一次。轴承和滚珠丝杆如是保护套的形式,可以经半年或一年后拆开注抽。

2）定期调整

对于丝杆螺母、导轨及电极丝挡块和导电块等,要根据使用时间、间隙大小或沟槽深浅进行调整。部分线切割机床采用锥形开槽式的调节螺母,则需适当地拧紧一些,凭经验和手感确定间隙,保持转动灵活。滚动导轨的调整方法为松开工作台一边的导轨固定螺钉,拧调节螺钉,看百分表的反应,使其紧靠另一边。挡丝块和导电块如使用了较长时间,摩擦出痕迹,需转动或移动一下,改变接触位置。

3）定期更换

线切割机床上的导轮、导轮轴承和挡丝棒等均为易损件,磨损后应及时更换,且使用正确的更换方法。电火花线切割的工作液太脏也会影响切割加工,所以工作液也要定期更换。

4）定期检查

定期检查机床电源线、行程开关、换向开关等是否安全可靠;另外每次使用前要检查工作液是否足够,管路是否畅通等。

（三）快走丝电火花线切割机床的操作步骤（顺序流程）

1. 开机前的检查工作

（1）检查钼丝松紧程度。

（2）检查钼丝是否在挡丝棒里面。

（3）检查钼丝是否在导轮的中间；钼丝是否在导电块的规定位置。

（4）检查限位挡块是否在限位开关的两侧，并查看限位开关的松紧，不能松动。

（5）丝筒油杯润滑油是否正常，开机前每天拉一次。

（6）检查冷却乳化液是否正常。

2. 开机步骤

（1）打开钥匙开关。

（2）松开急停按钮。

（3）双击 Fhgd 图标进入 HF 系统。

3. 绘图、生成加工轨迹

（1）进入软件系统的主菜单，点击"全绘编程"按钮进入全绘图编程环境。

（2）绘图。

（3）取轨迹。

（4）作引线。

（5）存图。

4. 执行和后置处理

进入执行命令，设定间隙补偿值 f(0.01mm ~ 0.02mm)；生成平面 G 代码加工单（或 3B 代码加工单），数据文件后缀为 2NC，切割次数设定。

5. 模拟仿真

对生成的程序进行模拟，确定是否合理以及防止超切。

6. 冷却液的调整

分上水和下水两个开关，其中左旋是变大，右旋变大。

7. 碰火花定位，加工

8. 工作时的注意事项

（1）工作台上不能放置工具和其他物品。

（2）人站立在机床正对面，其余位置不要站立。

（3）床身与夹具不能同时接触，电压 70V ~ 110V。

（4）床身上高频开关，打开（向上）、关闭只能在调试状态下。

（5）不允许两人同时操作同一台机床。

（6）遥控器操作过程中不可大力拉动电线，以免失灵，使用后一定要放回原处挂好。

（7）为了避免加工液及电柜过热，冷却系统必须处于连续工作状态。

（8）为了避免直接接触到通电的电线，必须关闭机台防护门。

（9）工件的装夹以方便和稳固为原则，在架设工件时压紧力以工件不被水冲动为原则，以免造成螺钉滑丝而无法卸除。

（10）对丝前一定要注意零件的尺寸，防止出现加工时切割到夹具或床身。

（11）加工中不能直接用手触摸工作物及钼丝，落料时应注意料头卡机头的现象，料头较难取出时要小心设备和手指以免受到伤害。

（12）加工过程中一定要注意观察，防止出现意外，一旦出现紧急情况，立即按急停按钮。

（13）加工后应注意勤洗手，特别在用餐前应洗净双手，避免杂质较多的加工液摄入危害身体。

（四）加工准备

1. 工艺分析

（1）方案制定。根据毛坯的大小，分析、确定镶件孔在毛坯上的位置。由模具零件图分析可知：镶件孔在工件上的位置如图 5-15 所示；加工时两个方孔加工的顺序可以任意确定（本项目先加工下面的孔位）。

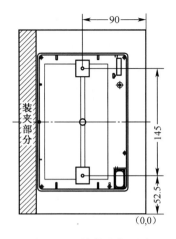

图 5-15　镶件孔位置图

（2）穿丝点、起割点位置的确定。由于该工件中镶件孔位为内轮廓，为了切割该零件的内形，必须在工件上加工穿丝孔。由图 5-15 可知，方孔的中心点为引入线的起点和引出线的终点，即线切割加工时电极丝的穿丝点位置。

2. 工件准备

（1）工件的预加工。用钻床或电火花穿孔机在坯料上打孔（孔位参见图 5-15）。打孔后应认真清理干净孔内的毛刺，避免加工时电极丝与毛刺接触短路从而造成加工困难。

（2）工件的装夹与校正。本项目由于夹持部分的工件厚度为 30mm，支撑作用较好，可采用悬臂支撑装夹的方式（图 5-16）。装夹时需对工作台横梁边 X 方向或 Y 方向采用百分表校正，直到表针偏摆较小方可停止。

（3）电极丝位置的确定，如图 5-15 所示，将工件右下角点设置为（0，0）点。电极丝与工件右侧面接触放电后，X 值清零，再与工件底面接触放电后，Y 值清零，然后解开电极丝，移动到坐标值（-90.09，52.59），此处设定电极丝直径为 0.18mm；或通过找预加工孔的中心进行电极丝的定位。

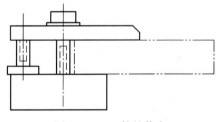

图 5-16　工件的装夹

3. 程序编制

绘制图 5-17 所示的图形并编制程序。本项目采用江南赛特数控设备有限公司的 DX7732 系列线切割机床的 HF 操作系统进行图形绘制、编程和加工。

绘制方孔图形长 23mm，宽 20mm；内形的穿丝孔设为 $O(0,0)$，即引入线的起点；起割点为 $A(0,-11.5)$，即引入线的终点；加工轨迹为 O-A-B-C-D-E-A-O；间隙补偿量 $f=0.1$mm。镶件孔生成的 3B 代码为

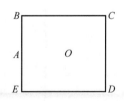

图 5-17　镶件孔的
加工轨迹

```
N   1：B   11400 B       0 B   11400 GX  L3 ;
N   2：B       0 B    9900 B    9900 GY  L2 ;
N   3：B   22800 B       0 B   22800 GX  L1 ;
N   4：B       0 B   19800 B   19800 GY  L4 ;
N   5：B   22800 B       0 B   22800 GX  L3 ;
```

```
N   6: B       0 B     9900 B     9900 GY   L2;
N   7: B   11400 B        0 B    11400 GX   L1;
N   8: M02
```

按照机床说明在指导教师的帮助下生成数控程序。也可生产 G 代码进行加工,观察两种代码有何区别,加工出的零件在精度和表面质量上有何差异。

4. 电极丝准备

将电极丝从镶件中心加工好的穿丝孔中穿入,在教师指导的帮助下将电极丝定位于穿丝孔中心,准备加工。

(五) 加工

启动机床加工。在加工界面单击"读盘"选择方孔程序,单击"高频"→"加工",当加工完毕后机床自动停机;解开电极丝,摇动 Y 轴手轮,密切注意读数,当移动 145mm 时立即停止摇动,在当前的位置穿丝;单击"读盘"再次选择方孔体程序,单击"高频"→"加工",加工完毕后机床自动停机。

加工前应注意安全,加工后注意打扫卫生保养机床。取下工件,测量相关尺寸,并与理论值相比较。若尺寸相差较大,试分析原因。

■ 知识链接

(一) HF 系统全绘编程软件的操作

HF 线切割数控自动编程软件系统,是一个高智能化的图形交互式软件系统。通过简单、直观的绘图工具,将所要进行切割的零件形状描绘出来;按照工艺的要求,将描绘出来的图形进行编排等处理,再通过系统处理成一定格式的加工程序。

1. 界面

在主菜单下,单击"全绘编程"按钮就出现图 5-18 所示的绘图界面。

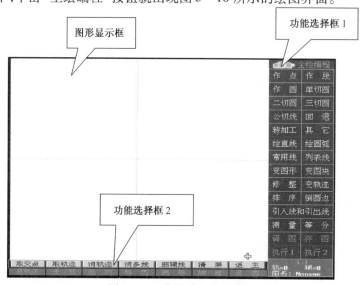

图 5-18 全绘编程绘图界面

图形显示框——是所画图形显示的区域,在整个"全绘编程"过程中这个区域始终存在。

功能选择框——是功能选择区域,一共有两个。在整个"全绘编程"过程中这两个区域随着功能的选择而变化,其中"功能选择框1"变成了该功能的说明框,"功能选择框2"变成了对话提示框和热键提示框,如图5-19所示。

此图为选择了"作圆"功能中"心径圆"子功能后出现的界面,此界面中"图形显示框"与上图一样;"功能说明框"将功能的说明和图例显示出来,供操作者参考;"对话提示框"提示输入"圆心和半径",当根据要求输入后"回车",一个满足要求的圆就显示在"图形显示框"内;"热键提示框"提示了该子功能中可以使用的热键内容。

以上两个界面为全绘编程中常常出现的界面,作为第二个界面只是随着子功能的不同所显示的内容不同。

2. 功能介绍(图5-20~图5-23)

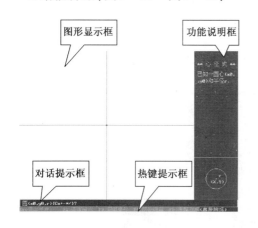

图5-19 功能选择框

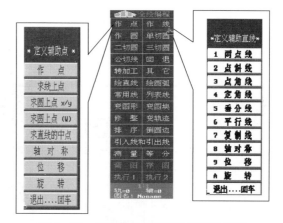

图5-20 定义辅助点和辅助直线对话框

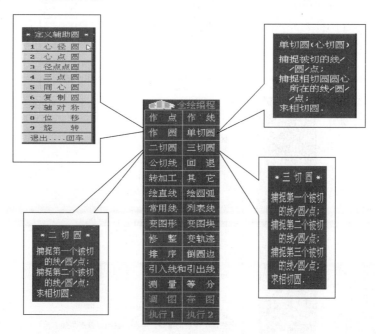

图5-21 定义圆方式的对话框

以上各图中的"全绘编程"功能框的划分如图 5-24 所示,通常用到的部分功能以及子功能所在位置以上各图中均已标明。我们将通过一个简单的例子来说明它们的使用。

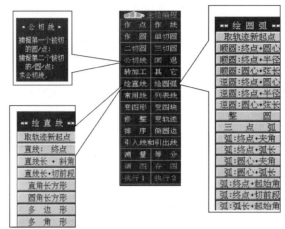

图 5-22　定义共切线、绘直线、绘圆弧对话框

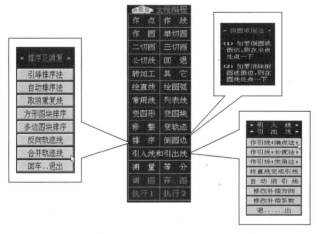

图 5-23　排序及消复、倒圆边、引入线引出线对话框

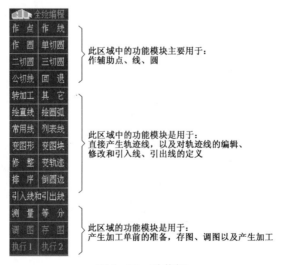

图 5-24　功能框

屏幕下部是另一个功能选择对话框,如图 5 - 25 所示,此对话框是单一功能的选择对话框。

图 5 - 25　功能选择对话框

取交点:在图形显示区内,定义两条线的相交点。

取轨迹:在某一曲线上两个点之间选取该曲线的这一部分作为切割的路径;取轨迹时这两个点必须同时出现在绘图区域内。

消轨迹:上一步的反操作,也就是删除轨迹线。

消多线:对首尾相接的多条轨迹线的删除。

删辅线:删除辅助的点、线、圆功能。

清　屏:对图形显示区域的所有几何元素的清除。

返　主:返回主菜单的操作。

显轨迹:在图形显示区域内只显示轨迹线,将辅助线隐藏起来。

全　显:显示全部几何元素(辅助线、轨迹线)。

显　向:预览轨迹线的方向。

移　图:移动图形,显示区域内的图形。

满　屏:将图形自动充满整个屏幕。

缩　放:将图形的某一部分进行放大或缩小。

显　图:此功能模块是由一些子功能所组成的,其中包含了以上的一些功

图 5 - 26　显图功能对话框

能,见"显图"功能框,如图 5 - 26 所示。此功能框中"显轨迹线"、"全显"、"图形移动"与上面介绍的"显轨迹"、"全显"、"移图"是相同的功能。"全消辅线"和"全删辅线"有所不同,"全消辅线"功能是将辅助线完全删去,删去后不能通过恢复功能恢复;而"全删辅线"是可通过恢复功能将删去的辅助线恢复到图形显示区域内。

3. 举例

下面通过一个实例来说明该软件的基本应用。图 5 - 27 为准备进行编程的图形。

现在开始对该图进行编程。首先进入软件系统的主菜单,单击"全绘编程"按钮进入全绘编程环境。

第一步:单击"功能选择框"中的"作线"按钮,再在"定义辅助直线"对话框中单击"平行线"按钮定义一系列平行线。平行于 X 轴、距离分别为 20、80、100 的 3 条平行线和平行于 Y 轴、距离分别 20、121 两条平行线;图中"对话提示框"中显示"已知直线(x3,y3,x4,y4){Ln+- */}?"此时可用鼠标直接选取 X 轴或 Y 轴;也可在此框中输入 L1 或 L2 来选取 X 轴或 Y 轴;选取后出现图 5 - 28 所示的画面。

注:图中"对话提示框"中显示"平移距 L={Vn+- */}",此时输入平行线间的距离值(如20)后回车;图中"对话提示框"中显示"取平行线所处的一侧",此时用鼠标单击一下平行线所处的一侧,这样第一条平行线就形成了。此时画面回到继续定义平行线的画面,可接着再定义其他平行线。当以上几条线都定义完成后,按键盘上的 Esc 键退出平行线的定义,画面回到"定义辅助直线"。单击"退出"按钮可退出定义直线功能模块。此时可能有一条直线在"图形显示区"中看不到,可通过"热键提示框"中的"满屏"子功能将它显示出来,也可通过"显

图"功能中的"图形渐缩"子功能来完成,如图 5-28 所示。

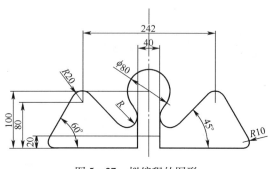

图 5-27 拟编程的图形

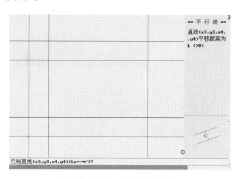

图 5-28 绘制平行线

第二步:作两个圆,$\phi80$、$\phi40$ 和 45°、-60°的两条斜线。从图 5-27 中可以很明显地知道这两个圆的参数,可以直接输入这些参数来定义这两个圆。而我们将用另外一种方式来确定这两个圆。

首先,确定两个圆的圆心,单击"取交点"按钮,此时画面变成了取交点的画面。将鼠标移到平行于 X 轴的第三条线与 Y 轴相交处点一下,这就是 $\phi80$ 的圆心。用同样的方法来确定另一圆的圆心。此时两个圆心处均有一个红点。按 Esc 键退出。

接下来,单击"作圆"按钮,进入"定义辅助圆"功能,再单击"心径圆"按钮,进入"心径式"子功能。按照提示选取一圆心点,此时可拖动鼠标来确定一个圆,也可在对话提示框中输入一确定的半径值来确定一个准确的圆。

图中 $\phi80$、$\phi40$ 两个圆,用取交点的方法来确定圆心的另一个目的是为作 45°、-60°两条直线做准备。退回到"全绘编程界面"。

单击"作线"按钮,进入"定义辅助直线"功能,单击"点角线"按钮,进入"点角式"子功能。此时在对话提示框中显示"已知直线(x3,y3,x4,y4){Ln+-*/}?"可用鼠标去选择一条水平线,也可在此提示框中输入 L1 表示已知直线为 X 轴所在直线。对话提示框中显示的是"过点(x1,y1){Pn+-*/}?"此时可输入点的坐标,也可用鼠标去选取图中右边的圆心点;在下一个画面的对话提示框中显示的是"角(度)w={Vn+-*/}",此时输入一个角度值如 45°,回车。屏幕中就产生一条过小圆圆心且与水平线成 45°的直线。用同样的方法去定义与 X 轴成-60°的直线,退出"点角式"。再进入定义"平行线"子功能,去定义分别与这两条线平行且距离为 20 的另外两条线。退出"作线"功能;用"取交点"功能来定义这两条线与圆的相切点并退出此功能界面,如图 5-29 所示。

下面将通过"三切圆"功能来定义图中标注为 R 的圆。单击"三切圆"按钮后进入"三切圆"功能。按图中 3 个椭圆标示的位置分别选取 3 个几何元素,此时"图形显示框"中就有满足与这 3 个几何元素相切的,并且不断闪动的虚线圆出现,可通过鼠标来确定一个所希望的那一个圆,如图 5-30 所示。

第三步:通过"作线"、"作圆"功能中的"轴对称"子功能来定义 Y 轴左边的图形部分。

单击"作线"按钮,进入"作线"功能;单击"轴对称"按钮,进入"轴对称"子功能。按照对话提示框中所提示内容进行操作,将所要对称的直线对称地定义到 Y 轴左边。退回"全绘编程"界面。

单击"作圆"按钮,进入"作圆"功能;单击"轴对称"按钮,进入"轴对称"子功能。按照对

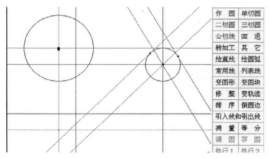
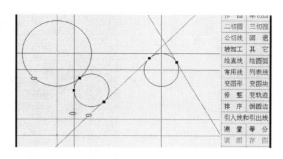

图 5-29　45°、-60°线与 φ80、φ40 圆的绘制　　　　　图 5-30　三切圆的绘制

话提示框中所提示内容进行操作,将所要对称的圆对称地定义到 Y 轴左边。退回"全绘编程"界面,如图 5-31 所示。

再用"取交点"的功能来定义下一步"取轨迹"所需要的点,如图 5-32 所示。

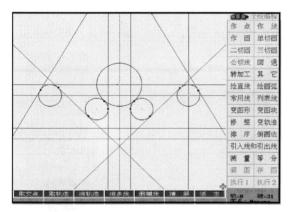

图 5-31　轴对称方式绘制圆与直线

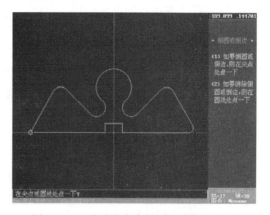

图 5-32　通过取交点得到组成轨迹的点

此时图中仍有两个 R10 的圆还没有定义,这两个圆将采用"倒圆边"功能来解决。"倒圆边"只对轨迹线起作用。

第四步:按照图形的轮廓形状,在上图中每两个交点间的连线上进行取轨迹操作,得到轨迹线。

退出"取轨迹"功能。单击"倒圆边"按钮,进入"倒圆或倒边"功能,用鼠标单击需要倒圆或倒边的尖点,按提示输入半径或边长的值,就完成了倒圆和倒边的操作,如图 5-33 所示。退回到"全绘编程"界面。

到此这一例子的作图过程就算完成了。当然这个例子的作图方法并不只这一种。在熟悉了各种功能后,可灵活应用这些功能来作图,也可达到同样的效果。

在进行下一步操作之前,需对上图作一个合并轨迹线操作,以便了解合并轨迹线的应用。图 5-33 中 Y 轴右边、例图中标注为 R 的圆弧,是由两段圆弧轨迹线所组成的。此两段圆弧是同心、同半径的,可通过"排序"中"合并轨迹线"功能将它们合并为一条轨迹线。

单击"排序"按钮,进入排序功能,再单击"合并轨迹线"按钮,进入合并轨迹线子功能,此时对话提示框中显示"要合并吗?(y)/(n)",当按 Y 键并回车后,系统自己进行合并处理。单击"回车…退出"按钮,回到"全绘编程"界面。再单击"显向"按钮,这时可看出那两条轨迹线已合并为一条轨迹线。

第五步:当完成了上述操作后,零件的理论轮廓线的切割轨迹线就已形成。在实际加工

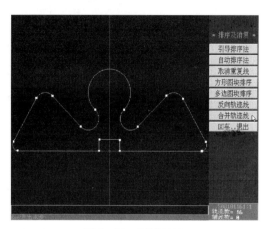

图 5-33　图形轨迹

中,还需要考虑钼丝的补偿值以及从哪一点切入加工。关于这些问题,可通过引入线引出线功能来实现。系统所提供的"引入线引出线"功能是相当齐全的,如图 5-34 所显示的内容。

　　作一般引线(1)——用端点来确定引线的位置、方向。

　　作一般引线(2)——用长度加上系统的判断来确定引线的位置、方向。

　　作一般引线(3)——用长度加上与 X 轴的夹角来确定引线的位置、方向。

　　将直线变成引线——选择某直线轨迹线作为引线。

　　自动消一般引线——自动将所设定的一般引线删除。

　　修改补偿方向——任意修改引线方向。

　　修改补偿系数——不同的封闭图形需要有不同的补偿值时可用不同的补偿系数来调整。

图 5-34　引入线引出线

　　现在继续完成我们的例子。在"全绘编程"界面中,单击"引入线引出线"按钮,进入"引入线引出线"功能;再单击"作一般引线(1)"按钮,进入此功能;对话提示框中显示"引入线的起点(Ax,Ay)?",此时可直接输入一点的坐标或用鼠标拾取一点,如在"显向画面"图中小椭圆处单击一下;对话提示框中显示"引入线的终点(Bx,By)?",此时可直接输入点的坐标(0,20)或用鼠标去选取这一点;对话提示框中显示"引线括号内自动进行尖角修圆的半径 sr=?（不修圆回车）",这一功能对于一个图形中没有尖角且有很多相同半径的圆角时非常有用;此时输入 5 作为修圆半径,回车后,对话提示框中显示"指定补偿方向:确定该方向（鼠标右键）/另换方向（鼠标左键）",如图 5-35 所示。

　　图中箭头是我们希望的方向,单击鼠标右键完成引线的操作。（注:在作引入线时会自动排序。）

　　单击"退回"按钮,回到"全绘式编程"界面。

　　单击"显向"按钮出现图 5-35,图中有一白色移动的图示,表明钼丝的行走方向和钼丝偏离理论轨迹线的方向。

　　第六步:存图操作。在完成以上操作后,将所做的工作进行保存,以便以后调用。此系统的"存图"功能包括"存轨迹线图"、"存辅助线图"、"存 DXF 文件"、"存 AUTOP 文件"子功能。按照这些子功能的提示进行存图操作即可。

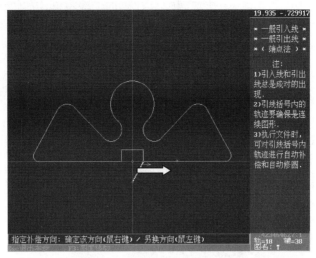

图 5-35 引入线引出线绘制的结果

第七步:执行和后置处理:该系统的执行部分有两个,即"执行1"和"执行2"。这两个执行的区别是:"执行1"是对所作的所有轨迹线进行执行和后置处理;而"执行2"只对含有引入线和引出线的轨迹线进行执行和后置处理。对于这个例子来说采用任何一种执行处理都可。现单击"执行1",屏幕显示为

(执行全部轨迹)

(ESC:退出本步)

文件名:Noname

间隙补偿值 f=0.11(单边,通常≥0,也可 < 0,该值与电极丝半径和电参数有关)

现输入 f=0.11 值,回车确认后,出现的界面如图 5-36 所示。

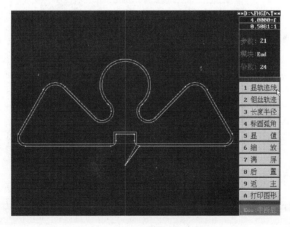

图 5-36 补偿量设置的结果

图 5-37 所示界面为产生加工程序前的检测界面,在这一界面中可以对零件图形作最后的确认操作。

确认图形完全正确后,通过"后置"按钮进入"后置处理"。

进入"后置处理"功能后,界面如图 5-38 所示。

0. 返回主菜单——退回到最开始的界面,则可转到加工界面。

1. 生成平面 G 代码加工单——生成两轴 G 代码加工程序单，数据文件后缀为 2NC。
2. 生成 3B 代码加工单——生成两轴 3B 代码加工程序单，数据文件后缀为 2NC。
3. 生成一般锥度加工程序——数据文件后缀为 3NC。

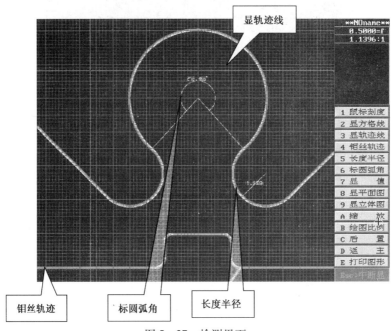

图 5-37　检测界面

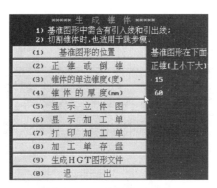

图 5-38　后置处理界面

（二）HF 系统加工界面的操作

在编控系统主菜单选择"加工"，或在"全绘编程"环境下选择"转向加工"菜单便进入加工界面，如图 5-39 所示。

在加工前，需要准备好相应的加工文件。本系统所生成的加工文件，均为绝对式 G 代码（无锥式也可生成 3B 加工文件）。

加工文件的准备，主要有两种方法。

（1）在"全绘编程"环境下，绘好图形后选择"执行 1"或"执行 2"，便会进入"后置"，从而生成无锥式 G 代码加工文件，或锥度式 G 代码加工文件，或变锥式 G 代码加工文件，其文件的后缀分别为"2NC"，"3NC"，"4NC"。

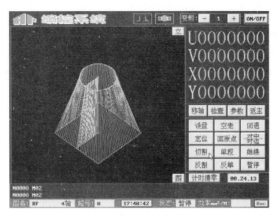

图 5 - 39　加工界面

（2）在主菜单中选"异面合成"，则生成上下异面体 G 代码加工文件，其文件的后缀为
"5NC"。当然，在"异面合成"前，必须准备好相应的 HGT 类图形文件。这些 HGT 图形文件都
是在"全绘图编程"环境下完成的。

有了加工文件，就可以进行加工了。加工部分的菜单如下。

1. 参数设置

"参数"一栏是为用户设置加工参数的，如图 5 - 40 所示。

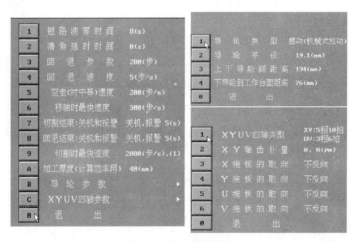

图 5 - 40　参数设置

进行锥度加工和异面体加工时（即四轴联动时），需要对"上导轮和下导轮距离"、"下导轮
到工作台面距离"、"导轮半径"这 3 个参数进行设置。四轴联动时（包括小锥度）均采用精确
计算，即考虑到了导轮半径对 X、Y、U、V 四轴运动所产生的轨迹偏差。平面加工时，用不到这
3 个参数，任意值都可。

短路测等时间：判断加工有否短路现象而设置，通常设定为 5s ~ 10s。

清角延时时间：为段与段间过渡延时用，目的是为了改善拐角处由于电极丝弯曲造成的轨
迹偏差。是可选设的，系统默认值为 0。

回退步数：加工过程中产生短路现象，则自动进行回退。回退的步数则由此项决定。手动
回退时也采用此步数，是可选设的。

回退速度：此项适用于自动回退和手动回退，是可选设的。

空走速度:空走时、回原点时、对中心或对边时,由此项决定,是可选设的。

移轴时最快速度:移轴时的速度,是可选设的。

切割结束停机报警延时:工件加工完时报警提示时间,可自行设置。

切割时最快切割速度:在加工高厚度和超薄工件时,由于采样频率的不稳定,往往会出现不必要的短路现象提示。对于这一问题,可通过设置最快速度来解决。

加工厚度:计算加工效率需设置加工零件的厚度。

导轮参数:此项有导轮类型、导轮半径、上下导轮间距离、下导轮到工作台距离 4 个参数,必须根据机床的情况来设置。

X、Y、U、V 轴类型:此项必须设置,而且只需设置一次(一般由机床厂家设置)。

XY 轴齿补量:这一项是选择项,是针对由机床的丝杆齿隙发生变化的情况下,作为弥补误差用的。选用此项必须对齿隙进行测量,否则将会影响到加工精度。

X 拖板的取向、Y 拖板的取向、U 拖板的取向、V 拖板的取向:如果某轴的正反方向与所需要的相反,则选此项(一般由机床厂家设置)。

在加工过程中,有些参数是不能随意改变的。因为在"读盘"生成加工数据时,已将当前的参数考虑进去。比如,加工异面体时,已用到"两导轮间距离"等参数,如果在自动加工时,改变这些参数,将会产生矛盾。在自动加工时,要修改这些参数,系统将不予响应。

2. 移轴

可手动移动 XY 轴和 UV 轴,移动距离有自动设定和手工设定,如图 5-41 所示。

要自动设定,则选"移动距离",其距离为 1.00,0.100,0.010,0.001。

要手动设定,则选"自定移动距离",其距离需按键盘输入。

可用 HF 无绳遥控盒移轴。

图 5-41 移轴对话框

3. 检查

两轴显示如图 5-42 所示。

图 5-42 两轴显示对话框

四轴显示如图 5-43 所示。

| 显加工单 | 加工数据 | 模拟轨迹 | 回0检查 | 极值检查 | 计算导轮 | 退 出 |

图 5-43 四轴显示对话框

显加工单:可显示 G 代码加工单(两轴加工时也可显示 3B 代码加工单)。

加工数据:在四轴加工时,显示的是上表面和下表面的图形数据,还显示"读盘"时用到的参数和当前参数表里的参数,看其是否一致,以免误操作。

模拟轨迹:模拟轨迹时,拖板不动作。

回 0 检查:按照习惯,将加工起点总是定义为原点(0,0),而不管实际图形的起点是否为原点。这便于对封闭图形的回零检校。

极值检查:在四轴加工时可检查 X,Y,U,V 四轴的最大值和最小值。显示极值的目的,是了解四轴的实际加工范围是否能满足该工件的加工。

由此可见,在四轴加工时,"加工数据"和"极值检查"所显示的内容是有区别的。还应当知道,UV拖板总是相对于XY拖板动作,因此,UV值也是相对于XY的相对值。

计算导轮:系统对导轮参数有反计算功能,如图5-44所示。

导轮的几个参数(即上下导轮距离、下导轮到工作台面距离、导轮半径)对四轴加工,特别对大锥度加工的影响十分显著。这些参数不是事先能测量准确的,可用反计算功能来计算修正这些参数。

此外,根据理论推导和实验检验,还可以通过对一个上小下大的圆锥体形状的判别来修正导轮距离,一般规则如下。

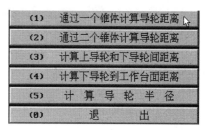

图5-44 导轮参数反计算对话框

若圆锥体的上圆呈现"右大左尖"的形状,则应改大上下导轮距离;反之,若上圆呈现"左大右尖"的形状,则应改小上下导轮距离。

若圆锥体的上圆偏大,则应改小下导轮到工作台面距离;反之,则应改大下导轮到工作台面距离。

4. 读盘

前面提到,要加工切割,必须在"全绘编程"环境下或"异面合成"下,生成加工文件。文件名的后缀为"2NC"、"3NC"、"4NC"、"5NC"。有了这些文件,就可以选择"读盘"这一项,将要加工的文件进行相应的数据处理,然后就可以加工了。

对某一加工文件"读盘"后,只要参数表里的参数不改变,那么下次加工时,就不需要第二次"读盘"。

对2NC文件"读盘"时,速度较快;对3NC、4NC、5NC文件"读盘"时,时间要稍长一些,可在屏幕下看到进度指示。

该系统读盘时也可以处理3B式加工单。3B式加工单可以在"后置"的"其他"中生成,也可直接在主菜单"其他"的"编辑文本文件"中编辑。当然也可以读取其他编程软件所生成的3B式加工单。

5. 空走

空走,分正向空走、反向空走、正向单段空走和反向单段空走。空走时,可按 Esc 键中断空走。

6. 回退

这就是上面提到的手工回退,手工回退时,可按 Esc 键中断手工回退。手工回退的方向与自动切割的方向是相对应的,即如果在回退之前是正向切割,那么,现在回退,则沿着反方向走。

7. 定位

1) 确定加工起点

对某一文件"读盘"后,将自动定位到加工起点。但是,如果将工件加工完毕又要从头再加工,那么,就必须用"定位"定位到起点。用"定位"还可定位到终点,或某一段的起点。

必须说明,如果在加工的中途停下又要继续加工,不必用"定位"。可用"切割"、"反割"、"继续"等选项继续进行未完的过程。"定位"对空走也适用。

2) 确定加工结束点

在正向切割时,加工的结束点一般为报警点或整个轨迹的结束点。

在反向切割时,加工的结束点一般为报警点或整个轨迹的开始点。

加工的结束点可通过定位的方法予以改变。

3）确定是否保留报警点

加工起点、结束点、报警点在屏幕上均有显示。

8. 回原点

将 X,Y 拖板和 U,V（如果是四轴）拖板自动复位到起点,即$(0,0)$。按 Esc 键可中断复位。

9. 对中和对边

HF 控制卡设计了对中和对边的有关线路,机床上不需要另接有关的专用线路了。在夹具绝缘良好的情况下,可实现此功能。对中和对边时有拖板移动指示,可按 Esc 键中断对边和对中。采用此项功能时,钼丝的初始位置到要碰撞的工件边沿距离不得小于 $1mm$。

10. 自动切割

自动切割有 6 栏。分“切割”、“单段”、“反割”、“反单”、“继续”、“暂停”。

“切割”即正向切割;“单段”即正向单段切割;“反割”即反向切割;“反单”即反向单段切割。在自动切割时,“切割”和“反单”,“反割”和“反向”可相互转换。

“继续”是按上次自动切割的方向继续切割。

“暂停”是中止自动切割,在自动切割方式下,Esc 键不起作用。

自动切割时,其速度是由变频数来决定的,变频数大,速度慢。变频数小,速度快。变频数变化范围从 $1 \sim 255$。在自动切割前或自动切割过程中均可改变频数。按–键变频数变小。按+键变频数变大。改变变频数,均用鼠标操作,按鼠标左键,按 1 递增或递减变化,按鼠标右键则按 10 递增或递减变化。

在自动切割时,如遇到短路而自动回退时,可按 F5 键中断自动回退。

在自动切割时,可同时进行全绘式编程或其他操作,此时,只要选“返主”便回到系统主菜单,便可选择“全绘编程”或其他选项。

在“全绘编程”环境下,也可随时进入加工菜单。如仍是自动加工状态,那么屏幕上将继续显示加工轨迹和有关数据。

11. 显示图形

在自动切割、空走、模拟时均跟踪显示轨迹。

在自动切割时,还可同时对显示的图形进行放大、缩小、移动等操作。在四轴加工时,还可进行平面显图和立体显图切换。

思考与练习题

1. 对于快走丝线切割机床,在切割加工过程中电极丝运行速度一般为(　　)。

    A. $3m/s \sim 5m/s$　　　B. $4m/s \sim 8m/s$　　　C. $8m/s \sim 10m/s$　　　D. $11m/s \sim 15m/s$

2. 对于快走丝线切割机床,影响其加工质量和加工稳定性的关键部件是(　　)。

    A. 走丝机构　　　B. 脉冲电源　　　C. 工作液循环系统　　　D. 伺服控制系统

3. 下列叙述正确的是(　　)。

    A. 与传统的切削加工相比,线切削加工的主要缺点是切削力很小

    B. 从理论上讲,线切割加工电极丝没有损耗

    C. 长脉冲加工中,工件往往接正极

D. 线切割加工通常采用正极性加工

4. 用线切割机床不能加工的形状或材料为（　　　）。

    A. 塑料　　　　　　B. 圆孔　　　　　　C. 上下异形件　　　　D. 淬火铜

5. 下列说法中,正确的是（　　　）。

    A. 在电火花加工中,常常用黄铜做精加工电极

    B. 在线切割加工中,电极丝的运丝速度对加工没有影响

    C. 在线切割加工中,任何工件加工的难易程度一样

    D. 在电火花加工中,电流对表面粗糙度的影响很大

6. 比较线切割加工与电火花加工的共同点和不同点。

7. 快走丝线切割与慢走丝线切割哪个加工精度高? 为什么?

8. 项目实施时记录加工时间,计算线切割加工速度。

9. 项目实施结束后测量零件尺寸,与理论值比较,若尺寸差值较大,试分析原因。

项目六　齿形电极的线切割加工

■项目描述

　　儿童玩具上经常会用一些塑料齿轮进行力的传递,而塑料齿轮的大批量制作必然是通过塑料模具的注射成形得到,因此,在模具的成型部分必然是齿形的腔体。显然这些齿形的腔体不能通过机械加工的方法实现,目前来说运用电火花成形加工的方法对齿形腔体进行放电加工是较为经济、实用的方法,但必须制作电火花成形加工用的电极。电极的截面如图6-1所示。

　　由于模具通常采用一模多腔的结构,因此电极在对一个腔体加工后需要将端部重新磨平或用线切割去除磨损部分,这样电极需要设计的高度就比一般情况下要高一些。由于工件较厚,电极丝的垂直度需要校正,同时电极的尺寸精度较高,则还需要掌握工件装夹、定位的知识。

图6-1　齿形电极的截面图

■知识目标

1. 掌握3B代码编程技术,了解ISO代码。
2. 掌握工件的装夹与校正方法。
3. 掌握电极丝垂直度的校正方法。
4. 熟悉AutoCut编程控制系统。

■技能目标

1. 熟练掌握工件的装夹及校正方法。
2. 熟练校正电极丝的垂直度。
3. 能将电极丝准确定位。
4. 能用具有AutoCut控制系统的线切割机床进行工件的加工。

■相关知识

(一) 电火花线切割控制系统

　　控制系统是进行电火花线切割加工的重要组成环节,是机床工作的指挥中心。控制系统的技术水平、稳定性、可靠性、控制精度及自动化程度等直接影响工件的加工工艺指标和工人的劳动强度。

　　控制系统的作用是:在电火花线切割加工过程中,根据工件的形状和尺寸要求,自动控制电极丝相对于工件的运动轨迹;同时自动控制伺服进给速度,实现对工件的形状和尺寸加工。亦即当控制系统使电极丝相对于工件按一定轨迹运动的同时,还应该实现伺服进给速度的自动控制,以维持正常的放电间隙和稳定切割加工。前者轨迹控制依靠数控编程和数控系统,后者是根据放电间隙大小与放电状态由伺服进给系统自动控制的,使进给速度与工件材料的蚀除速度相平衡。

电火花线切割加工机床控制系统的主要功能包括以下两个方面。

（1）轨迹控制。精确控制电极丝相对于工件的运动轨迹,加工出需要的工件形状和尺寸。

（2）加工控制。主要包括对伺服进给速度、脉冲电源、走丝机构、工作液循环系统以及其他的机床操作的控制。此外,失效安全及自诊断功能等也是重要方面。

数控电火花线切割加工的控制原理是:把图样上工件的形状和尺寸编制成程序指令,通过键盘或使用穿孔纸带或磁带,或直接传输给计算机,计算机根据输入的程序进行计算,并发出进给信号来控制驱动电动机,由驱动电动机带动精密丝杠,使工件相对于电极丝作轨迹运动,实现加工过程的自动控制。

目前电火花线切割加工机床的轨迹控制系统普遍采用数字程序控制,并已发展到微型计算机直接控制阶段。数字程序控制方式与靠模仿形和光点跟踪控制不同,它不需要制作精密的模板或描绘精确的放大图,而是根据图样形状尺寸,经编程后用计算机进行直接控制加工。因此,只要机床的进给精度比较高,就可以加工出高精度的零件,而且生产准备时间短,机床占地面积少。目前高速走丝电火花线切割机床的控制系统大多采用比较简单的步进电动机开环控制系统,低速走丝线切割机床的控制系统则大多采用直流或交流伺服电动机加码盘的半闭环控制系统,也有一些超精密线切割机床上采用了光栅位置反馈的全闭环数控系统。

1）轨迹控制原理

数字程序控制系统能够控制加工同一平面上由直线和圆弧组成的任何图形的工件,这是最基本的控制功能。控制方法有逐点比较法、数字积分法、矢量判别法、最小偏差法等。每种插补方法各有其特点。高速走丝线切割机床的控制系统普遍采用逐点比较法。机床在 X、Y 两个方向不能同时进给,只能按直线的斜度和圆弧的曲率来交替地一步一个微米地分步"插补"进给。采用逐点比较法时,X 或 Y 每进给一步,每次插补过程都要进行 4 个节拍。下面通过图 6-2 来分析说明逐点比较法切割直线时的 4 个节拍。

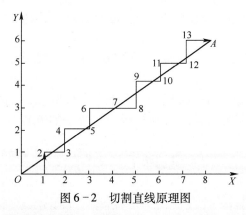

图 6-2 切割直线原理图

第一拍:偏差判别。其目的是判别目前的加工坐标点对规定几何轨迹的偏离位置,然后决定拖板的走向。一般用 F 代表偏差值,F=0,表示加工点恰好在线（轨迹）上;F>0,表示加工点在线的上方或左方;F<0,表示加工点在线的下方或右方,以此来决定第二拍进给的轴向和正、负方向。如图 6-2 所示,切割斜线 OA,坐标原点在起点 O 上。加工开始时,先从 O 点沿+X 方向前进一步到位置"1",由于位置"1"在斜线 OA 的下方,偏离了预定的加工斜线 OA,产生了偏

差。此时,偏差值 F<0 。

第二拍:进给。根据 F 偏差值命令坐标工作台沿+X 向或−X 向;或+Y 向或−Y 向进给一步,向规定的轨迹靠拢,缩小偏差。在图中位置"1"时,F<0 ,为了靠近斜线 OA,缩小偏差,第二步应沿着+Y 方向前进到位置"2"。

第三拍:偏差计算。按照偏差计算公式,计算和比较进给一步后新的坐标点对规定轨迹新的偏差 F 值,作为下一步判别走向的依据。图中前进到位置"2"后,处在斜线 OA 的上方,同样偏离了预定加工的斜线 OA,产生了新的偏差 F>0 。

第四拍:终点判断。根据计数长度判断是否到达程序规定的加工终点。若到达终点,则停止插补和进给,否则再回到第一拍。如此连续不断地重复上述循环过程,就能一步一步地加工出所要求的轨迹和轮廓形状。图 6-2 中为了缩小偏差,使位置"2"向斜线 OA 靠近,应沿+X 方向前进到位置"3"。如此连续不断地进行下去,直到终点 A。只要每步的距离足够小,所走的折线就近似于一条光滑的斜线。

2)加工控制功能

线切割加工控制和自动化操作方面的功能很多,并有不断增强的趋势,这对节省准备工作量、提高加工质量很有好处,主要功能参见项目五中电火花线切割机床的常见功能的内容。

(二)电火花线切割 3B 代码编程技术

数控线切割加工机床的控制系统是根据人的"命令"控制机床进行加工的。因此必须先将要加工工件的图形用机器所能接受的"语言"编好"命令",以便输入控制系统,这种"命令"就是线切割加工程序。这项工作称为数控线切割编程,简称编程。数控线切割编程方法分为手工编程和微机自动编程。手工编程能使操作者比较清楚地了解编程所需要进行的各种计算和编程过程,但计算工作比较繁杂。近年来由于微机的快速发展,线切割加工的编程越来越多地采用微机自动编程。

为了便于机器接受"命令",必须按照一定的格式来编制线切割加工机床的数控程序。目前高速走丝线切割机床一般采用 3B(个别扩充为 4B 或 5B)数控程序格式,而低速走丝线切割机床普遍采用 ISO(国际标准化组织)或 EIA(美国电子工业协会)数控程序格式。为了便于国际交流和标准化,我国电加工学会和特种加工行业协会建议我国生产的线切割控制系统逐步采用 ISO 数控程序格式代码。

以下是我国高速走丝线切割机床应用较广的 3B 程序编程方法。

1. 3B 程序指令格式

常见的图形都是由直线和圆弧组成的,不管是什么图形,只要能分解为直线和圆弧就可依次分别编程。我国高速走丝线切割机床采用统一的五指令 3B 程序格式如表 6-1 所列。

表 6-1 3B 程序指令格式

B	X	B	Y	B	J	G	Z
分隔符	X 坐标值	分隔符	Y 坐标值	分隔符	计数长度	计数方向	加工指令

表中的各个参数的含义如下。

B 为分隔符号,它在程序单上起着把 X、Y 和 J 数值分隔开的作用。当程序输入控制器时,读入第一个 B 后,它使控制器做好接受 X 坐标值的准备,读入第二个 B 后做好接受 Y 坐标值的准备,读入第三个 B 后做好接受 J 值的准备。B 后的数字如为 0,则此 0 可以不写。

X、Y 为直线的终点对其起点的坐标值或圆弧起点对其圆心的坐标值,编程时均取绝对值,以 μm 为单位,最多为 6 位数。

J 为计数长度,以 μm 为单位,最多为 6 位数。为了保证所要加工的圆弧或直线段能按要求的长度加工出来,一般线切割加工机床是用从起点到终点某个滑板进给的总长度来作为计数的长度。

G 为计数方向,分 Gx 或 Gy,即可按 X 方向或 Y 方向计数,工作台在该方向每走 1 μm,即计数累减 1,当累减到计数长度 $J=0$ 时,这段程序即加工完毕。在 X 和 Y 两个坐标中用哪一个坐标作计数长度,要根据计数方向的选择而定。

Z 为加工指令,分为直线 L 与圆弧 R 两大类。直线又按走向和终点所在象限而分为 L1、L2、L3、L4 四种;圆弧又按第一步进入的象限及走向的顺圆、逆圆而分为顺圆 SR1、SR2、SR3、SR4 及逆圆 NR1、NR2、NR3、NR4 共 8 种,如图 6-3 所示。

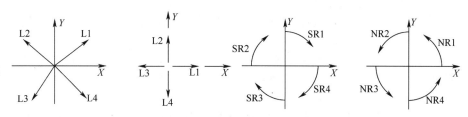

图 6-3　直线和圆弧加工指令

2. 直线的编程的方法

1）x,y 值的确定

（1）以直线的起点为原点,建立正常的直角坐标系,x,y 表示直线终点的坐标绝对值,单位为 μm。

（2）在直线 3B 代码中,x,y 值主要是确定该直线的斜率,所以可将直线终点坐标的绝对值除以它们的最大公约数作为 x,y 的值,以简化数值。

（3）若直线与 X 或 Y 轴重合,为区别一般直线,x,y 均可写作 0,也可以不写。

如图 6-4(a) 所示的轨迹形状,请读者试着写出其 x,y 值,具体答案可参考表 6-2。（注:图形所标注的尺寸中若无说明,单位都为 mm。）

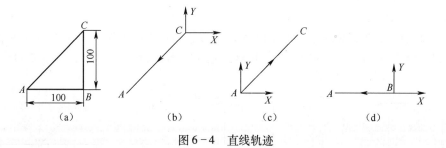

图 6-4　直线轨迹

2）G 的确定

G 用来确定加工时的计数方向,分 Gx 和 Gy。直线编程的计数方向的选取方法是:以要加工的直线的起点为原点,建立直角坐标系,取该直线终点坐标绝对值大的坐标轴为计数方向。具体确定方法为:若终点坐标为 (x_e,y_e),令 $x=|x_e|$,$y=|y_e|$,若 $y<x$,则 G = Gx(图 6-5(a));若 $y>x$,则 G = Gy(图 6-5(b));若 $y=x$,则在一、三象限取 G = Gy,在二、四象限取 G = Gx。

由上可见,计数方向的确定以 45°线为界,取与终点处走向较平行的轴作为计数方向,具体可参见图 6-5(c)。

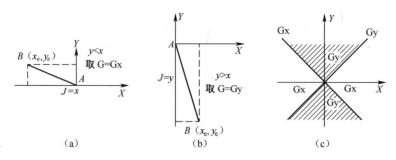

图 6-5　G 的确定

3）J 的确定

J 为计数长度，以 μm 为单位。以前编程应写满 6 位数，不足 6 位前面补零，现在的机床基本上可以不用补零。

J 的取值方法为：由计数方向 G 确定投影方向，若 G=Gx，则将直线向 X 轴投影得到长度的绝对值作为 J 的值；若 G=Gy，则将直线向 Y 轴投影得到长度的绝对值作为 J 的值。

4）Z 的确定

加工指令 Z 按照直线走向和终点的坐标不同可分为 L1、L2、L3、L4，其中与+X 轴重合的直线算作 L1，与-X 轴重合的直线算作 L3，与+Y 轴重合的直线算作 L2，与-Y 轴重合的直线算作 L4，具体可参考图 6-3。

综上所述，图 6-4(b)、(c)、(d)中线段的 3B 代码如表 6-2 所列。

表 6-2　程序单

直线	B	X	B	Y	B	J	G	Z
CA	B	1	B	1	B	100000	Gy	L3
AC	B	1	B	1	B	100000	Gy	L1
BA	B	0	B	0	B	100000	Gx	L3

3. 圆弧的编程方法

1）x，y 值的确定

以圆弧的圆心为原点，建立正常的直角坐标系，x，y 表示圆弧起点坐标的绝对值，单位为 μm。如在图 6-6(a)中，x=30000，y=40000；在图 6-6(b)中，x=40000，y=30000。

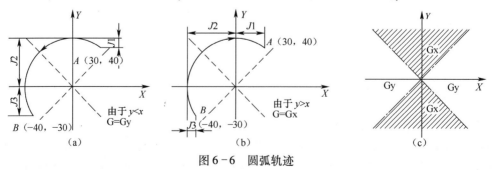

图 6-6　圆弧轨迹

2）G 的确定

G 用来确定加工时的计数方向，分 Gx 和 Gy。圆弧编程的计数方向的选取方法是：以某圆

心为原点建立直角坐标系,取终点坐标绝对值小的轴为计数方向。具体确定方法为:若圆弧终点坐标为(x_e,y_e),令$x=|x_e|,y=|y_e|$,若$y<x$,则$G=Gy$(图6-6(a));若$y>x$,则$G=Gx$(图6-6(b));若$y=x$,则Gx、Gy均可。

由上可见,圆弧计数方向由圆弧终点的坐标绝对值大小决定,其确定方法与直线刚好相反,即取与圆弧终点处走向较平行的轴作为计数方向,具体可参见图6-6(c)。

3)J的确定

圆弧编程中J的取值方法为:由计数方向G确定投影方向,若$G=Gx$,则将圆弧向X轴投影;若$G=Gy$,则将圆弧向Y轴投影。J值为各个象限圆弧投影长度绝对值的和。如在图6-6(a)、(b)中,$J1$、$J2$、$J3$大小分别如图6-6中所示,$J=|J1|+|J2|+|J3|$。

4)Z的确定

加工指令Z按照第一步进入的象限可分为$R1$、$R2$、$R3$、$R4$;按切割的走向可分为顺圆S和逆圆N,于是共有8种指令:$SR1$、$SR2$、$SR3$、$SR4$、$NR1$、$NR2$、$NR3$、$NR4$,具体可参考图6-3。

【例6.1】 写出图6-7所示轨迹的3B程序。

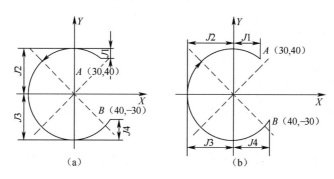

图6-7 编程图形

解:对图6-7(a),起点为A,终点为B,

$J=J1+J2+J3+J4=10000+50000+50000+20000=130000$

故其3B程序为

B30000 B40000 B130000 GY NR1

对图6-7(b),起点为B,终点为A,

$J=J1+J2+J3+J4$

$=30000+50000+50000+40000=170000$

故其3B程序为

B40000 B30000 B170000 GX SR4

【例6.2】 对如图6-8所示的图形进行编程。

解:该工件由3段直线和一段圆弧组成,故需要分成4段来编写程序。

1)加工直线段AB

以起点A为坐标原点,因AB与X轴正方向重合,X、Y均可作0计,故程序为

B40000 B B40000 GX L1

或 B B B40000 GX L1

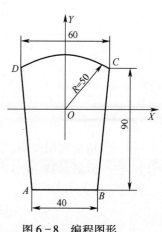

图6-8 编程图形

（按 $X=40000$，$Y=0$，也可编程为 B40000 B0 B40000 GX L1，不会出错。）

2）加工斜线段 BC

以 B 点为坐标原点，则 C 点对 B 点的坐标为 $X=10000$，$Y=90000$，故程序为

B1 B9 B90000 GY L1

3）加工圆弧 CD

以该圆弧圆心 O 为坐标原点，经计算，圆弧起点 C 对圆心 O 点的坐标为 $X=30000$，$Y=40000$，故程序为

B30000 B40000 B60000 GX NR1

4）加工斜线段 DA

以 D 点为坐标原点，终点 A 对 D 点的坐标为 $X=10000$，$Y=90000$，故程序为

B1 B9 B90000 GY L4

加工整个工件的程序单如表 6-3 所列。

表 6-3 程序单

AB	B	0	B	0	B	40000	G	X	L	1
BC	B	1	B	9	B	90000	G	Y	L	1
CD	B	30000	B	40000	B	60000	G	X	NR	1
DA	B	1	B	9	B	90000	G	Y	L	4

【例6.3】 用 3B 代码编制加工图 6-9（a）所示的线切割加工程序。已知线切割加工用的电极丝直径为 0.18mm，单边放电间隙为 0.01mm，图中 A 点为穿丝孔，加工方向沿 $A-B-C-D-E-F-G-H-B-A$ 进行。

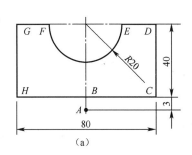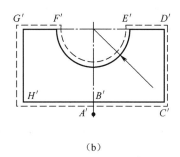

（a）　　　　　　　　　　　　（b）

图 6-9 编程图形
（a）零件图；（b）钼丝中心运行的轨迹图。

解：

（1）分析。现用线切割加工凸模状的零件图，实际加工中由于钼丝半径和放电间隙的影响，钼丝中心运行的轨迹形状如图 6-9（b）中虚线所示，即加工轨迹与零件图相差一个补偿量，补偿量的大小为

$$\delta = 钼丝半径+单边放电间隙 = 0.09+0.01 = 0.1mm$$

在加工中需要注意的是 $E'F'$ 圆弧的编程，圆弧 EF（图 6-9（a））与圆弧 $E'F'$（图 6-9（b））有较多不同点，它们的特点比较如表 6-4 所列。

表 6-4 圆弧 EF 和 $E'F'$ 特点比较表

项目	起点	起点所在象限	圆弧首先进入象限	圆弧经历象限
圆弧 EF	E	X 轴上	第四象限	第二、三象限
圆弧 $E'F'$	E'	第一象限	第一象限	第一、二、三、四象限

（2）计算并编制圆弧 $E'F'$ 的 3B 代码。在图 6-9(b) 中，最难编制的是圆弧 $E'F'$，其具体计算过程如下。

以圆弧 $E'F'$ 的圆心为坐标原点，建立直角坐标系，则 E' 点的坐标为：$Y_{E'} = 0.1\,\text{mm}$，$X_{E'} = \sqrt{(20-0.1)^2 - 0.1^2} = 19.900$。根据对称原理可得 F' 的坐标为 $(-19.900, 0.1)$。

根据上述计算可知圆弧 $E'F'$ 的终点坐标的 Y 的绝对值小，所以计数方向为 Y。

圆弧 $E'F'$ 在第一、二、三、四象限分别向 Y 轴投影得到长度的绝对值分别为 0.1mm、19.9mm、19.9mm、0.1mm，故 $J = 40000$。

圆弧 $E'F'$ 首先在第一象限顺时针切割，故加工指令为 SR1。

由上可知，圆弧 $E'F'$ 的 3B 代码为

$$\text{B19900 B100 B40000 GY SR1}$$

（3）经过上述分析计算，可得轨迹形状的 3B 程序，如表 6-5 所列。

表 6-5 切割轨迹 3B 程序

$A'B'$	B	0	B	0	B	2900	G	Y	L	2
$B'C'$	B	40100	B	0	B	40100	G	X	L	1
$C'D'$	B	0	B	40200	B	40200	G	Y	L	2
$D'E'$	B	0	B	0	B	20200	G	X	L	3
$E'F'$	B	19900	B	100	B	40000	G	Y	SR	1
$F'G'$	B	20200	B	0	B	20200	G	X	L	3
$G'H'$	B	0	B	40200	B	40200	G	Y	L	4
$H'B'$	B	40100	B	0	B	40100	G	X	L	1
$B'A'$	B	0	B	2900	B	2900	G	Y	L	4

（三）电火花线切割 ISO 代码编程技术

1. ISO 代码程序格式

对线切割加工来说，某一图段（直线或圆弧）的程序格式为

N××××G××X××××××Y××××××I××××××J××××××

字母是组成程序段的基本单元，一般是由一个关键字母加若干位十进制数字组成，具体如下。

（1）程序段号 N。位于程序段之首，表示一条程序的序号，后续为 2 位~4 位数字。

（2）准备功能指令 G。是建立机床或控制系统方式的一种指令，其后为两位数字，表示各种不同的功能；当本段程序的功能与上一段程序功能相同时，则该段的 G 代码可省略不写。如

G00   表示点定位，即快速移动到某给定点。其程序段格式为 G00X___Y___

G01   表示直线插补。其程序段格式为 G01X___Y___U___V___

G02   表示顺圆插补

G03   表示逆圆插补

G04   表示暂停

G40   表示丝径(轨迹)补偿(偏移)取消

G41、G42 表示丝径向左、右补偿偏移(沿钼丝的进给方向看)

G90   表示绝对坐标方式输入

G91   表示增量(相对)坐标方式输入

G92   为工作坐标系设定,即将加工时绝对坐标原点设定在距离当前位置的一定距离处。例如:G92 X5000 Y20000 表示以坐标原点为准,令电极丝中心起点坐标为 $X=5mm$ 、$Y=20mm$ 的位置。坐标系设定程序只设定程序坐标原点,当执行此条程序时,电极丝仍在原位置并不产生运行。

注意:为了消除电极丝半径和放电间隙对加工精度的影响,电极丝中心相对于加工轨迹需偏移一值,如图 6-10 所示。

格式:G41 D___或 G41H___

G42 D___或 G42H___

G40

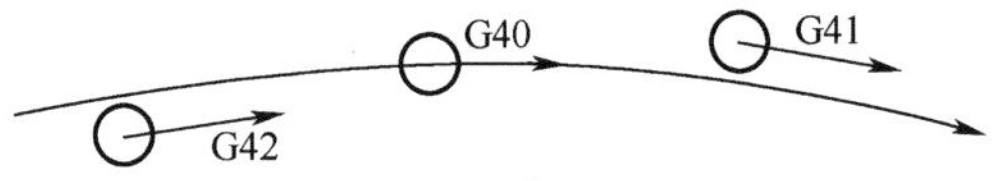

图 6-10 电极丝补偿示意图

电极丝加补偿及取消补偿都只能在直线上进行,在圆弧上加补偿或取消补偿都会出错。电极丝补偿时必须移动一个相对直线距离,如果不移动直线距离,则程序会出错,补偿不能加上或取消。例如:

G41 G02 X20. Y0 I10. J0 H001;//错误程序,不能在圆弧上加补偿

G91 G41 G00 X0,Y0;//错误程序,不能在原地方加补偿

G91 G40 G00 X0 Y0.//错误程序,不能在原地方取消补偿

(3)尺寸字。尺寸字在程序段中主要是用来控制电极丝运动到达的坐标位置。电火花线切割加工常用的尺寸字有 X、Y、U、V、A、I、J 等,尺寸字的后续数字应加正负号,单位为 μm。其中 I、J 为圆弧的圆心对圆弧起点的坐标值。其他为线段的终点坐标值。

(4)辅助功能指令 M。由 M 功能指令及后续两位数组成,即 M00~M99,用来指令机床辅助装置的接通或断开。其中 M00 为程序暂停;M01 为选择停止;M02 为程序结束。

2. ISO 代码按终点坐标的两种表达及输入方式

1)绝对坐标方式,代码为 G90

直线:以图形中某一适当点为坐标原点,用±X、±Y 表示终点的绝对坐标值,如图 6-11(a)所示。

圆弧:以图形中某一适当点为坐标原点,用±X、±Y 表示某段圆弧终点的绝对坐标值,用 I、J 表示圆心对圆弧起点的坐标值,如图 6-11(b)所示。

2)增量(相对)坐标方式,代码为 G91

直线:以直线起点为坐标原点,用±X、±Y 表示线的终点对起点的坐标值。

圆弧:以圆弧的起点为坐标原点,用±X、±Y 来表示圆弧终点对起点的坐标值,用 I、J 来表示圆心对圆弧起点的坐标值,如图 6-11(c)所示。

在编写程序时,采用哪种坐标方式,原则上都可以,但要根据具体的情况来确定,它与被加工零件图样的尺寸标注方法有关。

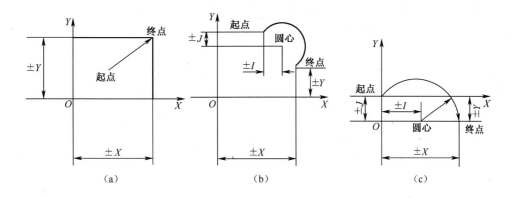

图 6 - 11　ISO 数控代码输入方式

(a)某段线终点的绝对坐标值表示;(b)某段圆弧终点的绝对坐标值表示;(c)圆心对圆弧起点的坐标值表示。

3. ISO 代码编程举例

【例 6.4】　要加工如图 6 - 12(a)、(b)所示由 4 条直线和一个半圆组成的型孔或凹模,穿丝孔中心①的坐标为(5,20),按顺时针切割。

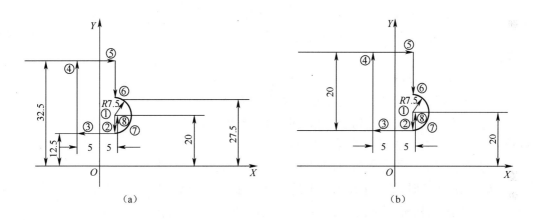

图 6 - 12　ISO 代码编程

(a)以绝对坐标编程;(b)以相对坐标编程。

解:

(1) 以绝对坐标方式(G90)输入进行编程,如图 6 - 12(a)所示。

N1	G92	X5000	Y20000		给定起始点圆心①的绝对坐标
N2	G90 G01	X5000	Y12500		直线②终点的绝对坐标
N3		X - 5000	Y12500		直线③终点的绝对坐标
N4		X - 5000	Y32500		直线④终点的绝对坐标
N5		X5000	Y32500		直线⑤终点的绝对坐标
N6		X5000	Y27500		直线⑥终点的绝对坐标
N7	G02	X5000	Y12500	I0 J - 7500	X、Y 之值为顺圆弧⑦终点的绝对坐标,I、J 之值为圆心对圆弧起点的相对坐标
N8	G01	X5000	Y20000		直线⑧终点的绝对坐标
N9	M02				程序结束

（2）以增量（相对）坐标方式（G91）输入编程，如图6-12（b）所示。

N1	G92	X5000	Y20000		给定起始点圆心①的绝对坐标
N2	G91 G01	X0	Y-7500		直线②终点对起始点①的相对坐标
N3		X-10000	Y0		直线③终点对直线②终点的相对坐标
N4		X0	Y20000		直线④终点对直线③终点的相对坐标
N5		X10000	Y0		直线⑤终点对直线④终点的相对坐标
N6		X0	Y-5000		直线⑥终点对直线⑤终点的相对坐标
N7	G02	X0	Y-15000	I0 J-7500	X、Y之值为顺圆弧⑦终点对圆弧起点的相对坐标，I、J之值为圆心对圆弧起点的相对坐标
N8	G01	X0	Y7500		直线⑧终点对圆弧⑧终点的相对坐标
N9	M02				程序结束

（四）线切割加工工件的装夹与校正

1. 工件的装夹

线切割加工，特别是慢走丝线切割加工属于较精密加工，工作的装夹对加工零件的定位精度有直接影响，特别在模具制造等加工中，需要认真仔细地装夹工件。

线切割加工的工件在装夹中需要注意如下几点。

（1）工件的定位面要有良好的精度，一般以磨削加工过的面定位为好，棱边倒钝，孔口倒角。

（2）切入点要导电，热处理件切入处要去除残物及氧化皮。

（3）热处理件要充分回火去应力，平磨件要充分退磁。

（4）工件装夹的位置应利于工件找正，并应与机床的行程相适应，夹紧螺钉高度要合适，避免干涉到加工过程，上导丝轮要压得较低。

（5）对工件的夹紧力要均匀，不得使工件变形和翘起。

（6）批量生产时，最好采用专用夹具，以利于提高生产率。

（7）对细小、精密、薄壁等工件要固定在不易变形的辅助夹具上。

在实际线切割加工中，常见的工件装夹方法有如下几种。

1）悬臂式支撑

工件直接装夹在台面上或桥式夹具的一个刃口上，如图6-13所示的悬臂式支撑通用性强，装夹方便，但容易出现上仰或倾斜，一般只在工件精度要求不高的情况下使用，如果由于加工部位所限只能采用此装夹方法而加工又有垂直要求时，要拉表找正工件上表面，使上表面与机床工作台平行。

2）垂直刃口支撑

如图6-14所示，工件装在具有垂直刃口的夹具上，此种方法装夹后工件也能悬伸出一角便于加工。装夹精度和稳定性较悬伸式为好，也便于拉表找正，注意装夹时夹紧点对准刃口。

3）桥式支撑方式

如图6-15所示，此种装夹方式是快走丝线切割最常用的装夹方法，适用于装夹各类工件，特别是方形工件，装夹稳定性好。只要工件上、下表面平行，装夹力均匀，工件表面即能保证与台面平行。桥的侧面也可作定位面使用，拉表找正桥的侧面与工作台X方向平行，工件如果有较好的定位侧面,与桥的侧面靠紧即可保证工件与 X 方向平行。

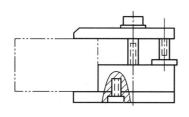

图 6-13　悬臂式支撑图

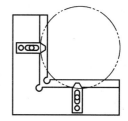

图 6-14　垂直刃口支撑图

4) 板式支撑方式

如图 6-16 所示,加工某些外周边已无装夹余量或装夹余量很小、中间有孔的零件,可在底面加一托板,用胶粘固或螺栓压紧,使工件与托板连成一体,且保证导电良好,加工时连托板一块切割。

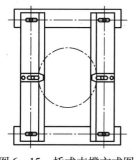

图 6-15　桥式支撑方式图

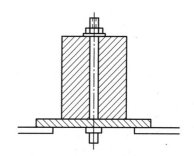

图 6-16　板式支撑方式图

5) 分度夹具装夹

(1) 轴向安装的分度夹具。如小孔机上弹簧夹头的切割,要求沿轴向切两个垂直的窄槽,即可采用专用的轴向安装的分度夹具。分度夹具安装于工作台上,三爪内装一检棒,拉表跟工作台的 X 或 Y 方向找平行,工件安装于三爪上,旋转找正外圆和端面,找中心后切完第一个槽,旋转分度夹具旋钮,转动 90°,切另一槽。

(2) 端面安装的分度夹具。如加工中心上链轮的切割,其外圆尺寸已超过工作台行程,不能一次装夹切割,即可采用分齿加工的方法。工件安装在分度夹具的端面上,通过心轴定位在夹具的锥孔中,一次加工 2 齿~3 齿,通过连续分度完成一个零件的加工。

6) 专用夹具

对于细小、精密、薄壁等零件,需要用专用的辅助夹具来固定,然后再将辅助夹具固定在机床工作台上。图 6-17 所示为阿奇夏米尔公司专用夹具。采用这些专用夹具,夹持工件快捷方便,尤其适合小型精密零件的加工。

2. 工件的校正

线切割的找正分两种:工件侧面与机床 X 或 Y 轴平行;工件的上或下表面与机床工作台 XY 面平行。

1) 工件侧面与坐标轴平行

为保证工件侧面与坐标轴平行,通常有 3 种方法。

(1) 电极丝法。当工件精度要求不高时,可以利用电极丝来校正工件(图 6-18)。首先将电极丝靠近工件侧边,移动工作台,使电极丝沿工件侧面移动(即沿 X 轴或 Y 轴移动),观察

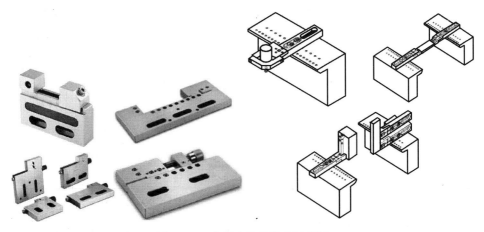

图 6-17　专用夹具及装夹示意图

电极丝与工件侧面缝隙大小的变化。通过目测,不断敲击工件,最终使电极丝与工件侧面的距离大致相等,即工件侧面与移动的坐标轴平行。

（2）标准方形块找正工件。用一个标准方形块（如角尺或量块）,靠在工件和机床横梁上（注:横梁必须是已经校正且与机床的坐标轴平行）。如图 6-19 所示,观察标准方块与工件侧面的缝隙,然后不断调整工件,直至缝隙消失为止。标准方形块找正工件精度不高,但速度快,适用于加工要求不高的零件。

（3）百分表（千分表）校正法。百分表通过磁力表座固定在机床主轴上,百分表与工件的侧面接触（图 6-20）,往复移动 X 轴 Y 轴,根据百分表指针数值变化调整工件,直至百分表针摆动幅度很小或不摆动。百分表校正较为精确,精密零件加工经常需要用百分表法来校正。

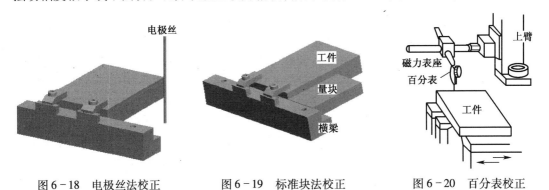

图 6-18　电极丝法校正　　　图 6-19　标准块法校正　　　图 6-20　百分表校正

2）工件的表面与工作台面平行

线切割加工时,如果工件的表面与工作台面不平行,则加工完成后零件侧面就与工件的表面不垂直。因此精密零件需要校正工件的表面,使其与工作台平行。具体方法为:百分表通过磁力吸盘固定在机床主轴上,百分表指针接触工件上表面,分别移动机床 X 轴和 Y 轴,观察百分表指针的移动。通过敲击工件、工件底部塞垫片等方法调整工件,直至百分表指针摆动幅度很小或不摆动时为止。

（五）电极丝垂直度的校正

线切割机床有 U 轴和 V 轴,U、V 轴位于上丝架前端,轴上连接小型步进电机驱动（图 6-21）。U 轴与 X 轴平行,V 轴与 Y 轴平行,正负方向一致。因为有 U、V 轴,机床可以切割锥度、上下异形物体。同样，U、V 轴可能导致机床电极丝与工作台面不垂直。因此在进行精密零件加工或切割锥度加工等情况下，需要重新校正电极丝对工作台平面的垂直度。电极丝垂直度找正的常见方法有两种，一种是利用找正块，另一种是利用校正器。

图 6 - 21　机床的 U、V 轴

1. 利用找正块进行火花法找正

找正块是一个六方体或类似六方体(6 - 22(a))。在校正电极丝垂直度时，首先目测电极丝的垂直度，若明显不垂直，则调节 U、V 轴，使电极丝大致垂直工作台；然后将找正块放在工作台上，在弱加工条件下，将电极丝沿 X 方向缓缓移向找正块。

当电极丝快碰到找正块时，电极丝与找正块之间产生火花放电，然后肉眼观察产生的火花：若火花上下均匀(图 6 - 22(b))，则表明在该方向上电极丝垂直度良好；若下面火花多(图 6 - 22(c))，则说明电极丝右倾，故将 U 轴的值调小，直至火花上下均匀；若上面火花多(图 6 - 22(d))，则说明电极丝左倾，故将 U 轴的值调大，直至火花上下均匀。同理，调节 V 轴的值，使电极丝在 V 轴垂直度良好。

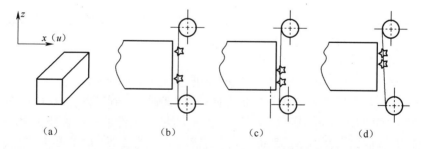

图 6 - 22　用火花法校正电极丝垂直度
(a)找正块；(b)垂直度较好；(c)垂直度较差(右倾)；(d)垂直度较差(左倾)。

在用火花法校正电极丝的垂直度时，需要注意以下几点。

(1) 找正块使用一次后，其表面会留下细小的放电痕迹。下次找正时，要重新换位置，不可用有放电痕迹的位置碰火花校正电极丝的垂直度。

(2) 在校正电极丝垂直度之前，电极丝应张紧，张力与加工中使用的张力相同。

(3) 在用火花法校正电极丝垂直度时，电极丝要运转，以免电极丝断丝。

(4) 在精密零件加工前，分别校正 U、V 轴的垂直度后，需要再检验电极丝垂直度校正的效果。具体方法是:重新分别从 U、V 轴方向碰火花,看火花是否均匀,若 U、V 方向上火花均匀,则说明电极丝垂直度较好;若 U、V 方向上火花不均匀,则重新校正,再检验。

2. 用校正器进行校正

校正器是一个触点与指示灯构成的光电校正装置,电极丝与触点接触时指示灯亮。它的灵敏度较高,使用方便且直观。底座用耐磨不变形的大理石或花岗岩制成(图 6-23、图 6-24)。

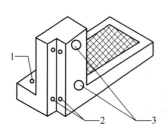

图 6-23　垂直度校正器
1—导线;2—触点;3—指示灯。

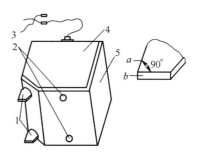

图 6-24　DF55-J50A 型垂直度校正器
1—上下测量头;2—上下指示灯;
3—导线及夹子;4—盖板;5—支座。

使用校正器校正电极丝垂直度的方法与火花法大致相似。主要区别是:火花法是观察火花上下是否均匀,而用校正器则是观察指示灯。若在校正过程中,指示灯同时亮,则说明电极丝垂直度良好,否则需要校正。

在使用校正器校正电极丝的垂直度时,要注意以下几点。

(1) 电极丝停止走丝,不能放电。

(2) 电极丝应张紧,电极丝的表面应干净。

(3) 若加工零件精度高,则电极丝垂直度在校正后需要检查,其方法与火花法类似。

(六) 电极丝的精确定位

线切割定位一般通过接触感知来实现,北京阿奇工业电子有限公司等的接触感知代码为 G80。为方便初学者,下面举例说明 G80 指令的用法。

格式:G80 轴+方向

执行该指令,可以命令指定轴沿给定方向前进,直到和工件接触为止。

如 G80 X-;意思是电极将沿 X 轴的负方向前进,直到接触到工件,然后停在那里。

【例 6.5】　如图 6-25(a)所示,$ABCD$ 为矩形工件,该工件中有一直径为 30mm 的圆孔,现由于某种需要欲将该孔扩大到 35mm。已知 AB、BC 边为设计、加工基准,电极丝直径为 0.18mm,试写出相应操作过程及加工程序。

解:上面任务主要分两部分完成,首先将电极丝定位于圆孔的中心,然后写出加工程序。电极丝定位于圆孔的中心有以下两种方法。

方法一:首先电极丝碰 AB 边,X 值清零,再碰 BC 边,Y 值清零,然后解开电极丝,并移动到坐标值(40.09,28.09)的位置。具体过程如下。

(1) 清理孔内部毛刺,将待加工零件装夹在线切割机床工作台上,利用千分表找正,尽可能使零件的设计基准 AB、BC 基面分别与机床工作台的进给方向 X、Y 轴保持平行。

(2) 用手控盒或操作面板等方法将电极丝移到 AB 边的左边,大致保证电极丝与圆孔中

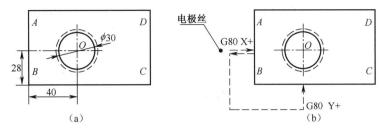

图 6-25　零件加工示意图

(a)零件图;(b)电极丝找正轨迹图。

心的 Y 坐标相近(尽量消除工件 ABCD 装夹不佳带来的影响,理想情况下工件的 AB 边应与工作台的 Y 轴完全平行,而实际很难做到)。

(3)用 MDI 方式执行指令:

G80 X+;

G92 X0;

M05 G00 X−2.

(4)用手控盒或操作面板等方法将电极丝移到 BC 边的下边,大致保证电极丝与圆孔中心的 X 坐标相近。

(5)用 MDI 方式执行指令:

G80 Y+;

G92 Y0;

T90;　/仅适用于慢走丝,目的是自动剪丝;对快走丝机床,则需手动解开电极丝

G00 X40.09 Y28.09

(6)为保证定位准确,往往需要确认。具体方法是:在找到的圆孔中心位置用 MDI 或别的方法执行指令 G55 G92 X0 Y0;然后再在 G54 坐标系(G54 坐标系为机床默认的工作坐标系)中按前面(1)~(4)所示的步骤重新找圆孔中心位置,并观察该位置在 G55 坐标系下的坐标值。若 G55 坐标系的坐标值与(0,0)相近或刚好是(0,0),则说明找正较准确,否则需要重新找正,直到最后两次中心孔在 G55 坐标系中的坐标相近或相同时为止。

方法二:将电极丝在孔内穿好,然后按操作面板上的找中心按钮即可自动找到圆孔的中心。具体过程如下。

(1)清理孔内部毛刺,将待加工零件装夹在线切割机床工作台上。

(2)将电极丝穿入圆孔中。

(3)按自动找中心按钮找中心,记下该位置坐标值。

(4)再次按自动找中心按钮找中心,对比当前的坐标和上一步骤得到的坐标值;若数字重合或相差很小,则认为找中心成功。

(5)若机床在找到中心后自动将坐标值清零,则需要同第一种方法一样进行如下操作:在第一次自动找到圆孔中心时用 MDI 或别的方法执行指令 G55 G92 X0 Y0;然后再按自动找中心按钮重新找中心,再观察重新找到的圆孔中心位置在 G55 坐标系下的坐标值。若 G55 坐标系的坐标与(0,0)相近或刚好是(0,0),则说明找正较准确,否则需要重新找正,直到最后两次找正的位置在 G55 坐标系中的坐标值相近或相同时为止。

两种方法的比较:利用自动找中心按钮操作简便,速度快,适用于圆度较好的孔或对称形状的孔状零件加工,但若由于磨损等原因(如图 6-26 中阴影所示)造成孔不圆,则不宜采用。

而利用设计基准找中心不但可以精确找到对称形状的圆孔、方孔等的中心，还可以精确定位于各种复杂孔形零件内的任意位置。所以，虽然该方法较复杂，但在实际生产中仍得到了广泛的应用。

图 6-26 孔磨损

综上所述，线切割定位的两种方法各有优劣，但其中关键一点是要采用有效的手段进行确认。一般来说，线切割的找正要重复几次，至少保证最后两次找正位置的坐标值相同或相近。通过灵活采用上述方法，能够实现电极丝定位精度在 0.005mm 以内，从而有效地保证线切割加工的定位精度。

■ **项目实施**

完成本项目需要掌握电极丝的定位。因此完成本项目的过程为：工件装夹、零件图形绘制（或程序读入）、生成加工路径、设置加工参数、生成加工程序、加工等。

（一）加工准备

1. 工艺分析

（1）加工轮廓位置确定。根据图 6-1，由于齿形电极的尺寸无需考虑与其他尺寸的相互位置关系，因此其线切割加工轮廓在毛坯上的位置无需严格要求，只要电极材料便于装夹即可。

（2）装夹方法确定。本项目采用悬臂支撑装夹的方式来装夹。

（3）穿丝孔位置确定。由于电极为外开阔式轮廓，因此不需要在毛坯内部加工穿丝孔。如图 6-27 所示，O 为穿丝点（引入线的起点），A 为起割点（引入线的终点）。实际上 OA 段为空走刀，因此 OA 值可取 5mm。加工方向为逆时针。考虑到电极丝的半径、放电间隙以及塑料制品的收缩，将放电的偏移量（补偿量）设置为 0.25mm。

2. 工件准备

本项目精度要求不高，且切割外轮廓，无其他定位尺寸要求，因此加工精度主要与程序及电参数有关，装夹与定位对图形的切割质量影响不大。装夹时用角尺放在工作台横梁边简单校正工件即可；也可以用电极丝沿着工件边缘移动，观察电极丝与工件的缝隙大小的变化。将电极丝反复移动，根据观察结果敲击工件，使电极丝在工件的侧面各处与工件的缝隙大致相等。

图 6-27 工艺示意图

3. 程序编制

（1）绘图。如图 6-1 所示，按塑件的齿形要求画出轮廓（HF 系统和 AutoCut 及 CAXA 系统均可以输入齿形数据调出齿轮或花键等）。

（2）编程。输入穿丝点坐标 O，输入或者选择起割点 A，如图 6-27 所示。选择逆时针加工方向。

（3）按照机床说明，在指导教师的帮助下生成数控程序，具体如下。

```
N  1：B     184 B   4790 B   4790 GY   L1  ;
N  2：B    5509 B   2318 B   2080 GY   NR4 ;
N  3：B      50 B      1 B     32 GX   SR3 ;
N  4：B    3901 B  10419 B    707 GX   NR4 ;
N  5：B      21 B     46 B     19 GY   SR2 ;
```

```
N  6：B   4055 B   4391 B   1798 GX  NR3 ;
……
N 95：B      2 B     50 B     31 GY  SR2 ;
N 96：B   5426 B   2505 B   1223 GX  NR3 ;
N 97：B   1655 B  12894 B   1751 GX  NR4 ;
N 98：B    183 B   4789 B   4789 GY   L3 ;
N 99：M02
```

（二）加工

启动机床加工。加工前应注意安全,加工后注意打扫卫生,保养机床。取下工件,测量相关尺寸,并与理论值相比较。若尺寸相差较大,试分析原因。

■知识链接

AutoCut 线切割编控系统介绍

AutoCut 线切割编控系统是基于 Windows XP 平台的线切割编控系统。运用 CAD 软件根据加工图纸绘制加工图形,对 CAD 图形进行线切割工艺处理,生成线切割加工的二维或三维数据,并进行零件加工;在加工过程中,系统能智能控制加工速度和加工参数,完成对不同加工要求的加工控制。这种以图形方式进行加工的方法,是线切割领域内 CAD 和 CAM 系统的有机结合。

（一）AutoCut CAD 的使用

AutoCut CAD 绘图软件工作界面包括菜单栏、工具栏、绘图窗口、捕捉栏、状态栏、绘图区和命令行窗口等(图 6-28)。单击菜单项可打开下拉菜单,单击工具条上的按钮可以启动相应的功能。按钮上的功能在菜单中都能找到,但它提供了一种对菜单功能的快捷访问方式。当将鼠标指向工具条上的按钮时,描述性文字将出现在按钮附近,状态栏中将对此给以更加详细的描述。

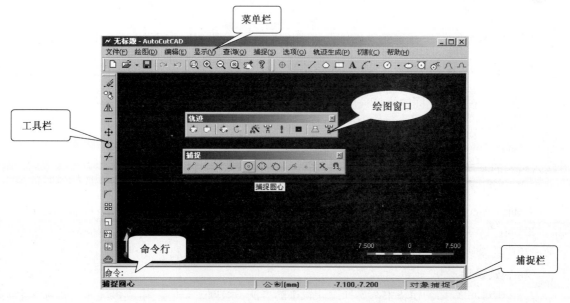

图 6-28　AutoCut CAD 绘图软件工作界面

1. 辅助绘图

AutoCut CAD 的辅助绘图功能,包括绘制阿基米德螺旋线、摆线、双曲线以及抛物线、齿轮等,现介绍如下。

1）阿基米德螺旋线

执行“AutoCut”→“绘制特殊曲线”→“阿基米德螺旋线”命令,会弹出“画阿基米德螺旋线”对话框,输入阿基米德螺旋线的参数后,确定即可完成阿基米德螺旋线的绘制;阿基米德螺旋线的参数方程为 $\begin{cases} x = rt\cos t \\ y = rt\sin t \end{cases}$ 的参数包括参数 t 的范围和系数 r 的值,以及阿基米德螺旋线在图纸空间的旋转角度和基点坐标。

2）抛物线

执行“AutoCut”→“绘制特殊曲线”→“抛物线”命令,会弹出“输入抛物线参数”对话框,输入抛物线的参数,确定即可完成抛物线的绘制;抛物线 $y = kx^2$ 的参数包括:抛物线 x 坐标的范围以及系数 k 的值,另外,还可以设置抛物线在图纸空间的旋转和平移。

3）渐开线

执行“AutoCut”→“绘制特殊曲线”→“渐开线”命令,会弹出“画渐开线”对话框,输入渐开线的参数后,确定即可完成渐开线的绘制;渐开线的参数方程为 $\begin{cases} x = r(\cos t + t\sin t) \\ y = r(\sin t - t\cos t) \end{cases}$ 的参数包括:基圆的半径、渐开线的展角以及渐开线在图纸空间的旋转角度和基圆圆心的位置。

4）双曲线

执行“AutoCut”→“绘制特殊曲线”→“双曲线”命令,会弹出“输入双曲线参数”对话框,输入双曲线的参数,确定即可完成双曲线的绘制;双曲线的参数方程为 $\begin{cases} x = a/\cos(t) \\ y = b\tan(t) \end{cases}$ 的参数包括:a、b 以及参数 t 的范围 t_1 和 t_2($t_1 < t < t_2$),另外,还可以设置抛物线在图纸空间的旋转角度和基点的位置。

5）摆线

执行“AutoCut”→“绘制特殊曲线”→“摆线”命令,会弹出“画摆线”对话框,输入摆线的参数后,确定即可完成摆线的绘制;摆线的参数方程为 $\begin{cases} x = r(t - \sin t) \\ y = r(1 - \cos t) \end{cases}$ 的参数包括系数 r、摆角 t 以及摆线在图纸空间的旋转角度和基点的坐标。

6）齿轮

执行“AutoCut”→“绘制特殊曲线”→“齿轮”命令,弹出“画齿轮”对话框(图6-29),在输入齿轮的基本参数后,预览后,即可将预览生成的齿轮轮廓线插入图纸空间。

7）矢量文字

执行“AutoCut”→“绘制特殊曲线”→“矢量文字”命令,弹出“插入矢量字符”对话框(图6-30),在“字符”框中写入需要插入的字符,单击“预览”按钮,在该对话框的黑色窗口上会显示出相应的轮廓,单击“插入”按钮即可将预览生成的矢量文字轮廓插入到图纸空间。

2. 轨迹设计

在 AutoCut 线切割模块中有3种设计轨迹的方法:生成加工轨迹、生成多次加工轨迹和生成锥度加工轨迹。

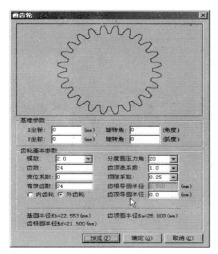

图6-29　绘制齿轮对话框

图6-30　"插入矢量字符"对话框

1）生成加工轨迹

执行"AutoCut"→"生成加工轨迹"命令，或者单击工具条上的 按钮，会弹出如图6-31所示的对话框，快走丝线切割机床生成加工轨迹时需要设置的参数如图6-31所示。

图6-31　快走丝加工轨迹、设置加工补偿量

设置好补偿值和偏移方向后，单击"确定"按钮。在命令行提示栏中会提示"请输入穿丝点坐标"，可以手动在命令行中用相对坐标或者绝对坐标的形式输入穿丝点坐标，也可以在屏幕上单击鼠标左键选择一点作为穿丝点坐标，穿丝点确定后，命令行会提示"请输入切入点坐标"，这里要注意，切入点一定要选在所绘制的图形上，否则是无效的。切入点的坐标可以手工在命令行中输入，也可以用鼠标在图形上选取任意一点作为切入点。切入点选中后，命令行会提示"请选择加工方向<Enter 完成>"，如图6-32所示。

晃动鼠标可看出加工轨迹上红、绿箭头交替变换，在绿色箭头一方单击鼠标左键，确定加工方向，或者按 Enter 键完成加工轨迹的拾取，轨迹方向将是当时绿色箭头的方向。

对于封闭图形经过上面的过程即可完成轨迹的生成，而对于非封闭图形会稍有不同，在和上面相同的完成加工轨迹的拾取之后，在命令行会提示"请输入退出点坐标<Enter 同穿丝点>"，如图6-33所示。手工输入或用鼠标在屏幕上拾取一点作为退出点的坐标，或者按 Enter 键完成默认退出点和穿丝点重合，完成非封闭图形加工轨迹的生成。

2）生成多次加工轨迹

执行"AutoCut"→"生成加工轨迹"命令，或者单击工具条上的 按钮，会弹出如图6-34所示的"编辑加工路径"对话框。

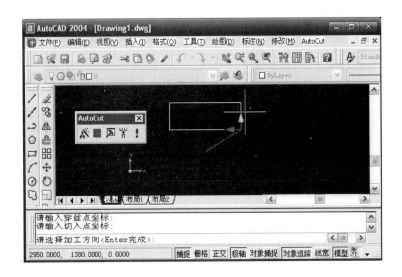

图 6-32 封闭图形加工轨迹的生成

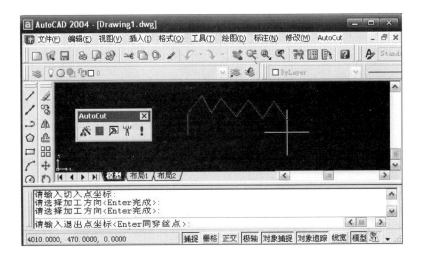

图 6-33 非封闭图形加工轨迹的生成

加工次数:多次切割的次数。

凸模台宽:凸台的宽度,默认 1mm。

钼丝补偿:对钼丝的补偿,补偿值默认 0.1mm。

过切量:加工结束后,工件有时不能完全脱离;可以在生成轨迹时设置过切量使得加工后
　　　工件能够完全脱离。

左偏移:以钼丝沿着工件轮廓的前进方向为基准,钼丝位置位于工件轮廓左侧。

右偏移:以钼丝沿着工件轮廓的前进方向为基准,钼丝位置位于工件轮廓右侧。

无偏移:以钼丝沿着工件轮廓的前进方向为基准,钼丝位置和工件轮廓重合。

加工台阶前是否暂停:如选中会在加工台阶之前暂停,等待人工干预后继续加工,否则
不用。

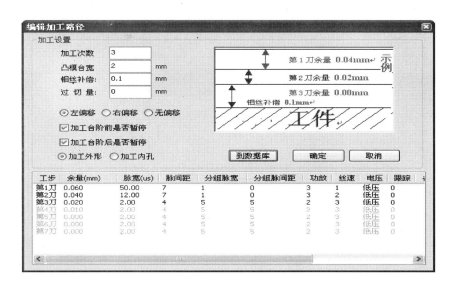

图 6-34 "编辑加工路径"对话框

加工台阶后是否暂停:如选中会在加工完台阶后暂停,等待人工干预后继续加工,否则不用。

加工外形:加工的是外部图形。

加工内孔:加工的是内部图形。

单击"到数据库"按钮,打开"专家库"对话框,界面如图 6-35 所示。

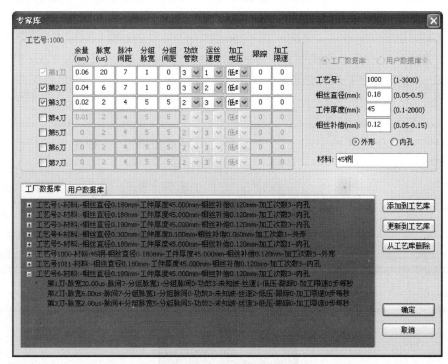

图 6-35 "专家库"对话框

在"专家库"中,可以对多刀切割的加工参数进行设置,并可保存到数据库中,单击"确定"按钮后,当前工艺参数被传递到"编辑加工路径"界面中,如图6-36所示。

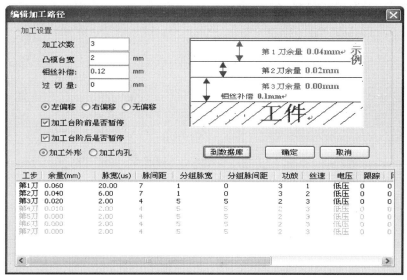

图6-36 "编辑加工路径"对话框

在"编辑加工路径"界面中,单击"确定"按钮后,多次加工的设置完成。

多次加工参数设置完成后,在AutoCut软件的命令行提示栏中会提示"请输入穿丝点坐标",可以手动在命令行中用相对坐标或者绝对坐标的形式输入穿丝点坐标,也可以在屏幕上单击鼠标左键选择一点作为穿丝点坐标。穿丝点确定后,命令行会提示"请输入切入点坐标",这里要注意,切入点一定要选在所绘制的图形上,否则是无效的。切入点的坐标可以手工在命令行中输入,也可以用鼠标在图形上选取任意一点作为切入点。切入点选中后,命令行会提示"请选择加工方向<Enter完成>"(同生成加工轨迹)。晃动鼠标可以看出加工轨迹上的红、绿箭头交替变换,在绿色箭头一方单击鼠标左键,确定加工方向,或者按Enter键完成加工轨迹的拾取,轨迹方向将是当时绿色箭头的方向。

对于封闭与非封闭的图形,设置完加工参数后,其他部分和"生成加工轨迹"功能类似。

3)生成锥度加工轨迹

锥度的加工轨迹有两种生成方法,一种是上下异形面锥度,一种是指定具有锥度角的锥度。

在进行上下异形面锥度生成轨迹之前,先用"生成加工轨迹"生成上下表面两个加工轨迹,如图6-37所示。

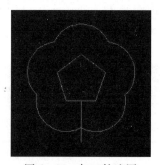

图6-37 加工轨迹图

执行"AutoCut"→"生成锥度加工轨迹"命令,会弹出如图 6-38 所示的对话框。

图 6-38 "锥度加工参数设置"对话框

加工设置具体如下。

加工次数:多次切割的次数。

凸模台宽:凸台的宽度,默认 1mm。

左偏移:以钼丝沿着工件轮廓的前进方向为基准,钼丝位置位于工件轮廓左侧。

右偏移:以钼丝沿着工件轮廓的前进方向为基准,钼丝位置位于工件轮廓右侧。

无偏移:以钼丝沿着工件轮廓的前进方向为基准,钼丝位置和工件轮廓重合。

加工台阶前是否暂停:如选中会在加工台阶之前暂停,等待人工干预后继续加工,否则不用。

加工台阶后是否暂停:如选中会在加工完台阶后暂停,等待人工干预后继续加工,否则不用。

锥度设置具体如下。

上导轮到下导轮距离:上导轮圆心到下导轮圆心的距离,单位:毫米(mm)。

下导轮到工作台的距离:下导轮圆心到工作台(工件下表面)的距离,单位:毫米(mm)。

工件的高度:工件上表面到工件下表面的距离,即上下编程面的距离,单位:毫米(mm)。

上导轮半径:机床上导轮半径,单位:毫米(mm)。

下导轮半径:机床下导轮半径,单位:毫米(mm)。

上下异形:需要选择上下两个加工轨迹面。

指定锥度角:指定锥度角后,只要选择一个加工轨迹面,系统自动生成相应的锥度图形。

注意:多次切割加工参数的设置同"生成多次加工轨迹"。

(1) 上下异形面生成加工轨迹。

设置完成后,单击"确定"按钮,在 AutoCAD 软件的命令行提示栏中会提示"请选择上表面",选择一个已经生成的加工轨迹后,命令行会提示"请选择下表面",再选择一个已经生成的加工轨迹后,会提示"请输入新的穿丝点",可以手动在命令行中用相对坐标或者绝对坐标的形式输入新的穿丝点坐标,也可以在屏幕上单击鼠标左健选择一点作为新的穿丝点坐标,生成的图形如图6-39所示。

执行"视图"→"三维动态观察器"命令可以看到图6-40所示的三维效果。

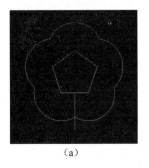
（a）

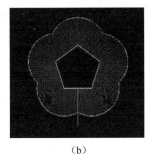
（b）

图6-39　上下异形面加工轨迹生成
（a）加工轨迹；（b）锥度加工轨迹。

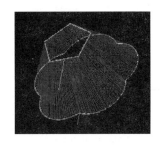

图6-40　锥度轨迹的三维效果

（2）指定锥度角生成锥度加工轨迹。

设置完成后,单击"确定"按钮,在AutoCAD软件的命令行提示栏中会提示"请选择下表面",选择一个已经生成的加工轨迹后,会提示"请输入新的穿丝点",可以手动在命令行中用相对坐标或者绝对坐标的形式输入新的穿丝点坐标,也可以在屏幕上单击鼠标左健选择一点作为新的穿丝点坐标,生成的图形如图6-41所示。

执行"视图"→"三维动态观察器"命令可以看到图6-42所示的三维效果图。

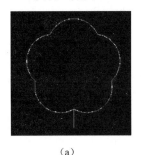
（a）

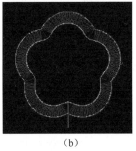
（b）

图6-41　指定锥度角生成锥度加工轨迹
（a）加工轨迹；（b）锥度加工轨迹。

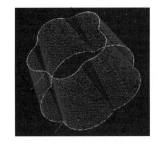

图6-42　锥度轨迹的三维效果

3. 轨迹加工

在AutoCAD线切割模块中有3种进行轨迹加工的方式,一种是直接通过AutoCAD发送加工任务给AutoCut控制软件;一种是发送锥度加工任务给AutoCut控制软件;一种是直接运行AutoCut控制软件,并在控制软件中以载入文件的形式完成对工件的加工。

1）发送加工任务

执行"AutoCut"→"发送加工任务"命令,或者单击图形按钮,会弹出如图6-43所示的"选卡"对话框。

单击选中"1号卡"按钮,(在没有控制卡的时候可以选"虚拟卡"看演示效果),命令行会提示"请选择对象",用鼠标左键单击选图6-44中粉色的轨迹,单击鼠标右键,进入如图6-45所示的控制界面。

图 6-43 "选卡"对话框

图 6-44 选择加工对象

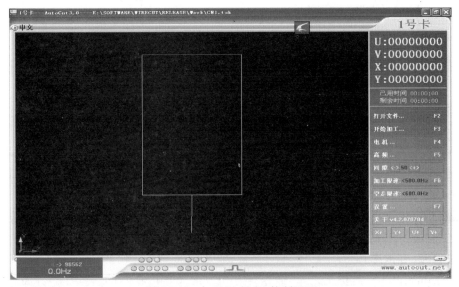

图 6-45 加工(1 号卡)控制界面

2）发送锥度加工任务

执行"AutoCut"→"发送锥度加工任务"命令，会弹出"选卡"对话框。选中 1 号卡后，再到图形界面中选中上面生成的锥度加工轨迹，单击鼠标右键，即可将锥度加工任务发送到控制软件中。界面如图 6-46 所示。

图 6-46 控制软件中的显示

3）运行加工程序

执行"AutoCut"→选"运行加工程序"命令，或者单击 ! 图形按钮，单击选中"1 号卡"按钮进入控制界面。

4. 修改加工轨迹

执行"AutoCut"→"修改加工轨迹"命令，或者单击 图形按钮，在命令行中会提示"请选择要修改的加工轨迹",当选中一个已经生成的加工轨迹后,会弹出如图 6-47 所示的对话框。

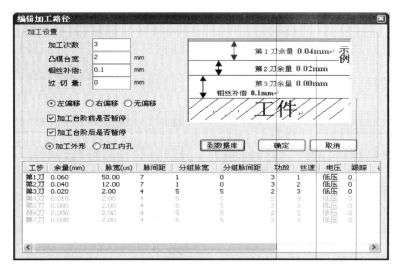

图 6-47 "编辑加工路径"对话框

图 6-47 中显示的参数是所选加工轨迹所带有的加工参数,通过此功能可以对其中的参数进行修改,修改方法同"生成多次加工轨迹"时的设置过程,修改后,单击"确定"按钮,完成对已生成的加工轨迹的参数重新设置的过程。

5. 工艺库(专家库)

执行"AutoCut"→"维护工艺库"命令,会弹出如图 6-48 所示的"专家库"界面。

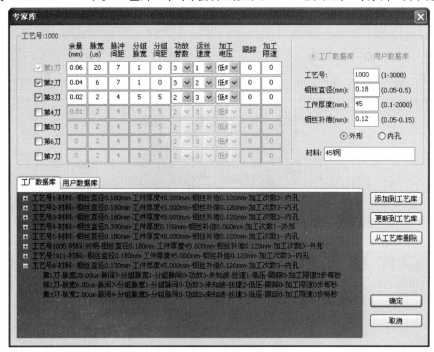

图 6-48 "专家库"对话框

余量(mm):两次切割之间的距离,单位:毫米(mm)。

脉宽(微秒):0.5~250。

脉冲间距(倍脉宽):1~30。

分组脉宽(个脉冲):1~30。

分组间距(倍):1~30。

功放管数:1~6。

运丝速度(m/s):0~3。

加工电压:高压或低压。

跟踪:可以调节跟踪的稳定性;数值越小跟踪越紧;0为不设置跟踪。

加工限速:加工时的最快速度;0为不设置。

工艺号:在数据库中的编号,有效值为1~3000。

钼丝直径(0.05~0.5):当前工艺对应的钼丝直径,单位:毫米(mm)。

工件厚度(0.1~2000):当前工艺对应的工件厚度,单位:毫米(mm)。

钼丝补偿(0.05~0.15):当前工艺对应的钼丝补偿,单位:毫米(mm)。

外形、内孔:外形、内孔选项。

材料:用于描述当前工艺适合加工的材料。

添加到工艺库:是将上面的加工参数添加到工艺库中,供下次加工设置时使用。

更新到工艺库:选中已经在工艺库列表中的工艺记录,会看到在加工参数中显示出来,对其进行相应的修改,然后通过单击该按钮,进行工艺库的更新。

从工艺库删除:选中已经在工艺库列表中的工艺记录,单击该按钮,将从工艺库中删除该条记录。

工艺库列表:列表中显示的是数据库中工艺参数列表。

(二) AutoCut 控制软件的使用

AutoCut线切割控制软件,界面友好,使用较为简单,使用者不需要接触复杂的加工代码,只需在 CAD 软件中绘制加工图形,生成相应加工轨迹,就可以开始加工零件。主界面如图6-49 所示。

1. 界面

1)语言选择

在如图 6-49 所示的语言选择区用鼠标单击左键,会提示中、英文可切换的界面

✓ 中文简体
English ,只要用鼠标左键进行选择就可以完成即时切换。

2)位置显示

在实际加工或者空走加工时,在位置显示区会实时看到 X、Y、U、V 四轴实际加工的位置。

3)时间显示

在加工时"已用时间"表示该工件的加工已经使用的时间,"剩余时间"表示该工件加工完毕还需要的时间。

4)图形显示区

在实际加工、空走加工时,在图形显示区会实时显示当前加工的位置。

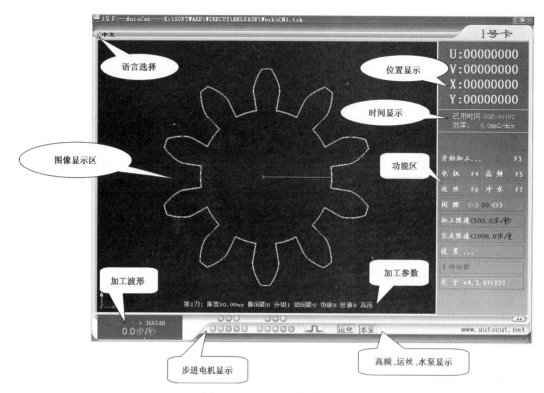

图 6 - 49　AutoCut 控制界面

5）加工波形

实时显示加工的快慢及稳定性。

6）加工参数

实时显示当前加工参数:脉宽、脉间、分组、分组间距、丝速等。

7）步进电机显示

实时显示步进电机的锁定情况。

8）高频、运丝、水泵显示

实时显示高频、运丝、水泵的开关状态。

9）功能区

功能区包含打开文件、开始加工、电机、高频、跟踪、加工限速、空走限速、设置、手动功能等。

2. 加工任务的载入

1）CAD 图形驱动

在 AutoCAD 或 AutoCut CAD 中,用"发送加工任务"的命令,将图形轨迹发送到控制软件中,用户无需接触代码,便可进行加工。

2）文件载入

在控制软件中单击"打开文件"按钮或者使用快捷键 F2,弹出如图 6 - 50 所示的"打开"对话框,在"文件类型"可以选任意一种文件类型,然后选择欲加工的文件,打开并进行加工(ISO - G Code 、AutoCut Task,由 AutoCut CAD 生成的二维和三维加工文件;3B Code ,由 CAXA等其他绘图软件生成)。

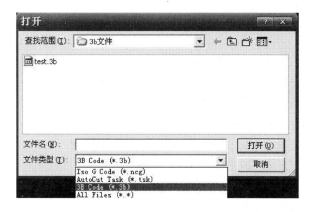

图 6-50 "打开"对话框

3）模板载入

在控制软件中右击"打开文件"，会弹出下拉菜单 打开文件 打开模板 ，选择"打开模板"命令会

弹出如图 6-51 所示的对话框。

直线（图 6-51）

X 轴距离：需要加工的 X 轴距离，单位为毫米（mm）。

Y 轴距离：需要加工的 Y 轴距离，单位为毫米（mm）。

矩形（图 6-52）

图 6-51 "直线"选项卡　　　　　图 6-52 "矩形"选项卡

矩形宽：需要加工的矩形宽度（W），单位为毫米（mm）。

矩形高：需要加工的矩形高度（H），单位为毫米（mm）。

引入线：需要加工的矩形引入线长度（L），单位为毫米（mm）。

外轮廓：表明加工的是外轮廓，即引入线在所需加工的矩形外侧。

内孔：表明加工的是内孔，即引入线在所需加工的矩形内侧。

引入线方向:引入线的方向,有8种选择方式。

圆(图6-53)

圆半径:需要加工的圆形半径(R),单位为毫米(mm)。

引入线:需要加工的矩形引入线长度(L),单位为毫米(mm)。

外轮廓:表明加工的是外轮廓,即引入线在所需加工的圆形外侧。

内孔:表明加工的是内孔,即引入线在所需加工的圆形内侧。

引入线方向:引入线的方向,有8种选择方式。

蛇形线(图6-54)

走线方向分为:X正向、X负向、Y正向、Y负向4种方向。

高度a:蛇形线的高度,单位为毫米(mm)。

单个宽度b:蛇形线的走线单个宽度,单位为毫米(mm)。

弯曲次数n:蛇形线的弯曲次数。

左右镜像:会对当前的蛇形线进行镜像。

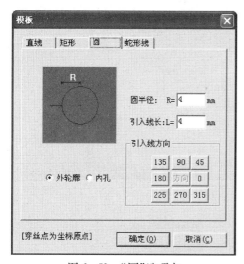

图6-53 "圆"选项卡

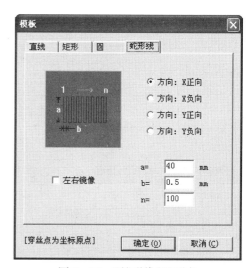

图6-54 "蛇形线"选项卡

3. 开始加工(图6-55)

工作选择

开始:开始进行加工。

停止:停止目前的加工工作。

注意:正在进行加工时不能退出程序,必须先停止加工,然后才能退出。

运行模式

加工:打开高频脉冲电源,实施加工。

空走:不开高频脉冲电源,机床按照加工文件空走。

回退:打开高频脉冲电源,回退指定步数(回退的指定步数可以在设置界面中进行设置,并会一直保存直到下一次设置被更改)。

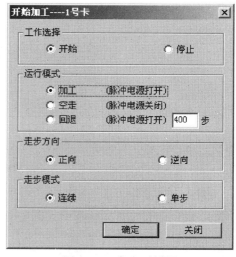

图6-55 加工对话框

走步方向

正向:实际加工方向与加工轨迹方向相同。

逆向:实际加工方向与加工轨迹方向相反。

走步模式

连续:加工时,只有一条加工轨迹加工完才停止。

单步:加工时,一条线段或圆弧加工完时,会进入暂停状态,等待用户处理。

当上面的选择做完后,确定开始加工后,原来的"开始加工"按钮会变成"暂停加工",在需要暂停的时候可以单击该按钮,同样会弹出图6-55所示的对话框,供操作者根据实际情况进行相应处理。

4. 电机

此命令用来完成电机的锁定或解锁,当选中时被锁定的电机会在界面中以绿灯显示出来(图6-56),否则变灰。

5. 高频

此命令用来开关高频脉冲电源;当高频被打开时,会在主界面上有所显示(图6-57),否则变灰。

图6-56 电机界面

图6-57 高频界面

6. 运丝

此命令用来开关运丝筒;当运丝被打开时,会在主界面上有所显示(图6-58),否则变灰。

7. 冲水

此命令用来开关水泵;当冲水被打开时,会在主界面上有所显示(图6-59),否则变灰。

图6-58 运丝界面

水泵

图6-59 水泵界面

8. 间隙

用来调整加工的稳定性,当加工厚工件时,加工会变得不稳定,此时调大此值,使加工变得稳定。右键单击 间 隙 <-> 05 <+> 按钮,会弹出下拉菜单 加5 减5 ,可以对间隙值进行快速调节;左键<->或 <+>处可以按1递增或递减变化。变化范围在0~50之间。

9. 加工限速

限制加工的最大速度(图6-60),单位:步每秒(Hz);

10. 空走限速

限制机床在空走时的最大速度(图6-61),单位:步每秒(Hz);

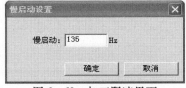

图6-60 加工限速界面

图6-61 空走限速界面

11. 手动功能

1) 移轴(图 6-62)

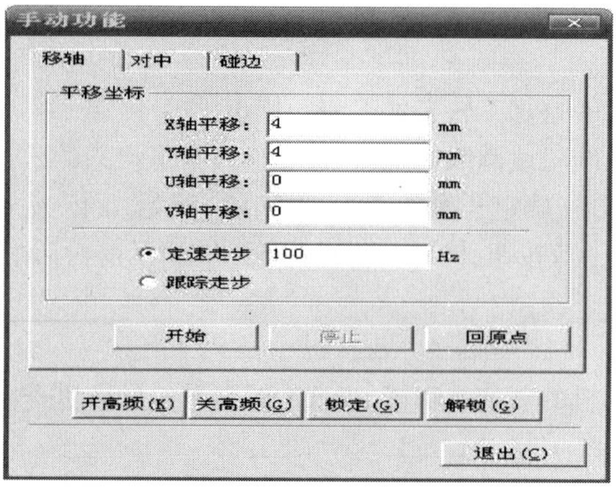

图 6-62　移轴对话框

平移坐标

X 轴平移:是指在 X 方向移动的距离,单位为毫米(mm)。

Y 轴平移:是指在 Y 方向移动的距离,单位为毫米(mm)。

U 轴平移:是指在 U 方向移动的距离,单位为毫米(mm)。

V 轴平移:是指在 V 方向移动的距离,单位为毫米(mm)。

注:输入正数向正方向移动,输入负数向负方向移动。

定速走步:以固定的速度移动各轴指定的步数,单位为步每秒;

跟踪走步:以实际加工的方式移动各轴指定的步数。

开始:设置好参数后,单击该按钮即可进行平移。

停止:在平移过程中可以单击该键结束平移。

回原点:以最近的路径回到圆点。

使用方法具体如下。

(1) 空走平移:在相应的平移方向中输入需要平移的距离,并设置走步速度(默认为100Hz),冲击"开始"按钮,即可以按照指定的方向平移指定的距离,在平移的过程中可以单击"停止"按钮,结束平移。

(2) 边平移边进行加工:选"跟踪走步",系统会自动打开高频,按照指定的方向加工到指定的距离,在加工过程中可以点击"停止"按钮,结束平移。

(3) 回原点:在任一机床停止的时刻,可以单击"回原点"按钮,系统将会以最近的路径回到原点。

2) 对中(图 6-63)

对中类型

X 轴对中有"先走 X 正向,再走 X 负向"和"先走 X 负向,再走 X 正向"可以选择。

Y 轴对中有"先走 Y 正向,再走 Y 负向"和"先走 Y 负向,再走 Y 正向"可以选择。

走步速度:以固定的速度移动,单位为步每秒。

开始:设置好参数后,单击该按钮即可进行对中。

停止:在对中过程中可以冲击该按钮结束对中。

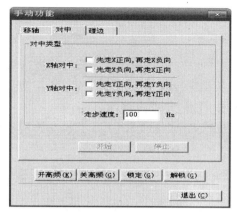

图6-63　对中对话框

使用方法:在"X轴对中"和"Y轴对中"中选中走步顺序(也可以只对一个轴进行对中),并设定走步速度(默认100Hz),单击"开始"按钮即可以开始对中,在对中过程中可以单击"停止"按钮结束对中,否则直到找到中心才会停止走步。

3)碰边(图6-64)

图6-64　碰边对话框

目标坐标

方向 X:在 X 方向上碰边所走的最大距离,单位为毫米(mm)。

方向 Y:在 Y 方向上碰边所走的最大距离,单位为毫米(mm)。

走步速度:以固定的速度进行碰边,单位为步每秒。

碰边参数可以直接输入方向 X、方向 Y 和走步速度,也可以通过指定距离和常用方向进行自动计算。

开始:设置好参数后,单击该按钮即可进行碰边。

停止:在碰边过程中可以单击该按钮结束碰边。

使用方法:在指定方向中输入需要碰边的最大距离(即如果运行了这段距离都不能碰到边将自动停止碰边),设置走步速度,单击"开始"按钮进行碰边,在碰边的过程中可以单击"停止"按钮结束碰边,否则直到碰到边才会停止走步。

另外,可以在手动功能中进行开高频、关高频、电机锁定、电机解锁等操作。

12. 高频设置

左键单击"加工参数显示"的位置,会显示 ┃高频设置┃ 界面,单击"高频设置"弹出如图6-65所示的对话框,在该界面中,可以对任意一条参数进行修改。操作方法为:选中列表中任一条需要进行修改的参数项进行修改,修改完毕后,单击"更新"按钮,即将修改后的参数更新到工艺参数中,单击"确定"按钮完成设置。

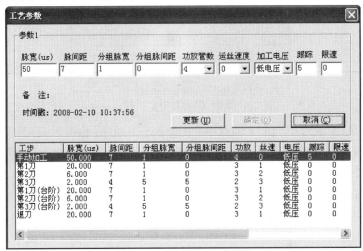

图6-65 高频设置对话框

思考与练习题

1. 用3B代码编制加工图1所示的线切割加工程序,加工路线为 $A-B-C-D-A$,不考虑补偿量。

2. 线切割加工图2所示的轨迹,加工路线为 $A-B-C-D-E-F-A$,不考虑补偿量。编写数控线切割加工的3B程序。

3. 用3B代码编制加工图3所示的凸模线切割加工程序,已知电极丝直径为0.18mm,单边放电间隙为0.01mm,图中 O 为穿丝孔,拟采用的加工路线 $O-E-D-C-B-A-E-O$。

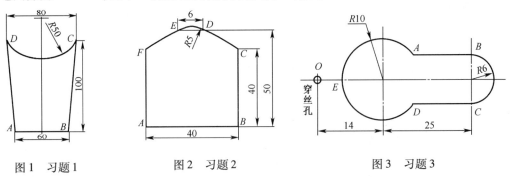

图1 习题1   图2 习题2   图3 习题3

4. 尝试用HF系统和AutoCut绘制齿轮和花键等标准零件,注意两系统的操作差异。

5. 工件校正的方法有哪些? 各有什么特点?

6. 尝试运用本项目电极丝精确定位的两种方法对项目五中的图5-15进行定位,注意操作过程的差异。

项目七　多孔位凹模的线切割加工

■项目描述

在实际生产中经常碰到需要在同一个零件中切割不同位置的孔洞的情况,如连续加工若干个孔类零件。该类零件主要是冷冲压模中级进模(连续模)及多孔位冲模中的凹模。图7-1(a)所示为一个垫板零件,材料 Q235,厚度 1.5mm,图7-1(b)为该零件采用级进模冲压成形方案时的排样图,用线切割加工时需对直径 5mm 的内圆和 10mm×10mm 的内孔分别加工。这种需在同一零件上用线切割加工两次或以上的方案,最好用跳步加工。跳步加工就是将多个切割加工编制成一个程序,省去每次加工电极丝定位的过程,避免定位误差,提高加工效率。

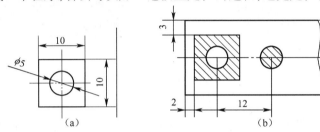

图 7-1　垫板零件
(a)垫板零件图;(b)排样图。

本项目需要按照排样图在毛坯的两个部位切割加工,实施项目时要重点注意:编程时穿丝孔的位置与在毛坯上打穿丝孔的位置相匹配。

■知识目标

1. 理解跳步加工方法。
2. 熟练阅读、理解线切割 ISO 程序。
3. 掌握电参数对线切割加工的影响。
4. 掌握非电参数对线切割加工的影响。

■能力目标

1. 能对高速走丝线切割机床进行上丝、穿丝。
2. 掌握慢走丝线切割机床电极丝的穿丝方法。
3. 具备独立用高速走丝线切割机床加工多孔位零件的能力。

■相关知识

(一)高速走丝线切割机床的上丝及穿丝

1. 上丝

上丝的过程是将电极丝从丝盘绕到快走丝线切割机床贮丝筒上的过程,也称为绕丝。不同的机床操作略有不同,下面以北京阿奇 FW 系列为例说明上丝要点。

（1）上丝以前,要先移开左、右行程开关,再启动丝筒,将其移到行程左端(图 7 - 2)或右端极限位置（目的是将电极丝上满,如果不需要上满,则需与极限位置有一段距离）。

(a)　　　　　　　　　　　(b)

图 7 - 2　上丝示意图

(a)开始上丝示意图;(b)机床上丝机构。

（2）上丝过程中要打开上丝电机启停开关(图 7 - 3),并旋转上丝电机电压调节按钮以调节上丝电机的反向力矩(目的是保证上丝过程中电极丝有均匀的张力,避免电极丝打折)。

（3）按照机床的操作说明书,按上丝示意图提示将电极丝从丝盘绕到贮丝筒上。具体操作如下:将装有电极丝的丝盘固定在上丝装置的转轴上,将电极丝通过导丝轮引向贮丝筒上方(图 7 - 4),用螺钉紧固。打开张丝电机电源开关,通过张丝调节旋钮调节电极丝的张力后,手动摇把使贮丝筒旋转,同时向右移动,电极丝以一定的张力均匀地盘绕在贮丝筒上。绕完丝后,关掉上丝电机启停开关,剪断电极丝,即可开始穿丝。

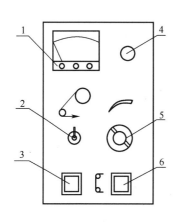 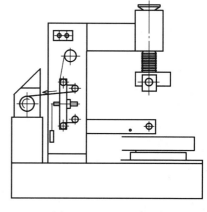

图 7 - 3　贮丝筒操作面板

1—上丝电机电压表;2—上丝电机启停开关;

3—丝筒运转开关;4—紧急停止开关;

5—上丝电机电压调节按钮;6—丝筒停止开关。

图 7 - 4　上丝示意图

北京阿奇 FW 型机床电极丝的速度大于 8m/s,不可调节,因此要手动上丝。对于部分机床电极丝速度可调,如深圳福斯特机床速度有 3m/s,6m/s,9m/s,12m/s 等;江南赛特数控设备有限公司的机床可通过变频器调节上丝的速度,使其确定在恰当的值,上丝时可以用较低的转速将电极丝从丝盘绕到贮丝筒上。

2. 穿丝

由于穿丝后 Z 轴的高度就不能调节,因此穿丝前首先观察 Z 轴的高度是否适合,如果不合适要首先调节 Z 轴的高度。通常在不影响加工的前提下,Z 轴的高度越小,越有利于减小电极丝的震动。

(1)将左右行程档杆分别调至离左右极限位置约 5cm 处,旋紧。

(2)打开运丝开关,使储丝筒向右运动,当丝筒中最左侧电极丝超过丝架导轮 3～5mm 时(图 7-5(a))停止运丝。

说明:穿丝开始时,首先要保证贮丝筒上的电极丝与辅助导丝轮、张紧导丝轮、主导丝轮在同一个平面上,否则在运丝过程中,贮丝筒上的电级丝会重叠,从而导致断丝。图 7-5(a)、(c)所示正确,分别从左端和右端穿丝,图 7-5(b)所示错误,穿丝时会叠丝。

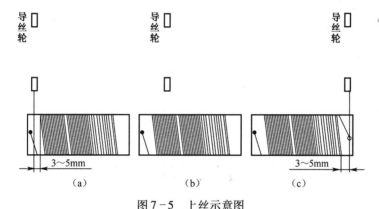

图 7-5 上丝示意图

(a)左端上丝位置;(b)错误上丝位置;(c)右端上丝位置。

(3)从左侧抽出电级丝,拉动电极丝头,由丝筒上方通过辅助导丝轮、上丝架上的主导丝轮(丝在导轮槽中)、导电块(丝在导电块的上方),接着通过下丝架上的主导丝轮(丝在导轮槽中)、导电块(丝在导电块的下方)。穿丝示意图如图 7-6 所示。在操作中要注意手的力度,防止电极丝打折。

(4)从线筒下方将丝顺时针旋入丝筒左边的螺钉内,检查电极丝的位置是否符合步骤 3 的要。

(5)用手盘动丝筒使其由下而上旋转约 10 圈,将左边的行程挡杆调至左边的换向感应开关触点处并旋紧。

(6)运丝,当丝运行至使丝筒右边的电极丝还剩 3～5mm 时,立即停止运丝。

(7)将右边的行程挡杆调至右边的换向感应开关触点处并旋紧。

(8)运丝,查看是否超行程,如不合适应立即停止运丝,调整行程档杆的位置。

*注意:在穿丝过程中,一旦运丝,手指必须放在控制器在【停止】按键上,若有异常应立即停止丝筒运转。同时,要保证电极丝在导轮槽中,在上导电块上面、下导电块下面。以上步聚是从左侧经上丝架、下丝架进行穿丝,操作时也可从右侧经下丝架、上丝架进行穿丝,但步聚中的方向应相反。

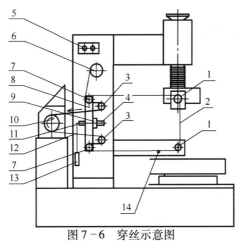

图 7-6　穿丝示意图

1—主导丝轮；2—电极丝；3—辅助导丝轮；4—直线导轨；5—工作液旋钮；6—上丝盘；7—张紧轮
8—移动板；9—导轨滑块；10—贮丝筒；11—定滑轮；12—绳索；13—重锤；14—导电块。

(二)慢走丝线切割机床的穿丝系统简介

慢走丝切割机床的电极丝在加工中是单向运动(即电极丝是一次性使用)的。在走丝过程中，电极丝由贮丝筒出丝，由电极丝输送轮收丝。慢走丝系统一般由以下几部分组成：贮丝筒、导丝机构、导向器、张紧轮、压紧轮、圆柱滚轮、断丝检测器、电极丝输送轮、其他辅助件(如毛毡、毛刷)等。

图 7-7 为日本沙迪克公司某型号线切割机床的电极丝的送丝部分结构图，其中部分部件的作用如下。

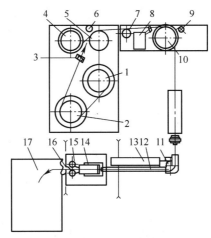

图 7-7　电极丝送丝装置

1—贮丝筒；2—圆柱滚轮；3—导向孔模块；4、10、11—滚轮；5—张紧轮；6—压紧轮；7—毛毡；8—断丝检测器；
9—毛刷；12—导丝管；13—下臂；14—接丝装置；15—电极丝输送轮；16—废丝孔模块；17—废丝箱。

2—圆柱滚轮　　可使线电极从线轴平行地输出，且使张力维持稳定

3—导向孔模块　可使电极丝在张紧轮上正确地进行导向

5—张紧轮　　　在电极丝上施加必要的张力

6—压紧轮　　　防止电极丝张力变动的辅助轮

7—毛毡　　　　去除附着在电极丝上的渣滓

8—断丝检测器　　检查电极丝送进是否正常,若不正常送进,则发出报警信号,提醒发生电极丝断丝等故障

9—毛刷　　　　　防止电极丝断丝时从轮子上脱出

图 7-8 为北京阿奇慢走丝线切割机床的电极丝送丝示意及装置图。

从总体来说,慢走丝线切割机床技术含量高,结构复杂,具体结构可以参考相关企业慢走丝线切割机床的说明书。

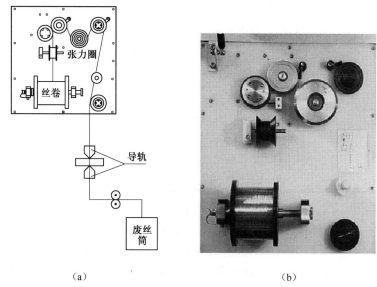

（a）　　　　　　　　　　　　　　　　（b）

图 7-8　电极丝送丝示意及装置图

(a)电极丝送丝示意图;(b)电极丝送丝装置图。

（三）穿丝孔

1. 穿丝孔的作用

在线切割加工中,穿丝孔的主要作用如下。

（1）对于切割凹模或带孔的工件,为了不损坏工件必须先有一个孔用来将电极丝穿进去,然后才能进行加工。

（2）减小凹模或工件在线切割加工中的变形。由于在线切割中工件坯料的内应力会失去平衡而产生变形,影响加工精度,严重时切缝甚至会夹住、拉断电极丝。综合考虑内应力导致的变形等因素,可以看出,图 7-9 中的图(c)最好,图(a)其次。在图(b)、(d)中,零件与坯料工件的主要连接部位被过早地割离,余下的材料被夹持部分少,工件刚性大大降低,容易产生变形,从而影响加工精度。

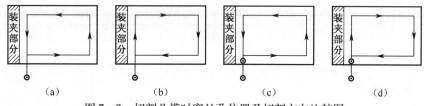

（a）　　　　　　（b）　　　　　　（c）　　　　　　（d）

图 7-9　切割凸模时穿丝孔位置及切割方向比较图

2. 穿丝孔的注意事项

（1）穿丝孔的加工。穿丝孔的加工方法取决于现场的设备。在生产中穿丝孔常常用钻头

直接钻出来,对于材料硬度较高或较厚的工件,则需要采用高速电火花加工等方法来打孔。

(2)穿丝孔位置和直径的选择。穿丝孔的位置与加工零件轮廓的最小距离和工件的厚度有关,工件越厚,则最小距离越大,一般不小于3mm。在实际中穿丝孔有可能打歪(图7-10(a)),若穿丝孔与欲加工零件图形的最小距离过小,则可能导致工件报废;若穿丝孔与欲加工零件图形的位置过大(图7-10(b)),则会增加切割行程。图7-10中,虚线为加工轨迹,圆形小孔为穿丝孔。

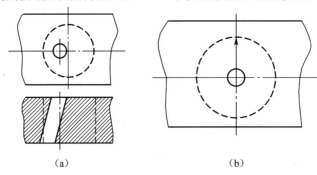

图7-10 穿丝孔的大小与位置

(a)穿丝孔与加工轨迹太近;(b)穿丝孔与加工轨迹较远。

穿丝孔的直径不宜过小或过大,否则加工较困难。若由于零件轨迹等方面的原因导致穿丝孔的直径必须很小,则在打穿丝孔时要小心,尽量避免打歪或尽可能减少穿丝孔的深度。如图7-11所示,图(a)直接用打孔机打孔,操作较困难;图(b)是在不影响使用的情况下,考虑将底部先铣削出一个较大的底孔来减小穿丝孔的深度,从而降低打孔的难度。在加工塑料模的顶杆孔等零件时常常使用这种方法。

穿丝孔加工完成后,一定要注意清理里面的毛刺,以避免加工中产生短路而导致加工不能正常进行。

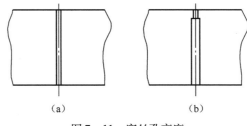

图7-11 穿丝孔高度

■项目实施

完成本项目需要掌握电极丝的定位和轨迹跳步的操作技巧。因此完成本项目的过程为:工艺分析、工件钻穿丝孔、工件装夹校正、零件图形绘制(或程序读入)、生成加工路径、设置加工参数、生成加工程序、加工等。

(一)加工准备

1. 工艺分析

1)加工轮廓位置确定

为了切割该类凹模零件,必须在工件上钻穿丝孔。分析确定线切割加工轮廓在毛坯上的位置,如图 7-12 虚线所示。穿丝孔分别为 A,C。由于加工的圆孔和方孔较小,可以直接将穿丝孔位置放置在切割的圆孔的圆心和方孔中心。穿丝孔中心到起割点的距离分别为 2.5mm 和 5mm。

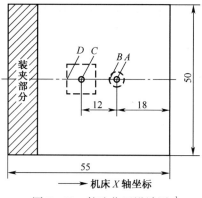

图 7-12 轨迹位置设计图

2) 绘图、参数设定和轨迹生成

(1) 绘制圆和方孔:圆心坐标 $(0,0)$,直径为 5mm;方孔的中心距圆心 12mm,边长为 10mm。

(2) 补偿量设置:采用半径 0.09mm 的电极丝,通常单边放电间隙为 0.01mm,因此补偿量为 0.1mm;由于加工的圆孔和方孔均为封闭内轮廓,因此补偿方向向内。

(3) 穿丝点、起割点(引入引出线)设置:编程时首先切割直径 5mm 的圆孔,输入穿丝孔 A 的坐标 $(0,0)$,起割点坐标为 $B(-5,0)$,切割方向为顺时针(对于本项目可以任意选择切割方向,对加工质量无本质影响),从而确定第一个加工圆孔的轨迹;再选择加工边长为 10mm 的方孔,输入穿丝孔 C 的坐标 $(-12,0)$,输入起割点 D 的坐标 $(-17,0)$,切割方向也为顺时针。结果如图 7-13(a) 所示。

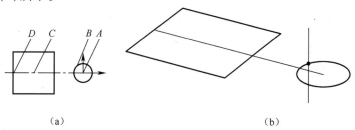

(a)   (b)

图 7-13 图形及跳步轨迹
(a)图形;(b)跳步轨迹。

2. 工件准备

(1) 按照图 7-12 穿丝孔的位置设计图在坯料上划线,确定穿丝孔 A,C 点位置,然后用钻床或电火花打孔机打孔。打孔后应认真清理干净孔内的毛刺,避免加工时电极丝与毛刺接触短路从而造成加工困难。确定穿丝孔的加工方案时,在热处理前用钻床加工,也可在热处理后用电火花高速穿孔机床加工(参考项目四)。

(2) 本项目用高速走丝机床在毛坯上切割圆孔和方孔,装夹时采用悬臂支撑装夹的方式即可。但需对工作台横梁边 X 方向采用百分表校正,参见图 6-20。装夹时应根据设计图 7-12 来进行装夹,不要将毛坯长为 55mm 的边与机床 Y 轴平行(如果 55mm 的边与机床 Y 轴平行,编程时穿丝孔及起割点的坐标 X、Y 应该互换)。

3. 程序编制

（1）跳步轨迹的生成。跳步轨迹生成时要特别注意 HF 系统和 AutoCut 系统确定先后加工轨迹的区别。对于 HF 系统是先绘制引入引出线的轨迹先加工；对于 AutoCut 系统则是发送加工单时先选择的轨迹先加工。跳步轨迹如图 7－13（b）所示。

（2）按照项目五和六的机床说明在指导教师的帮助下生成数控 3B（学生可自行生成 G 代码）程序，具体如下。

```
Start Point  =     0.00000,       0.00000    ;      //定义程序起点（圆孔程序起点）
N  1：B  2400 B      0 B   2400 GX  L3 ;
N  2：B  2400 B      0 B   4800 GY  SR2 ;
N  3：B  2400 B      0 B   4800 GY  SR4 ;
N  4：B  2400 B      0 B   2400 GX  L1 ;
N  5：M00                                           //暂停，直径为 5mm 的圆孔加工完毕，解开电极丝
N  6：B 12000 B      0 B  12000 GX  L3 ;            //移动到方孔程序起点位置
N  7：M00                                           //暂停，方孔的穿丝点位置已到，在当前位置穿丝
N  8：B  4900 B      0 B   4900 GX  L3 ;
N  9：B     0 B   4900 B   4900 GY  L2 ;
N 10：B  9800 B      0 B   9800 GX  L1 ;
N 11：B     0 B   9800 B   9800 GY  L4 ;
N 12：B  9800 B      0 B   9800 GX  L3 ;
N 13：B     0 B   4900 B   4900 GY  L2 ;
N 14：B  4900 B      0 B   4900 GX  L1 ;
N 15：M02
```

4. 电极丝准备

（1）电极丝上丝。按照前文电极丝的上丝方法进行上丝。

（2）电极丝的穿丝、定位。移动工作台，目测将工件穿丝孔 A 移到电极丝穿丝位置，穿丝；再参考项目六中电极丝的精确定位的第二种方法将电极丝精确定位到穿丝点位置。想一想用第一种方法应如何操作。

（二）加工

启动机床加工。加工前应注意安全，加工后注意关闭电源，打扫卫生，保养机床。取下工件，测量相关尺寸，并与理论值相比较。若尺寸相差较大，试分析原因。

■ 知识链接

（一）线切割加工工艺指标

电火花线切割加工与电火花成形加工一样，都是依靠火花放电产生的热来蚀除金属，所以有较多共同的工艺规律，如增大峰值电流能提高加工速度等。但由于线切割加工与电火花成形加工的工艺条件及加工方式不尽相同，因此，它们之间的加工工艺过程以及影响工艺指标的因素也存在着较大差异。

和电火花成形加工一样,线切割加工的主要工艺指标有切割速度、加工精度、表面粗糙度等主要指标。

1. 切割速度

线切割加工中的切割速度是指在保证一定的表面粗糙度的切割过程中,单位时间内电极丝中心线在工件上切过的面积的总和,单位为 mm^2/min。最高切割速度是指在不计切割方向和表面粗糙度等条件下,所能达到的最大切割速度。通常快走丝线切割加工的切割速度为 $50mm^2/min \sim 100mm^2/min$,而低速走丝切割速度为 $100mm^2/min \sim 150mm^2/min$,它与加工电流大小有关,为了在不同脉冲电源、不同加工电流下比较切割效果,将每安培电流的切割速度称为切割效率,一般切割效率为 $20mm^2/(min \cdot A)$。

2. 加工精度

加工精度是指所加工工件的尺寸精度、形状精度和位置精度的总称。加工精度是一项综合指标,它包括切割轨迹的控制精度、机械传动精度、工件装夹定位精度以及脉冲电源参数的波动、电极丝的直径误差、损耗与抖动、工作液脏污程度的变化、加工操作者的熟练程度等对加工精度的影响。高速走丝线切割加工的可控加工精度在 $0.01mm \sim 0.02mm$ 之间,低速走丝线切割加工精度可达 $0.005mm \sim 0.001mm$。

3. 表面粗糙度

在我国和欧洲表面粗糙度常用轮廓算术平均偏差 $Ra(\mu m)$ 来表示,在日本常用 $Rmax$ 来表示。高速走丝线切割加工的表面粗糙度 Ra 一般为 $5\mu m \sim 2.5\mu m$,最佳也只有 $1\mu m$ 左右。低速走丝线切割加工的表面粗糙度 Ra 一般为 $1.25\mu m$,最佳可达 $0.1\mu m$。

4. 电极丝损耗量

对快走丝机床,电极丝损耗量用电极丝在切割 $10000mm^2$ 面积后电极丝直径的减少量来表示,一般减小量不应大于 $0.01mm$。对慢走丝机床,由于电极丝是一次性的,故电极丝损耗量可忽略不计。

(二) 电参数对工艺指标的影响

1. 放电峰值电流 $\hat{i}_e$

放电峰值电流 $\hat{i}_e$ 增大,单个脉冲能量 W_M 增多,工件放电痕迹增大,故切割速度迅速提高,表面粗糙度数值增大,电极丝损耗增大,加工精度有所下降。因此第一次切割加工及加工较厚工件时取较大的放电峰值电流。

放电峰值电流不能无限制增大,当其达到一定临界值后,若再继续增大峰值电流,则加工的稳定性变差,加工速度明显下降,甚至断丝。

一般取峰值电流 $\hat{i}_e$ 小于40A,平均电流小于5A。低速走丝线切割加工时,因脉宽很窄,小于 $1\mu s$,电极丝又较粗,故 $\hat{i}_e$ 有时大于100A,甚至500A。

2. 脉冲宽度 t_i

在其他条件不变的情况下,增大脉冲宽度 t_i,线切割加工的速度提高,表面粗糙度变差。这是因为当脉冲宽度增加时,单个脉冲放电能量增大,放电痕迹会变大。同时,随着脉冲宽度的增加,电极丝损耗也变大。因为脉冲宽度增加,正离子对电极丝的轰击加强,结果使得接负极的电极丝损耗变大。

当脉冲宽度 t_i 增大到一定临界值后,线切割加工速度将随脉冲宽度的增大而明显减小。因为当脉冲宽度 t_i 达到一定临界值后,加工稳定性变差,从而影响了加工速度。

3. 脉冲间隔 t_o

在其他条件不变的情况下,减小脉冲间隔 t_o,脉冲频率将提高,使得单位时间内放电次数增多,平均电流增大,从而提高了切割速度。

脉冲间隔 t_o 在电火花加工中的主要作用是消电离和恢复液体介质的绝缘状态。脉冲间隔 t_o 不能过小,否则会影响电蚀产物的排出和火花通道的消电离,导致加工稳定性变差和加工速度降低,甚至断丝。当然,也不是说脉冲间隔 t_o 越大,加工就越稳定。脉冲间隔过大会使加工速度明显降低,严重时不能连续进给,加工变得不稳定。

在电火花成形加工中,脉冲间隔的变化对加工表面粗糙度影响不大。在线切割加工中,在其余参数不变的情况下,脉冲间隔减小,线切割工件的表面粗糙度数值稍有增大。这是因为一般电火花线切割加工用的电极丝直径都在 0.25mm 以下,放电面积很小,脉冲间隔的减小导致平均加工电流增大,由于面积效应的作用,致使加工表面粗糙度值增大。

脉冲间隔的合理选取,与电参数、走丝速度、电极丝直径、工件材料及厚度有很大关系。因此,在选取脉冲间隔时必须根据具体情况而定。当走丝速度较快、电极丝直径较大、工件较薄时,因排屑条件好,可以适当缩短脉冲间隔时间。反之,则应适当增大脉冲间隔。

4. 开路电压 $\hat{u}_i$

开路电压 $\hat{u}_i$ 改变会引起放电峰值电流和放电加工间隙的改变。$\hat{u}_i$ 提高,加工间隙增大,排屑变易,可以提高切割速度和加工过程的稳定性。但易造成电极丝振动,通常 $\hat{u}_i$ 的提高会增加电源中限流电阻的发热损耗,还会使丝损加大。

5. 放电波形

在相同的工艺条件下,高频分组脉冲常常能获得较好的加工效果。电流波形的前沿上升比较缓慢时,电极丝损耗较少。不过当脉宽很窄时,必须要有陡的前沿才能进行有效的加工。

6. 极性

线切割加工因脉宽较窄,所以都用正极性加工,否则切割速度变低且电极丝损耗增大。

综上所述,电参数对电火花线切割加工的工艺指标的影响有如下规律。

(1) 加工速度随着加工峰值电流、脉冲宽度的增大和脉冲间隔的减小而提高,即加工速度随着加工平均电流的增加而提高。实验证明,增大峰值电流对切割速度的影响比用增大脉宽的办法显著。

(2) 加工表面粗糙度数值随着加工峰值电流、脉冲宽度的增大及脉冲间隔的减小而增大,不过脉冲间隔对表面粗糙度影响较小。

实践表明,在加工中改变电参数对工艺指标影响很大,必须根据具体的加工对象和要求,综合考虑各因素及其相互影响关系,选取合适的电参数,既优先满足主要加工要求,又同时注意提高各项加工指标。例如,加工精密小零件时,精度和表面粗糙度是主要指标,加工速度是次要指标,这时选择电参数主要满足尺寸精度高、表面粗糙度好的要求。又如加工中、大型零件时,对尺寸的精度和表面粗糙度要求低一些,故可选较大的加工峰值电流、脉冲宽度,尽量获得较高的加工速度。此外,不管加工对象和要求如何,还需选择适当的脉冲间隔,以保证加工稳定进行,提高脉冲利用率。因此选择电参数值是相当重要的,只有客观地运用它们的最佳组合,才能够获得良好的加工效果。

(三) 非电参数对工艺指标的影响

1. 电极丝的材料对工艺指标的影响

目前电火花线切割加工使用的电极丝材料有钼丝、钨丝、钨钼合金丝、黄铜丝、铜钨丝等。采用钨丝加工时,可获得较高的加工速度,但放电后丝质易变脆,容易断丝,故应用较少,只在慢走丝弱规准加工中尚有使用。钼丝比钨丝熔点低,抗拉强度低,但韧性好,在频繁的急热急冷变化过程中,丝质不易变脆、不易断丝。钨钼丝(钨、钼各占50%的合金)加工效果比前两种都好,它具有钨、钼两者的特性,使用寿命和加工速度都比钼丝高。铜钨丝有较好的加工效果,但抗拉强度差些,价格比较昂贵,来源较少,故应用较少。采用黄铜丝做电极丝时,加工速度较高,加工稳定性好,但抗拉强度差,损耗大。

目前,快走丝线切割加工中广泛使用钼丝作为电极丝,慢走丝线切割加工中广泛使用直径为0.1mm以上的黄铜丝作为电极丝。

2. 电极丝的直径对工艺指标的影响

电极丝的直径是根据加工要求和工艺条件选取的。在加工要求允许的情况下,可选用直径大些的电极丝。直径大,抗拉强度大,承受电流大,可采用较强的电规准进行加工,能够提高输出的脉冲能量,提高加工速度。同时,电极丝粗,切缝宽,放电产物排除条件好,加工过程稳定,能提高脉冲利用率和加工速度。若电极丝过粗,则难以加工出内尖角工件,降低了加工精度,同时切缝过宽使材料的蚀除量变大,加工速度也有所降低;若电极丝直径过小,则抗拉强度低,易断丝,而且切缝较窄,放电产物排除条件差,加工经常出现不稳定现象,导致加工速度降低。细电极丝的优点是可以得到较小半径的内尖角,加工精度能相应提高。表7-1所列是常见的几种直径的钼丝的最小拉断力。快走丝一般采用0.10mm～0.25mm的钼丝。

表7-1 几种直径的钼丝的最小拉断力

丝径/mm	最小拉断力/N	丝径/mm	最小拉断力/N
0.06	2～3	0.15	14～16
0.08	3～4	0.18	18～20
0.10	7～8	0.22	22～25
0.13	12～13		

3. 走丝速度对工艺指标的影响

对于快走丝线切割机床,在一定范围内,随着走丝速度(简称丝速)的提高,有利于脉冲结束时放电通道迅速消电离。同时,高速运动的电极丝能把工作液带入厚度较大工件的放电间隙中,有利于排屑和放电加工稳定进行。故在一定加工条件下,随着丝速的增大,加工速度提高。图7-14为快走丝线切割机床走丝速度与切割速度关系的实验曲线。实验证明:当走丝速度由1.4m/s上升到7m/s～9m/s时,走丝速度对切割速度的影响非常明显。若再继续增大走丝速度,切割速度不仅不增大,反而开始下降,这是因为丝速再增大,排屑条件虽然仍在改善,蚀除作用基本不变,但是贮丝筒一次排丝的运转时间减少,使其在一定时间内的正反向换向次数增多,非加工时间增多,从而使加工速度降低。

对应最大加工速度的最佳走丝速度与工艺条件、加工对象有关,特别是与工件材料的厚度有很大关系。当其他工艺条件相同时,工件材料厚一些,对应于最大加工速度的走丝速度就高些,即图7-14中的曲线将随工件厚度增加而向右移。

在国产的快走丝机床中,有相当一部分机床的走丝速度可调节,可根据不同的加工工件厚度选用最佳的加工速度(表7-2)。

表7-2 丝速选择范围表

丝速(m/s)	3	6	9	12
适合加工厚度/mm	适用于上丝或多次切割	<40	<150	>150

对慢走丝线切割机床来说,同样也是走丝速度越快,加工速度越快。因为慢走丝机床的电极丝的线速度范围为每秒零点几毫米到几百毫米。这种走丝方式是比较平稳均匀的,电极丝抖动小,故加工出的零件表面粗糙度好,加工精度高;但丝速慢导致放电产物不能及时被带出放电间隙,易造成短路及不稳定放电现象。提高电极丝走丝速度,工作液容易被带入放电间隙,放电产物也容易排出间隙之外,故改善了间隙状态,进而可提高加工速度。但在一定的工艺条件下,当丝速达到某一值后,加工速度就趋向稳定(图 7-15)。

慢走丝线切割机床的最佳走丝速度与加工对象、电极丝材料、直径等有关。目前慢走丝机床的操作说明书中都会推荐相应的走丝速度值,可以根据推荐进行选择。

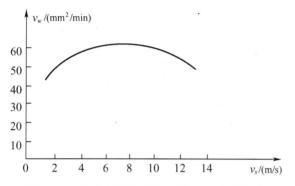

图 7-14　快速走丝方式丝速对加工速度的影响　　　图 7-15　慢速走丝方式丝速对加工速度的影响

4. 电极丝往复运动对工艺指标的影响

快走丝线切割加工时,加工工件表面往往会出现黑白交错相间的条纹(图 7-16),电极丝进口处呈黑色,出口处呈白色。条纹的出现与电极丝的运动有关,这是排屑和冷却条件不同造成的。电极丝从上向下运动时,工作液由电极丝从上部带入工件内,放电产物由电极丝从下部带出。这时上部工作液充分,冷却条件好;下部工作液少,冷却条件差,但排屑条件比上部好。工作液在放电间隙里受高温热裂分解,形成高压气体,急剧向外扩散,对上部蚀除物的排除造成困难。

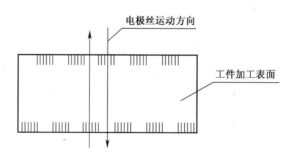

图 7-16　与电极丝运动方向有关的条纹

这时,放电产生的碳黑等物质将凝聚附着在上部加工表面上,使之呈黑色;在下部,排屑条件好,工作液少,放电产物中碳黑较少,而且放电常常是在气体中发生的,因此加工表面呈白色。同理,当电极丝从下向上运动时,下部呈黑色,上部呈白色。这样,经过电火花线切割加工的表面,就形成黑白交错相间的条纹。这是往复走丝工艺的特性之一。

由于加工表面两端出现黑白交错相间的条纹,使工件加工表面两端的粗糙度比中部稍有下降。当电极丝较短,贮丝筒换向周期较短或者切割较厚工件时,如果进给速度和脉冲间隔调整不当,尽管加工结果看上去似乎没有条纹,实际上条纹很密而互相重叠。

电极丝往复运动还会造成斜度。电极丝上下运动时,电极丝进口处与出口处的切缝宽窄不同(图7-17)。宽口是电极丝的入口处,窄口是电极丝的出口处。故当电极丝往复运动时,在同一切割表面中电极丝进口与出口的高低不同。这对加工精度和表面粗糙度是有影响的。图7-18是切缝剖面示意图。由图可知,电极丝的切缝不是直壁缝,而是两端小、中间大的鼓形缝。这也是往复走丝工艺的特性之一。

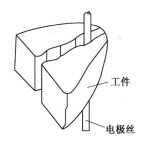
图7-17 电极丝运动引起的斜度

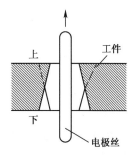
图7-18 切缝剖面示意图

对于慢走丝线切割加工,上述不利于加工表面粗糙度的因素可以克服。一般慢速走丝线切割加工无需换向,加之便于维持放电间隙中的工作液和蚀除产物的大致均匀,所以可以避免黑白相间的条纹。同时,由于慢走丝系统电极丝运动速度低,走丝运动稳定,因此不易产生较大的机械振动,从而避免了加工面的波纹。

5. 电极丝张力对工艺指标的影响

电极丝张力对工艺指标的影响如图7-19所示。由图可知,在起始阶段电极丝的张力越大,则切割速度越快,这是由于张力大时,电极丝的振幅变小,切缝宽度变窄,进给速度加快。

若电极丝的张力过小,一方面电极丝抖动厉害,会频繁造成短路,以致加工不稳定,加工精度不高;另一方面,电极丝过松使电极丝在加工过程中受放电压力作用而产生的弯曲变形严重,结果电极丝切割轨迹落后并偏移工件轮廓,即出现加工滞后现象,从而造成形状和尺寸误差,如切割较厚的圆柱时会出现腰鼓形状,严重时电极丝在快速运转过程中会跳出导轮槽,从而造成断丝等故障;但如果过分将张力增大,切割速度不仅不继续上升,反而容易断丝。电极丝断丝的机械原因主要是由于电极丝本身受抗拉强度的限制。因此,在多次线切割加工中,往往粗加工时电极丝的张力稍微调小,以保证不断丝,在精加工时稍微调大,以减小电极丝抖动的幅度来提高加工精度。

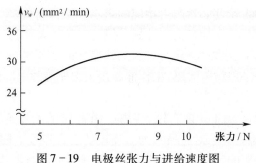
图7-19 电极丝张力与进给速度图

在慢走丝加工中,设备操作说明书一般都有详细的张紧力设置说明,初学者可以按照说明书去设置,有经验者可以自行设定。如对多次切割,可以在第一次切割时稍微减小张紧力,以避免断丝。在快走丝加工中,部分机床有自动紧丝装置,操作者完全可以按相关说明书进行操作;另一部分需要手动紧丝,这种操作需要实践经验,一般在开始上丝时紧3次,在随后的加工中根据具体情况具体分析。

6. 工件材料及厚度对工艺指标的影响

1)工件材料对工艺指标的影响

工艺条件大体相同的情况下,工件材料的化学、物理性能不同,加工效果也将会有较大差异。

在慢速走丝方式、煤油介质情况下,加工铜件过程稳定,加工速度较快。加工硬质合金等高熔点、高硬度、高脆性材料时,加工稳定性及加工速度都比加工铜件低。加工钢件,特别是不锈钢、磁钢和未淬火或淬火硬度低的钢等材料时,加工稳定性差,加工速度低,表面粗糙度也差。

在快速走丝方式、乳化液介质的情况下,加工铜件、铝件时,加工过程稳定,加工速度快。加工不锈钢、磁钢、未淬火或淬火硬度低的高碳钢时,加工稳定性差些,加工速度也低,表面粗糙度也差。加工硬质合金钢时,加工比较稳定,加工速度低,但表面粗糙度好。

材料不同,加工效果不同,这是因为工件材料不同,脉冲放电能量在两极上的分配、传导和转换都不同。从热学观点来看,材料的电火花加工性与其熔点、沸点有很大关系。表7-3为常用工件材料的有关元素或物质的熔点和沸点。

表7-3 常用工件材料的有关元素或物质的熔点和沸点

项目 \ 材料	碳(石墨)C	钨 W	碳化钛 TiC	碳化钨 WC	钼 Mo	铬 Cr	钛 Ti	铁 Fe	钴 Co	硅 Si	锰 Mn	铜 Cu	铝 Al
熔点℃	3700	3410	3150	2720	2625	1890	1820	1540	1495	1430	1250	1083	660
沸点℃	4830	5930	—	6000	4800	2500	3000	2740	2900	2300	2130	2600	2060

由表可知,常用的电极丝材料钼的熔点为2625℃,沸点为4800℃,比铁、硅、锰、铬、铜、铝的熔点和沸点都高,而比碳化钨、碳化钛等硬质合金基体材料的熔点和沸点低。在单个脉冲放电能量相同的情况下,用铜丝加工硬质合金比加工钢产生的放电痕迹小,加工速度低,表面粗糙度好,同时电极丝损耗大,间隙状态恶化时则易引起断丝。

2)工件厚度对工艺指标的影响

工件厚度对工作液进入和流出加工区域以及电蚀产物的排除、通道的消电离等都有较大的影响。同时,电火花通道压力对电极丝抖动的抑制作用也与工件厚度有关。这样,工件厚度对电火花加工稳定性和加工速度必然产生相应的影响。工件材料薄,工作液容易进入和充满放电间隙,对排屑和消电离有利,加工稳定性好。但是工件若太薄,对固定丝架来说,电极丝从工件两端面到导轮的距离大,易发生抖动,对加工精度和表面粗糙度带来不良影响,且脉冲利用率低,切割速度下降;若工件材料太厚,工作液难进入和充满放电间隙,这样对排屑和消电离不利,加工稳定性差。

工件材料的厚度大小对加工速度有较大影响。在一定的工艺条件下,加工速度将随工件厚度的变化而变化,一般都有一个对应最大加工速度的工件厚度。图7-20所示为慢速走丝时工件厚度对加工速度的影响。图7-21所示为快速走丝时工件厚度对加工速度的影响。

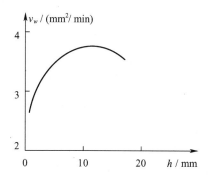

图7-20 慢速走丝时工件厚度对加工速度的影响

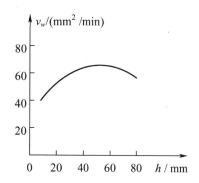

图7-21 快速走丝时工件厚度对加工速度的影响

7. 进给速度对工艺指标的影响

1）进给速度对加工速度的影响

在线切割加工时，工件不断被蚀除，即有一个蚀除速度；另一方面，为了电火花放电正常进行，电极丝必须向前进给，即有一个进给速度。在正常加工中，蚀除速度大致等于进给速度，从而使放电间隙维持在一个正常的范围内，使线切割加工能连续进行下去。

蚀除速度与机器的性能、工件的材料、电参数、非电参数等有关，但一旦对某一工件进行加工时，它就可以看成是一个常量；在国产的快走丝机床中，有很多机床的进给速度需要人工调节，它又是一个随时可变的可调节参数。

正常的电火花线切割加工就要保证进给速度与蚀除速度大致相等，使进给均匀平稳。若进给速度过高（过跟踪），即电极丝的进给速度明显超过蚀除速度，则放电间隙会越来越小，以致产生短路。当出现短路时，电极丝马上会产生短路而快速回退。当回退到一定的距离时，电极丝又以大于蚀除速度的速度向前进给，又开始产生短路、回退。这样频繁的短路现象，一方面造成加工的不稳定，另一方面造成断丝；若进给速度太慢（欠跟踪），即电极丝的进给速度明显落后于工件的蚀除速度，则电极丝与工件之间的距离越来越大，造成开路。这样出现工件蚀除过程暂时停顿，整个加工速度自然会大大降低。由此可见，在线切割加工中调节进给速度虽然本身并不具有提高加工速度的能力，但它能保证加工的稳定性。

下面以深圳福斯特数控机床有限公司的某型号线切割机床来说明如何调节到最佳进给速度。

（1）最佳进给速度应是短路电流的80%左右，这一规律可用于判断进给速度调整是否合适。

（2）可通过加工电流表指针的摇动情况来进行判断，正常加工时电流表指针基本不动。若经常向下摆动，则说明是欠跟踪，这时应将跟踪调快；若经常向上摆动，则说明是过跟踪，这时应将跟踪调慢；若指针来回较大幅度摇摆，则说明加工不稳定，这时应判明原因，做好参数调节（如调整脉冲宽度、脉冲间隔、峰值电流、工作液流量等）再加工，否则易断丝。

（3）可以通过示波器观察加工中的脉冲波形来判别（图7-22）。在正常条件下，应该是加工波最浓，空载波和短路波基本一致，波形稳定。如出现波形在空载波和短路波之间来回跳动，则说明加工不稳定，这时需要调节常用的电参数和非电参数。

（4）深圳福斯特数控机床有限公司生产的立柜式控制系统，用加工界面左下角的波形取样窗观察波形（图7-23），以此作为进给速度调节的依据。

需要指出的是，并不是每台机床都需要在加工中人工调节进给速度。慢走丝机床、部分快走丝机床都没有在控制面板中设置这种类型的按钮。

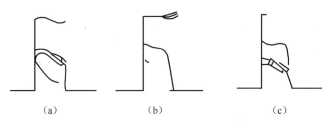

图 7-22 采用示波器观察

(a)稳定切割;(b)欠跟踪需加快;(c)过跟踪需减慢。

 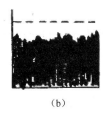 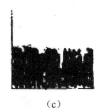 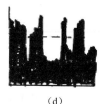

| (a) | (b) | (c) | (d) |

图 7-23 采用立柜控制界面取样波形

(a)正常加工;(b)欠跟踪需加快;(c)过跟踪要减慢;(d)加工不稳需调整电参数。

2)进给速度对工件表面质量的影响

进给速度调节不当,不但会造成频繁的短路、开路,而且还影响加工工件的表面粗糙度,致使出现不稳定条纹,或者出现表面烧蚀现象。分下列几种情况讨论。

(1)进给速度过高。这时工件蚀除的线速度低于进给速度,会频繁出现短路,造成加工不稳定,平均加工速度降低,加工表面发焦,呈褐色,工件的上下端面均有过烧现象。

(2)进给速度过低。这时工件蚀除的线速度大于进给速度,经常出现开路现象,导致加工不能连续进行,加工表面亦发焦,呈淡褐色,工件的上下端面也有过烧现象。

(3)进给速度稍低。这时工件蚀除的线速度略高于进给速度,加工表面较粗、较白,两端面有黑白相间的条纹。

(4)进给速度适宜。这时工件蚀除的线速度与进给速度相匹配,加工表面细而亮,丝纹均匀。因此,在这种情况下,能得到表面粗糙度好、精度高的加工效果。

8. 工作液对工艺指标的影响

在相同的工作条件下,采用不同的工作液可以得到不同的加工速度、表面粗糙度。电火花线切割加工的切割速度与工作液的介电系数、流动性、洗涤性等有关。快走丝线切割机床的工作液有煤油、去离子水、乳化液、洗涤剂液、酒精溶液等。但由于煤油、酒精溶液加工时加工速度低,易燃烧,现已很少采用。目前,快走丝线切割工作液广泛采用的是乳化液,其加工速度快。慢走丝线切割机床采用的工作液是去离子水和煤油。

工作液的注入方式和注入方向对线切割加工精度有较大影响。工作液的注入方式有浸泡式、喷入式和浸泡喷入复合式。在浸泡式注入方法中,线切割加工区域流动性差,加工不稳定,放电间隙大小不均匀,很难获得理想的加工精度;喷入式注入方式是目前国产快走丝线切割机床应用最广的一种,因为工作液以喷入这种方式强迫注入工作区域,其间隙的工作液流动更快,加工较稳定。但是,由于工作液喷入时难免带进一些空气,故不时发生气体介质放电,其蚀除特性与液体介质放电不同,从而影响了加工精度。浸泡式和喷入式比较,喷入式的优点明显,所以大多数快走丝线切割机床采用这种方式。在精密电火花线切割加工中,慢走丝线切割加工普遍采用浸泡喷入复合式的工作液注入方式,它既体现了喷入式的优点,同时又避免了喷入时带入空气的隐患。工作液的喷入方向分单向和双向两种。无论采用哪种喷入方向,在电火花线切割加工中,因切缝狭小、放电区域介质液体的介电系数不均匀,所以放电间隙也不均匀,并且导致加工面不平、加工精度不高。

若采用单向喷入工作液,入口部分工作液纯净,出口处工作液杂质较多,这样会造成加工斜度(图7-24(a));若采用双向喷入工作液,则上下入口较为纯净,中间部位杂质较多,介电系数低,这样造成鼓形切割面。工件越厚,这种现象越明显。

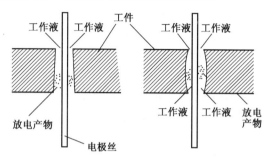

图7-24 工作液喷入方式对线切割加工精度的影响

(a)单向喷入方式;(b)双向喷入方式。

9. 火花通道压力对工艺指标的影响

在液体介质中进行脉冲放电时,产生的放电压力具有急剧爆发的性质,对放电点附近的液体、气体和蚀除物产生强大的冲击作用,使之向四周喷射,同时伴随发生光、声等效应。这种火花通道的压力对电极丝产生较大的后向推力,使电极丝发生弯曲。图7-25是放电压力使电极丝弯曲的示意图。因此,实际加工轨迹往往落后于工作台运动轨迹。例如,切割直角轨迹工件时,切割轨迹应在图中 a 点处转弯,但由于电极丝受到放电压力的作用,实际加工轨迹如图7-26中实线所示。

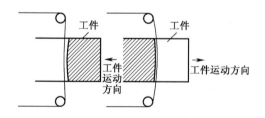

图7-25 放电压力使电极丝弯曲示意图

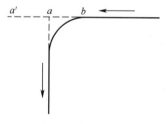

图7-26 电极丝弯曲对加工精度的影响

为了减缓因电极丝受火花通道压力而造成的滞后变形给工件造成的误差,许多机床采用了特殊的补偿措施。如图7-26中为了避免塌角,附加了一段 a—a' 段程序。当工作台的运动轨迹从 a 到 a' 再返回到 a 点时,滞后的电极丝也刚好从 b 点运动到 a 点。

思考与练习题

1. 若线切割机床的单边放电间隙为0.02mm,电极丝直径为0.18mm,则加工圆孔时的补偿量为( )。

    A. 0.10mm   B. 0.11mm   C. 0.20mm   D. 0.21mm

2. 线切割机加工直径为10mm的圆孔,若采用的补偿量为0.12mm时,实际测量孔的直径为 10.02mm。若要孔的尺寸达到 10mm,则采用的补偿量为 (   )。

    A. 0.10mm   B. 0.11mm   C. 0.12mm   D. 0.13mm

3. 下列说法中,正确的是 (   )。

    A. 在电火花加工中,常常用黄铜做精加工电极

    B. 在线切割加工中,电极丝的运丝速度对加工没有影响

    C. 在线切割加工中,任何工件加工的难易程度一样

    D. 在电火花加工中,电流对表面粗糙度的影响很大

4. 在高速走丝电火花线切割加工中,一般选用的工作液是(   )。

    A. 乳化液   B. 机油   C. 煤油   D. 去离子水

5. 电火花线切割加工一般选用(   )。

    A. 高频交流电源   B. 高频脉冲电源   C. 低频交流电源   D. 低频脉冲电源

6. 下列不易造成线切割振丝现象的加工状态是(   )。

    A 切割很厚零件   B. 切割很薄零件   C. 电极丝张力不均   D. 开路电压很高

7. 下列线切割路线中,最佳的是(   )。

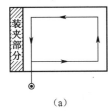 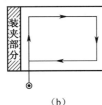 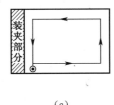 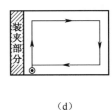

     (a)   (b)   (c)   (d)

8. 在快走丝线切割加工中,当其他工艺条件不变时,增大短路峰值电流,可以(   )。

    A 提高切割速度   B. 表面粗糙度变好   C. 减小加工间隙   D. 提高加工精度

9. 在加工时调节脉冲宽度、脉冲间隔、峰值电流,观察这些电参数对加工速度有何影响。

10. 结合项目实施的结果,分析非电参数对工艺指标的影响。

项目八 锥度零件的线切割加工

■ 项目描述

图 8-1 所示为电切削工职业技能鉴定考核的典型试题,冲压模具中的凹模、凸凹模,塑料模具中的主流道、斜顶杆的配合面、组合件的装配面等也与该零件的加工方法相似,均需要解决如何加工锥度的问题。

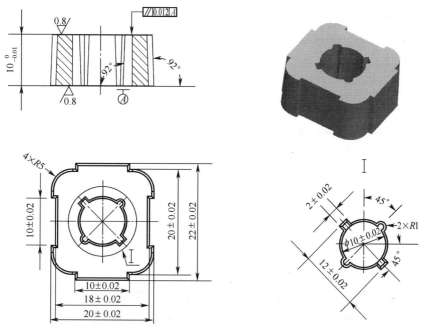

图 8-1 锥度零件

线切割机床除了大家熟悉的 X、Y 轴外,还有与 X、Y 轴平行的 U、V 两轴。线切割加工中,通过机床工作台 X、Y 和 U、V 这 4 轴的运动带动电极丝运动可以切割各种形状。如电极丝倾斜一个角度切割,通常称为锥度切割;U、V 轴与 X、Y 轴的运动轨迹形状不同,则称为上下异形切割,如图 8-2 所示。

图 8-2 上下异形工件

本项目需要在熟练掌握工件装夹、定位和电极丝穿丝、定位的基础上,掌握锥度切割的理论,按照零件图在 HF 或 AutoCut 系统绘制轮廓图、生产加工的程序代码。实施项目时要重点注意:"锥度图形的位置"即基准图形在上或下表面;"正锥或倒锥"即切割的零件是上小下大,还是上大下小。

▌知识目标

1. 掌握锥度线切割基本知识。
2. 了解上下异形等其他四轴联动线切割加工基本知识。
3. 掌握多次切割理论。

▌技能目标

1. 了解慢走丝线切割机床操作面板。
2. 熟练识读线切割 ISO 程序。
3. 能熟练操作机床加工锥度零件。
4. 能处理线切割加工中的常见故障。

▌相关知识

(一) 锥度的线切割加工

1. 锥度切割装置

为了切割有落料角的冲模和某些有锥度(斜度)的内外表面,有些线切割机床具有锥度切割功能。实现锥度切割的方法有多种,下面仅介绍两种。

1) 偏移式丝架

主要用在高速走丝线切割机床上实现锥度切割,其工作原理如图 8-3 所示。

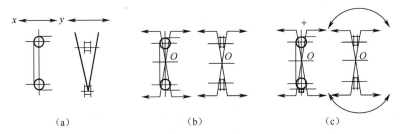

图 8-3　偏移式丝架实现锥度加工的方法

(a)上(下)丝臂平动法;(b)上、下丝臂同时绕一定中心移动法;(c)上、下丝臂分别沿导轮径向平动和轴向摆动法。

图 8-3(a)为上(或下)丝臂平动法,上(或下)丝臂沿 X、Y 方向平移,此法锥度不宜过大,否则钼丝易拉断,导轮易磨损,工件上有一定的加工圆角。图 8-3(b)为上、下丝臂同时绕一定中心移动的方法,如果模具刃口放在中心 O 上,则加工圆角近似为电极丝半径。此法加工锥度也不宜过大。图 8-3(c)为上、下丝臂分别沿导轮径向平动和轴向摆动的方法,用此法时加工锥度不影响导轮磨损,最大切割锥度通常可达5°以上。

2）双坐标联动装置

在低速走丝线切割机床上广泛采用此类装置，它主要依靠上导向器作纵横两轴（称 U、V 轴）驱动，与工作台的 X、Y 轴在一起构成 NC（数字控制）四轴同时控制（图 8 - 4）。这种方式的自由度很大，依靠功能丰富的软件，可以实现上下异形截面形状的加工。最大的倾斜角度一般为±5°，有的甚至可达 30° ~ 50°（与工件厚度有关）。

在锥度加工时，保持导向间距（上、下导向器与电极丝接触点之间的直线距离）一定，是获得高精度的主要因素，为此，有的机床具有 Z 轴设置功能，并且一般采用圆孔方式的无方向性导向器。

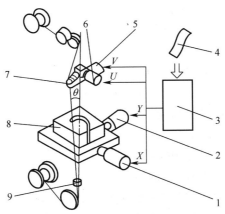

图 8 - 4　四轴联动锥度切割装置

1—X 轴驱动电动机；2—Y 轴驱动电动机；3—控制装置；4—数控纸带；5—V 轴驱动电动机；

6—U 轴驱动电动机；7—上导向器；8—工件；9—下导向器。

2. 锥度线切割加工指令 G50、G51、G52

G50 为消除锥度，G51 为锥度左偏，G52 为锥度右偏。当顺时针加工时，G51 加工出来的工件上大下小，G52 加工出来的工件上小下大；当逆时针加工时，G51 加工出来的工件上小下大，G52 加工出来的工件上大下小。

格式：G51A_

G52A_

G50

3. 锥度加工的设定

为了执行锥度加工，必须确定并输入 3 个数据：上导轮与工作台面的距离、下导轮与工作台面的距离及工件厚度。否则程序中设定了锥度加工也无法正确执行。读者可参考机床的说明书在机床的相关菜单中输入这 3 个参数。对加工面的定义：与编程尺寸一致的面称为主程序面（即最重要的尺寸所在的面），把另一个有尺寸要求的面叫副程序面。

在锥度加工中要点如下。

（1）G50、G51、G52 分别为取消锥度倾斜、电极丝左倾斜（面向平行方向）、电极丝右倾斜。

（2）A 为电极丝倾斜的角度，单位为°（度）。

（3）取消锥度倾斜（G50）、电极丝左倾斜（G51）、电极丝右倾斜（G52）只能在直线上进行，不能在圆弧上进行。

（4）为了实现锥度加工，必须在加工前设置相关参数，不同的机床需要设置的参数不同，如对沙迪克某机床需要设置以下4个参数(图8-5)。

工作台—上导丝嘴距离即从工作台到上导丝嘴为止的距离。

工作台—主程序面距离即从工作台到主程序面为止的距离,主程序面上的加工物的尺寸与程序中编制的尺寸一致,为优先保证尺寸。

工作台—副程序面距离即从工作台上面到另一个有尺寸要求的面的距离,副程序面是另一个希望有尺寸要求的面,此面的尺寸要求低于主程序面。

工作台—下导丝嘴距离即从下导丝嘴到工作台上面的距离。

在图8-5中,若以 A—B 为主程序面,C—D 为副程序面,则相关参数值为

工作台—上导丝嘴距离 = 50.000mm

工作台—主程序面距离 = 25.000mm

工作台—副程序面距离 = 30.000mm

工作台—下导丝嘴间距离 = 20.000mm

在图8-5中,若以 A—B 为主程序面,E—F 为副程序面,则相关参数值为

工作台—上导丝嘴距离 = 50.000mm

工作台—主程序面距离 = 25.000mm

工作台—副程序面距离 = 0.000mm

工作台—下导丝嘴间距离 = 20.000mm

苏三光慢走丝机床的设置参数如图8-6所示,具体含义如下。

HA—下导丝嘴与工作台面之间的距离(HA 为机床固有值,不要改变)。

HB—工作台面与编程平面之间的距离。

HC—工作台面与参考平面之间的距离。

HD—锥度加工时机床的 Z 轴坐标(该值可以在机床的主界面上读取)。

HP—上下导丝嘴之间距离减去当前 Z 轴坐标值。斜度加工时 $HP+HD$ 即为上下导丝嘴之间的距离(HP 为机床固有值,不要改变)。

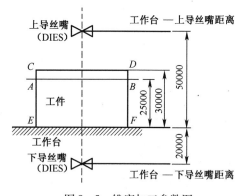

图8-5 锥度加工参数图

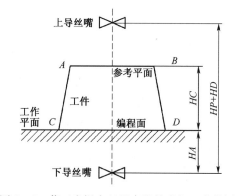

图8-6 苏三光慢走丝机床的锥度加工参数图

上述参数中 HA 和 HP 是通过"移动/测斜度"由系统自动检测获得的,当实际加工的锥度零件的尺寸与所要求的尺寸稍有差异时,可以通过调整 HA 或 HP 使加工尺寸达到要求。

以图8-6为例,通过机床主界面的"移动"菜单下的"测斜度"获得 HA 和 HP 的值为5mm和50mm,在机床的主界面读取机床坐标系中的 Z 坐标值为23mm。假设工件的厚度为40mm,若以 C—D 为编程面,A—B 为参考面,则相关参数值为

HA(下导丝嘴与工作台面之间的距离)= 5mm

HB(工作台面与编程平面之间的距离)= 0mm

HC(工作台面与参考平面之间的距离)= 40mm

HD(锥度加工时机床的 *Z* 轴坐标)= 23mm

HP(上、下导丝嘴之间距离减去当前 *Z* 轴坐标值。斜度加工时 *HP*+*HD* 即为上下导丝嘴之间的距离)= 50mm

若以 *A—B* 为编程面,*C—D* 为参考面,则相关参数值为:

HA(下导丝嘴与工作台面之间的距离)= 5mm

HB(工作台面与编程平面之间的距离)= 40mm

HC(工作台面与参考平面之间的距离)= 0mm

HD(锥度加工时机床的 *Z* 轴坐标)= 23mm

HP(上、下导丝嘴之间距离减去当前 *Z* 轴坐标值。斜度加工时 *HP*+*HD* 即为上下导丝嘴之间的距离)= 50mm

图 8-7 所示为一锥度加工平面图和立体效果图,其 ISO 程序如下。

```
G92 X-5000 Y0;
G52 A2.5 G90 G01 X0;
G01 Y4700;
G02 X300 Y5000 I300;
G01 X9700;
G02 X10000 Y4700 J-300;
G01 Y-4700;
G02 X9700 Y5000 I-300;
G01 X300;
G02 X0 Y-4700 J300;
G01 Y0;
G50 G01 X-5000;
M02;
```

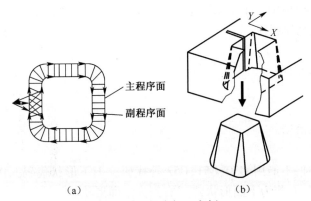

(a) (b)

图 8-7 锥度加工实例

(a)从 *Z*+轴方向看到的电极丝运动;(b)锥度加工立体图。

(二)上下异形件的线切割加工

不同品牌的机床,上下异形切割加工指令可能不同,下面分别介绍苏三光线切割机床和北京阿奇线切割机床的上下异形指令。

1）苏三光线切割机床

（1）G141。

含义：上下异形允许。

格式：G141。

（2）G140

含义：上下异形取消。

格式：G140。

举例：

```
G91 G92 X0 Y0
C004
G01 Y－6000
M00
G01 Y－200
H000
T84
C000
M98 P100 L1
M02
N100
G01 Y－1000
G141
G02 X10. Y－10. 10 J－10. : G01 X10. Y－10.
    X－10. Y－10. 1－10. : X－10. Y－10.
    X－10. Y10. 110. : X－10. Y10.
    X10. Y10. 110. : X10. Y10.
```

G140

M99

根据上述 ISO 文件：加工出的工件是一个上面为方，下面为圆的形状，如图 8－8 所示。

2）北京阿奇线切割机床

（1）G61。

含义：上下异形允许。

格式：G61。

（2）G60。

含义：上下异形取消。

格式：G60。

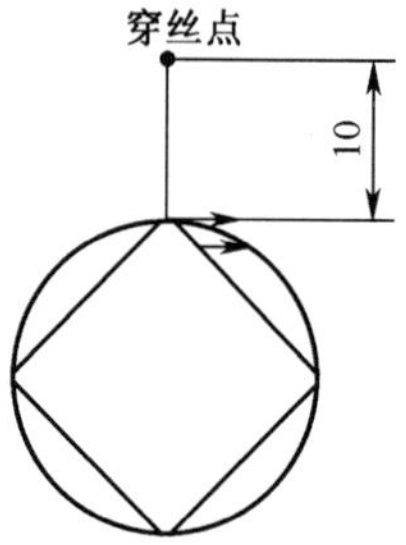

图 8－8　上下异形件

上下异形打开时，不能用 G50、G51、G52 等代码。上下形状代码的区分符为"："，"："，左侧为下面形状，"："右侧为上面形状。

举例：

```
G92  X0  Y0  U0  V0;
C010  G61;
G01  X0  Y10. : G01  X0  Y10.;
G02  X－10. Y20. J10. : G01  X－10. Y20; //下面是直径 20mm 的圆，上面是其内接正方形
X0  Y30. I 10. : X0  Y30.;
X10. Y20.  J－10. : X10. Y20.;
```

X0 Y10. I−10. ;X0 Y10. ;
G01 X0 Y0 ;G01 X0 Y0 ;
G60 ;
M02 ;

■项目实施

(一)加工准备

1. 工艺分析

(1) 内外锥切割顺序确定。该零件如果先加工外形再加工内形,必然导致加工内形时无法装夹。因此,必须先加工内锥,再加工外锥。

(2) 编程基准面的确定。由图8−1分析可知,该项目零件的内锥优先保证上表面尺寸,因此上表面为编程基准面,下表面由切割度数自然确定;外锥优先保证下表面尺寸,因此下表面为编程基准面,上表面由切割度数自然确定。由此绘制编程的平面图形,如图8−9所示。

(3) 穿丝点、起割点位置的确定。由图8−1分析可知,为了切割该零件的内锥,必须在工件上加工穿丝孔。内形的穿丝孔设为 $A(0,0)$,即引入线的起点;起割点为 $B(0,-5)$,即引入线的终点。外锥切割时无需在工件上加工穿丝孔,但为了定位和切割时支撑的需要设置引入线的起点 $C(5,-15)$,引入线的终点 $D(5,-11)$,如图8−9所示。

2. 工件准备

(1) 工件的预加工。用钻床或电火花穿孔机在坯料上打孔。打孔后应认真清理干净孔内的毛刺,避免加工时电极丝与毛刺接触短路从而造成加工困难。确定穿丝孔的加工方案时,在热处理前用钻床加工,也可在热处理后用电火花高速穿孔机床加工(参考项目四)。

(2) 工件的装夹与校正。如果工件尺寸较大可按照图6−15桥式支撑法装夹毛坯。装夹时需对工作台横梁边 X 方向采用百分表校正。如果工件尺寸较小,为了保证电极丝的定位精确,定位时电极丝能够从四周感知工件侧面,工件可用专用夹具精密直角线切割万力如图8−10来装夹,通过线切割万力再固定在机床工作台上。

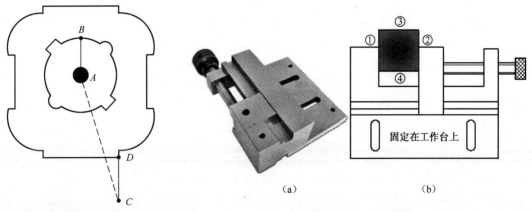

(a)   (b)

图8−9 内外锥编程基准图形及引入线   图8−10 工件装夹

3. 程序编制

绘制图8−11所示的图形并编制程序。本项目采用江南赛特数控设备有限公司的DX7732系列线切割机床,HF操作系统进行图形绘制、编程和加工。按照项目五中HF系统的

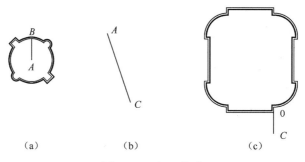

（a）　　　　　（b）　　　　　（c）

图 8 - 11　加工轨迹

（a）内轮廓图形及轨迹；（b）空走轨迹；（c）外轮廓图形及轨迹。

全绘编程知识在指导教师的帮助下生成锥度切割的 G 代码程序。

1）内锥体切割程序

内锥体切割时的加工轨迹如图 8 - 11（a）所示，加工方向为顺时针，间隙补偿量 $f=$ 0.1mm，在 HF 系统的加工界面单击"参数"按钮设置加工锥体导轮的相关参数如下。

（1）导轮类型：（机械式拉动）。

（2）导轮半径：20mm。

（3）上下导轮间距离：264mm。

（4）下导轮到工作台距离：80mm。

参数设置完成后单击"退出"按钮，并进入 HF 绘图界面，执行"后置"→"生成一般锥度加工单"→设置锥体的参数如下。

（1）基准图形的位置：基准图形在上面。

（2）正锥或倒锥：倒锥（上大下小）。

（3）锥体的单边锥度：2。

（4）锥体的厚度：10。

设置完毕后单击"加工单存盘"按钮，输入程序名称＿＿＿＿＿＿＿，单击"退出"按钮完成程序设置。相关程序如下。

```
G92 X0 Y0 Z-10.0 {Q=-2.0 x= 0.0 y= 0.0}
N0001 G01 X    0.0000 Y    4.5508   { LEAD IN }
N0002 G02 X    2.9958 Y    3.4256 I    0.0000 J    0.0000
N0003 G02 X    3.4256 Y    2.9958 I    3.5355 J    3.5355
N0004 G02 X    3.5837 Y   -2.8048 I    0.0000 J    0.0000
N0005 G01 X    4.3145 Y   -3.5355
N0006 G01 X    3.5355 Y   -4.3145
N0007 G01 X    2.8048 Y   -3.5837
N0008 G02 X   -2.9958Y   -3.4256 I    0.0000 J    0.0000
N0009 G02 X   -3.4256Y   -2.9958 I   -3.5355 J   -3.5355
N0010 G02 X   -3.5837Y    2.8048 I    0.0000 J    0.0000
N0011 G01 X   -4.3145Y    3.5355
N0012 G01 X   -3.5355Y    4.3145
N0013 G01 X   -2.8048Y    3.5837
N0014 G02 X    0.0000 Y    4.5508 I    0.0000 J    0.0000
N0015 G01 X    0.0000 Y    0.0000   { LEAD OUT }
```

```
N0016 M02                          { ENDDOWN }
N0001 G01 U    0.0000   V    4.9000   { LEAD IN }
N0002 G02 U    2.7847   V    4.0318 K     0.0000 L    0.0000
N0003 G02 U    4.0318   V    2.7847 K     3.5355 L    3.5355
N0004 G02 U    4.0423   V   -2.7695 K     0.0000 L    0.0000
N0005 G01 U    4.8083   V   -3.5355
N0006 G01 U    3.5355   V   -4.8083
N0007 G01 U    2.7695   V   -4.0423
N0008 G02 U   -2.7847   V   -4.0318 K     0.0000 L    0.0000
N0009 G02 U   -4.0318   V   -2.7847 K    -3.5355 L   -3.5355
N0010 G02 U   -4.0423   V    2.7695 K     0.0000 L    0.0000
N0011 G01 U   -4.8083   V    3.5355
N0012 G01 U   -3.5355   V    4.8083
N0013 G01 U   -2.7695   V    4.0423
N0014 G02 U    0.0000   V    4.9000K      0.0000 L    0.0000
N0015 G01 U    0.0000   V    0.0000   { LEAD OUT }
N0016 M02                          { ENDUP }
```

2）空走程序

为保证内外锥的相互位置准确,内锥切割完成后从 A 点移动到 C 点时必须位移精确(如图 8-9 中的虚线 AC)。目前较实用的方法是绘制如图 8-11(b)的斜线并生成轨迹和空走程序。其程序如下。

```
N0000 G92 X0Y0Z0 {f= 0.0 x= 0.0 y= 0.0}
N0001 G01 X    5.0000 Y   -15.0000
N0002 M02
```

3）外锥体切割程序

外锥体切割时的加工轨迹如图 8-11(c)所示,加工方向为逆时针,间隙补偿量 $f = 0.1$mm,在 HF 系统的加工界面单击"参数"按钮设置加工锥体导轮的相关参数如下。

（1）导轮类型:(机械式拉动)。

（2）导轮半径:20mm。

（3）上下导轮间距离:264mm。

（4）下导轮到工作台距离:70mm。

参数设置完成后单击"退出"按钮,并进入 HF 绘图界面,执行【后置】→【生成一般锥度加工单】→设置锥体的参数如下。

（1）基准图形的位置:基准图形在下面。

（2）正锥或倒锥:正锥(上小下大)。

（3）锥体的单边锥度:2。

（4）锥体的厚度:10。

设置完毕后单击"加工单存盘"按钮,输入程序名称_____,单击"退出"按钮完成程序设置。相关程序如下。

```
G92 X0Y0 Z 10.0 {Q= 2.0 x= 5.0 y=-15.0}
N0001 G01 X    0.1000 Y    3.9000   { LEAD IN }
N0002 G01 X    0.1000 Y    4.9010
```

N0003 G03 X   5.0990 Y   10.1000 I   0.0000 J   10.0000

N0004 G01 X   4.1000 Y   10.1000

N0005 G01 X   4.1000 Y   19.9000

N0006 G01 X   5.0990 Y   19.9000

N0007 G03 X   0.1000 Y   25.0990 I   0.0000 J   20.0000

N0008 G01 X   0.1000 Y   26.1000

N0009 G01 X   −10.1000 Y   26.1000

N0010 G01 X   −10.1000 Y   25.0990

N0011 G03 X   −15.0990 Y   19.9000 I −10.0000 J   20.0000

N0012 G01 X   −14.1000 Y   19.9000

N0013 G01 X   −14.1000 Y   10.1000

N0014 G01 X   −15.0990 Y   10.1000

N0015 G03 X   −10.1000 Y   4.9010 I −10.0000 J   10.0000

N0016 G01 X   −10.1000 Y   3.9000

N0017 G01 X   0.1000 Y   3.9000

N0018 G01 X   0.0000 Y   0.0000   { LEAD OUT }

N0019 M02   { ENDDOWN }

N0001 G01 U   −0.2492 V   4.2492   { LEAD IN }

N0002 G01 U   −0.2492 V   5.2557

N0003 G03 U   4.7443 V   9.7508 K   0.0000 L   10.0000

N0004 G01 U   3.7508 V   9.7508

N0005 G01 U   3.7508 V   20.2492

N0006 G01 U   4.7443 V   20.2492

N0007 G03 U   −0.2492 V   24.7443 K   0.0000 L   20.0000

N0008 G01 U   −0.2492 V   25.7508

N0009 G01 U   −9.7508 V   25.7508

N0010 G01 U   −9.7508 V   24.7443

N0011 G03 U   −14.7443 V   20.2492 K −10.0000 L   20.0000

N0012 G01 U   −13.7508 V   20.2492

N0013 G01 U   −13.7508 V   9.7508

N0014 G01 U   −14.7443 V   9.7508

N0015 G03 U   −9.7508 V   5.2557 K −10.0000 L   10.0000

N0016 G01 U   −9.7508 V   4.2492

N0017 G01 U   −0.2492 V   4.2492

N0018 G01 U   0.0000 V   0.0000   { LEAD OUT }

N0019 M02   { ENDUP }

说明:设置导轮参数时,"导轮半径"、"上下导轮间距离"、"下导轮到工作台距离"需要根据每台机床的实际情况进行测量;生成锥体程序的前半部分为下表面的程序,后半部分为上表面的程序。

4. 电极丝准备

(1) 电极丝上丝。按照项目七中电极丝的上丝方法进行上丝。

(2) 电极丝的穿丝、定位。移动工作台,目测将工件穿丝孔 *A* 移到电极丝穿丝位置,穿丝;再参考项目六中电极丝的精确定位的第二种方法将电极丝精确定位到穿丝点位置。想一想用第一种方法应如何操作。

（二）加工

启动机床加工。在加工界面单击"读盘"按钮选择内锥体程序,执行"高频"→"加工"命令,当内锥体加工完毕后机床自动停机;解开电极丝,在加工界面单击"读盘"按钮选择空走的斜线程序,单击"空走"按钮,完成后停机;在当前的位置穿丝,单击"读盘"按钮选择外锥体程序,执行"高频"→"加工"命令,加工完毕后机床自动停机。

加工前应注意安全,加工后注意关闭电源,打扫卫生,保养机床。取下工件,测量相关尺寸,并与理论值相比较。若尺寸相差较大,试分析原因。

■ 知识链接

（一）慢走丝线切割的多次切割

线切割多次切割加工是首先采用较大的电流和补偿量进行粗加工,然后逐步用小电流和小偿量一步一步精修,从而得到较好的加工精度和光滑的加工表面。目前慢走丝线切割加工普遍采用了多次切割加工工艺,快走丝多次切割加工技术也正在探讨之中,市场上销售的中走丝线切割机床实质上就是采用多次切割加工工艺的快走丝线切割机床。

1. 常见加工条件参数

以苏三光慢走丝线切割机床为例,说明慢走丝线切割加工中常见的加工条件参数(表 8-1),不同企业的机床可能有部分不同。

表 8-1 常见慢走丝加工条件参数

加工条件参数	功　能	加工条件参数	功　能
ON	放电脉宽时间	V	主电源电压
OFF	放电脉间时间	SF	伺服速度
IP	主电源峰值	C	极间电容回路
HP	辅助电源回路	WT	电极丝张力
MA	脉间调整	WS	电极丝速度
SV	伺服基准电压	—	—

（1）ON(放电脉宽时间)。设定脉冲施加的时间(在极间施加电压的时间)。数值越大,施加电压的时间越长,能量也越大。

（2）OFF(放电脉间时间)。设定脉冲停止的时间(在极间不施加电压的时间)。数值越大,停止的时间也越长,能量也越小。

（3）IP(放电电流峰值)。设定放电电流的最大值。一个脉冲能量的大小,基本上由 IP、V 和 ON 来决定。设定范围为 0～17,其值越小,断丝可能性越小,但加工效率和加工电流会降低。

粗加工时:IP=16 或 17;精加工时:IP=0～15,16。

（4）HP(辅助电源回路)。设定加工不稳定时放电脉宽时间,其设定值不能比 ON 大,设定范围为 0～9。其值越小,断丝可能性越小,但加工效率和加工电流会降低。

（5）MA（脉间调整）。M 设定加工过程中的检测电平，设定范围为 0～9；A 设定加工不稳定时的放电脉间时间，设定范围为 0～9。

M、A 的值越大，加工越稳定，不容易断丝，但加工效率会降低。

（6）SV（伺服基准电压）。设定电极丝和工件之间的加工电压。设定值越大，平均电压越高，加工越稳定，但随着间隙的扩大，加工效率随之下降。

（7）V（主电源电压）。与 IP、ON 共同决定脉冲的能量。

粗加工时：03；精加工或细电极丝加工时：00～02。

（8）SF（伺服速度）。为保证极间电压，设定台面空载的移动速度。

2. 凹模的多次线切割加工工艺

下面以沙迪克 MARK21 型线切割机床的慢走丝程序（工作液：煤油）来说明凹模的多次线切割加工工艺。

（		ON	OFF	IP	HRP	MA0	SV	V	SF	C	WT	WS	WC）
C001	=	003	015	2015	112	480	090	8	0020	0	009	000	000
C002	=	002	014	2015	000	490	073	5	4025	0	000	000	000
C003	=	001	010	1015	000	490	072	3	4030	0	000	000	000
C004	=	000	006	0030	000	110	072	1	4030	0	000	000	000
C005	=	000	005	0007	000	110	071	1	4035	0	000	000	000
C901	=	000	005	0015	000	000	000	8	2060	0	000	000	000
C911	=	000	005	0015	000	000	000	7	2050	0	000	000	000
C921	=	000	005	0015	000	000	000	6	0050	0	000	000	000

```
;
H000    =   +000000000    H001    =   +000001960    H002    =   +000001530;
H003    =   +000001430    H004    =   +000001370    H005    =   +000001340;
H006    =   +000001330    H007    =   +000001305    H008    =   +000001285;
N000( MAIN PROGRAM );
G90;
G54;
G92X0Y0Z0;
G29                     //设置当前点为主参考点
T84;                    //高压喷流
C001WS00WT00;
GO1Y4500;
C001WS00WT00;
G42HOO1;
M98P0010;
T85;                    //关闭高压喷流
C002WSWT00;
G41H002;
M98P0030;
C003WS00WT00;
G42H003;
M98P0020;
COO4WS00WT00;
```

G41H004；

M98P0030；

COO5WS00WT00；

G42H005；

M98P0020；

C901WS00WT00；

G41H006；

M98P0030；

C911WS00WT00；

G42H007；

M98P0020；

G921WS00WT00；

G41H008；

M98P0030；

M02；

N0010（SUB PRO 1/ G42）；

G0IY5000；

G02X0Y5000J－5000；

M00；　　//圆孔中的废料完全脱离工件本体,提示操作者查看废料是否掉在喷嘴上或是否与电极丝
　　　　接触,以便及时处理,避免断丝;若处于无人加工状态,则应删掉

M00；

G40G0IY4500；

M99；

N0020（SUB PRO 2/ G42）

G01Y5000；

G02Y5000J－5000；

G40G01Y4500；

M99；

N0030（SUB PRO 2/ G41）

G01　Y5000；

G03X0Y5000J－5000；

G40G0IY4500；

M99；

　　上面的 ISO 程序切割的零件形状是一直径为 10mm 的圆孔（图 8－12、图 8－13），其特点具体如下。

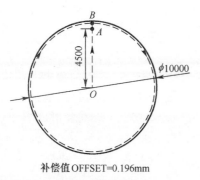

补偿值OFFSET=0.196mm

图 8－12　第一次切割

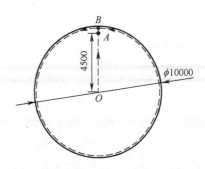

补偿值OFFSET=0.153mm

图 8－13　第二次方向切割

（1）首先采用较强的加工条件 C001（电流较大、脉宽较长）来进行第一次切割，补偿量大，然后采用较弱的加工条件逐步进行精加工，电极丝的补偿量依次逐渐减小。

（2）相邻两次的切割方向相反，所以电极丝的补偿方向相反。如第一切割时，电极丝的补偿方向为右补偿 G42，第二次切割时电极丝的补偿方向为左补偿 G41。

（3）在多次切割时，为了改变加工条件和补偿值，需要离开轨迹一段距离，这段距离称之为脱离长度。如图 8-12、图 8-13 所示，穿丝孔为 O 点，轨迹上的 B 点为起割点，AB 的距离为脱离长度。脱离长度一般较短，目的是为了减少空行程。

（4）本程序采用了 8 次切割。具体切割的次数根据机床、加工要求来确定。

3. 凸模的线切割多次加工工艺

用同样的方法来切割凸模（或柱状零件），如图 8-14（a）所示，则在第一次切割完成时，凸模（或柱状零件）就与工件毛坯本体分离，第二次切割时将切割不到凸模（或柱状零件）。所以在切割凸模（或柱状零件）时，大多采用图 8-14（b）所示的方法。

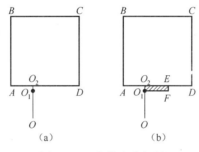

图 8-14 凸模多次切割

如图 8-14（b）所示，第一次切割的路径为 $O—O_1—O_2—A—B—C—D—E—F$，第二次切割的路径为 $F—E—D—C—B—A—O_2—O_1$，第三次切割的路径为 $O_1—O_2—A—B—C—D—E—F$。这样，当 $O_2—A—B—C—D—E$ 部分加工好，O_2E 段作为支撑段尚未与工件毛坯分离。O_2E 段的长度一般为 AD 段的 1/3 左右，太短了则支撑力可能不够。在实际中可采用的处理最后支撑段的工艺方法很多，下面介绍常见的几种。

（1）首先沿 O_1F 切断支撑段，在凸模（或柱状零件）上留下一凸台，然后再在磨床上磨去该凸台。这种方法应用较多，但对于圆柱等曲边形零件则不适用。

（2）在以前的切缝中塞入铜丝、铜片等导电材料，再对 O_2E 边多次切割。

（3）用一狭长铁条架在切缝上面，并将铁条用金属胶接在工件和坯料上，再对 O_2E 边多次切割。

（二）提高切割形状精度的方法

1. 增加超切程序和回退程序

电极丝是个柔性体，加工时受放电压力、工作介质压力等的作用，会造成加工区间的电极丝向后挠曲，滞后于上、下导丝口一段距离（图 8-15（b）），这样就会形成塌角（如图 8-15d 所示），影响加工精度。为此可增加一段超切程序，如图 8-15（c）中的 $A→A'$ 段，使电极丝最大滞后点达到程序节点 A，然后辅加 A' 点的回退程序 $A'→A$，接着再执行原程序，便可割出清角。

除了采用附加一段超切程序外，在实际加工中还可以采用减弱加工条件，降低喷淋压力

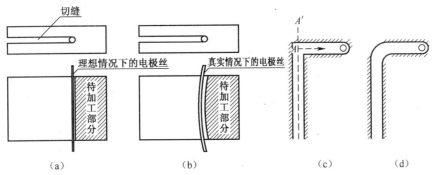

图 8-15 工作中电极丝的挠曲

或在每段程序加工后适当暂停(即加上 G04 指令)等方法来提高拐角精度。

2. 减小线切割加工中的变形的手段

1)采用预加工工艺

当线切割加工工件时,工件材料被大量去除,工件内部参与的应力场重新分布引发变形。去除的材料越多,工件变形越大;去除的材料越少,越有利于减少工件的变形。因此,如果在线切割加工之前,尽可能预先去除大部分的加工余量,使工件材料的内应力先释放出来,将大部分的残留变形量留在粗加工阶段,然后再进行线切割加工。由于切割余量较小,变形量自然就减少了,因此,为减小变形,可对凸、凹模等零件进行预加工。

如图 8-16(a)所示,对于形状简单或厚度较小的凸模,从坯料外部向凸模轮廓均匀地开放射状的预加工槽,便于应力对称均匀分散地释放,各槽底部与凸模轮廓线的距离应小而均匀,通常留 0.5mm~2mm。对于形状复杂或较厚的凸模,如图 8-16(b)所示,采用线切割粗加工进行预加工,留出工件的夹持余量,并在夹持余量部位开槽以防该部位残留变形。图 8-17 所示为凹模的预加工,先去除大部分型孔材料,然后精切成形。若用预铣或电火花成形法预加工,可留 2mm~3mm 的余量。若用线切割粗加工法进行预加工,国产快速走丝线切割机床可留 0.5mm~1mm 的余量。

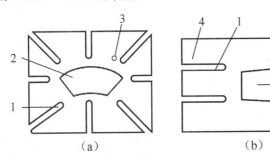

图 8-16 凸模的预加工

1—预加工槽;2—凸模;3—穿丝孔;4—夹持余量。

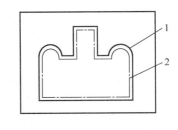

图 8-17 凹模的预加工

2)合理确定穿丝孔位置

许多模具制造者在切割凸模类外形工件时,常常直接从材料的侧面切入,在切入处产生缺口,残余应力从切口处向外释放,易使凸模变形。为避免变形,在淬火前先在模坯上打出穿丝孔,孔径为 3mm~10mm,待淬火后从模坯内部对凸模进行封闭切割(图 8-18(a))。穿丝孔的位置宜选在加工图形的拐角附近(图 8-18(a)),以简化编程运算,缩短切入时的切割行程。切割凹模时,对于小型工件,如图 8-18(b)所示零件,穿丝孔宜选在工件待切割型孔的中心;对于大型工件,穿丝孔可选在靠近切割图样的边角处或已知坐标尺寸的交点上,以简化运算过程。

3）多穿丝孔加工

采用线切割加工一些特殊形状的工件时,如果只采用一个穿丝孔加工,残留应力会沿切割方向向外释放,造成工件变形,如图8-19(a)所示。若采用多穿丝孔加工,则可解决变形问题,如图8-19(b)所示,在凸模上对称地开4个穿丝孔,当切割到每个孔附近时暂停加工,然后转入下一个穿丝孔开始加工,最后用手工方式将连接点分开。连接点应选择在非使用端,加工冲模的连接点应设置在非刃口端。

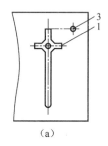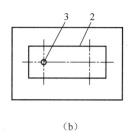 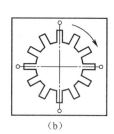

| (a) | (b) | (a) | (b) |

图8-18　线切割穿丝孔的位置　　　　　图8-19　多个穿丝孔加工

1—凸模;2—凹模;3—穿丝孔。

4）恰当安排切割图形

线切割加工用的坯料在热处理时表面冷却快,内部冷却慢,形成热处理后坯料金相组织不一致,产生内应力,而且越靠近边角处,应力变化越大。所以,线切割的图形应尽量避开坯料边角处,一般让出8mm～10mm。对于凸模还应留出足够的夹持余量。

5）正确选择切割路线

切割路线应有利于保证工件在切割过程中的刚度和避开应力变形的影响。

6）采用二次切割法

对经热处理再进行磨削加工的零件进行线切割时,最好采用二次切割法(图8-20)。一般线切割加工的工件变形量在0.03mm左右,因此第一次切割时单边留0.12mm～0.2mm的余量。切割完成后毛坯内部应力平衡状态受到破坏后,又达到新的平衡,然后进行第二次精加工,则能加工出精密度较高的工件。

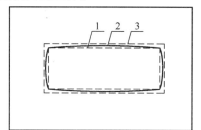

1— 第一次切割轨迹;
2— 变形后的轨迹;
3— 第二次切割轨迹。

图8-20　二次切割法

（三）电火花线切割加工产生废品的原因及预防方法

1. 电火花线切割加工产生废品的原因

由于多种因素的相互作用和影响,造成了电火花线切割加工的工件报废或质量差。如机床、材料、工艺参数、操作人员的素质及工艺路线等,只有各方面的因素都能得到有效控制,加工的工件才会有较好的质量,减少报废。表8-2所列为归纳整理出的各种因素对线切割质量的影响。

表 8-2　电火花线切割产生废品及质量差的原因

序号	工件报废或质量差的方面	造成工件报废或质量差的原因
1	表面粗糙度差	进给失滑;工件质量差;电参数不当;导轮磨损;工作液质量差
2	工件上下面与周边垂直度不好	装夹不当;夹具精度差;电极丝不垂直;电极丝未进导轮;工件有毛刺
3	形状轨迹出错	控制器失调;步进电动机失步;操作不当;编程出错
4	工件精度超差	材料变形;导轮磨损;环境温差大;电参数不当;进给不佳;切割路线错误;电极丝损耗大
5	断丝、烧丝	导轮磨损;工件变形、夹丝;工作液脏;电极丝质量差;电参数过大;进给欠跟踪;进电不良
6	其他	热处理残物;辅助工作不周;操作不当;编程图样绘制错误;工艺路线不当

2. 预防电火花线切割加工中工件报废或质量差的方法

1)机床、控制器、脉冲电源工作要稳定

(1)经常检查导电块、导丝轮,保证导丝机构必要的精度。导电块不允许在钼丝和导电块间出现火花放电,应使脉冲能量全部送往工件与电极丝之间。要具有良好的接触性能,磨损后要及时调整。支撑导丝轮的轴承间隙要严格控制,以免电极丝运转时破坏了稳定的直线性,使工件精度下降,导电间隙变大,导致加工不稳定。同时,导丝轮的底径应小于电极丝的半径。导丝轮应调整到合适的位置,保证电极丝在贮丝筒上排列整齐,否则出现夹丝或叠丝现象。

(2)系统保持良好的工作状态,控制器要有较强的抗干扰能力。步进电动机进给要平稳、不失步。变频进给系统要有调整环节。

(3)脉冲电源的功率管个数、脉冲间隔及电压幅值要能调节。

2)操作人员必须具有专业素质

图纸要理解透彻,编程要正确;工作液要具有一定的清洁度,并及时更换;保证上下喷嘴不堵塞,流量合适。工件装夹正确,电极丝校正垂直;正确选用参数,加工不稳定时及时调整变频进给速度;加工时每个工件都要记录起割坐标;对于数控程度较高的线切割机床,能够正确绘图和操作,保证线切割的线路正确。

3)工件材料选择要正确

工件材料(如凸凹模)要尽量选用热处理淬透性好、变形小的合金钢,如 Cr12 及 Cr12MoV 等。毛坯经锻造后,要进行回火,并保证适当硬度。在线切割前,需将工件被加工区热处理后的氧化皮、残渣等清理干净。因为这些残存氧化皮、残渣等不导电,会导致断丝、烧丝或使工件表面出现深痕,严重时会使电极丝离开加工轨迹,造成工件报废。

(四)线切割机床的常见故障及排除方法

因线切割机床中有很多器件是高速运转和同运动物体紧密接触的,是有一定寿命的。机床正常运行一段时间后,这些器件的磨损会导致机床出现一些故障,这时就要进行更换。DK77 系列快走丝线切割机床易损件清单如表8-3所列。

表 8-3　易损件一览表

序 号	名 称	数量	所在部位	磨损、损坏后表现的主要症状	备注
1	前后导轮	2	上下线臂	粗糙度差,钼丝跳动,效率低	
2	D24 导轮轴承	2	上下线臂	粗糙度差,钼丝跳动,效率低	

序 号	名 称	数量	所在部位	磨损、损坏后表现的主要症状	备 注
3	导电块	2	上下线臂	钼丝深陷,易拉丝	
4	丝筒电机碳刷	2	电机内	电机不转,划伤换向器	正常检查
5	丝筒联轴器橡皮	1	电动机和丝筒连接处	换向时有异常声音	
6	上下水嘴	2	上下线臂	加工液流向不正确	
7	行程限位开关	3	床身	换向不正常	

常见故障及排除方法如表8-4所列。

表8-4 常见故障一览表

故障现象	故障原因	排除方法
贮丝筒不换向,导致设备时常停机	行程开关损坏	换行程开关
贮丝筒在换向时常停转	电极线太松 断丝保护电路故障	紧电极丝 换断丝保护继电器
贮丝筒不转(按走丝开关按钮,SB₁无反应)	外电源无电压 电阻 R₁ 烧断 桥式整流器 VC 损坏,造成熔丝 FU1 熔断	检查外电源并排除 更换电阻 R₁ 更换整流器 VC、熔丝 FU1
贮丝筒不转(走丝电压有指示且较正常工作时高)	碳刷磨损或转子污垢 电机 M 电源进线断	更换碳刷,清洁电动机转子 检查进线并排除
工作灯不亮	熔丝 FU2 断	更换熔丝 FU2
工作液泵不转或转速慢	液泵工作接触器 KM3 不吸合 工作液泵电容损坏或容量减少	按下 SB4,KM3 线包二端若有 115V 电压,则更换 KM3,若无 115V 电压,检查控制 KM3 线包电路 换同规格电容或并上一只足够耐压的电容
高频电源正常,走丝正常,无高频火花(模拟运丝正常,切割时不走)	若离频继电器 K1 不工作,则是行程开关 SQ3 常闭触点坏 若高频继电器 K1 能吸合,则是高频继电器触点坏或高频输出线断	换行程开关 SQ3 换高频继电器 K1,检查高频电源输出线,并排除开路故障

（五）线切割断丝原因分析及处理

1. 快走丝线切割断丝的原因与防止断丝的方法

若在刚开始加工阶段就断丝,则可能的原因有以下几个。

（1）加工电流过大。

（2）钼丝抖动厉害。

（3）工件表面有毛刺或氧化皮。

若在加工中间阶段断丝,则可能的原因有以下几个。

（1）电参数不当,电流过大。

（2）进给调节不当,开路短路频繁。

（3）工作液太脏。

（4）导电块未与钼丝接触或被拉出凹痕。

（5）切割厚件时，脉冲过小。

（6）丝筒转速太慢。

若在加工最后阶段出现断丝，则可能的原因有以下几个。

（1）工件材料变形，夹断钼丝。

（2）工件跌落，撞落钼丝。

在快走丝线切割加工中，要正确分析断丝原因，采取合理的防止段丝的方法。在实际中往往采用如下方法。

（1）减少电极丝（钼丝）运动的换向次数，尽量消除钼丝抖动现象。根据线切割加工的特点，钼丝在高速切割运动中需要不断换向，在换向的瞬间会造成钼丝松紧不一致，即钼丝各段的张力不均，使加工过程不稳定。所以在上丝的时候，电极丝应尽可能上满贮丝筒。

（2）钼丝导轮的制造和安装精度直接影响钼丝的工作寿命。在安装和加工中应尽量减小导轮的跳动和摆动，以减小钼丝在加工中的震动，提高加工过程的稳定性。

（3）选用适当的切削速度。在加工过程中，如切削速度（工件的进给速度）过大，被腐蚀的金属微粒不能及时排出，会使钼丝经常处于短路状态，造成加工过程的不稳定。

（4）保持电源电压的稳定和工作的清洁。电源电压不稳定会使钼丝与工件两端的电压不稳定，从而造成击穿放电过程的不稳定。工作如不定期更换会使其中的金属微粒成分比例变大，逐渐改变工作的性质而失去作用，引起断丝。如果工作在循环流动中没有泡沫或泡沫很少、颜色发黑、有臭味，则要及时更换工作。

2. 慢走丝机床加工中断丝的原因与防止断丝的方法

慢走丝机床加工中出现断丝的主要原因有以下几个。

（1）电参数选择不当。

（2）导电块过脏。

（3）电极丝速度过低。

（4）张力过大。

（5）工件表面有氧化皮。

慢走丝加工中为了防止断丝，主要采取以下方法。

（1）及时检查导电块的磨损情况及清洁程度。慢走丝线切割机床的导电块一般加工了60h～120h后就必须清洗一次。如果加工过程中在导电块位置出现断丝，就必须检查导电块，把导电块卸下来用清洗液清洗掉上面粘着的脏物，磨损严重的要更换位置或更换新导电块。

（2）有效的冲水（油）条件。放电过程中产生的加工屑也是造成断丝的因素之一。加工屑若粘附在电极丝上，则会在粘附的部位产生脉冲能量集中释放，导致电极丝产生裂纹，发生断裂。因此加工过程中必须冲走这些微粒。所以在慢走丝线切割加工中，粗加工的喷水（油）压力要大，在精加工阶段的喷水（油）压力要小。

（3）良好的工作液处理系统。慢速走丝切割机放电加工时，工作液的电阻率必须在适当的范围内。绝缘性能太低，将产生电解而形不成击穿火花放电；绝缘性能太高，则放电间隙小，排屑难，易引起断丝。

因此，加工时应注意观察电阻率表的显示，当发现电阻率不能再恢复正常时，应及时更换离子交换树脂。同时还应检查与冷却液有关的条件，如检查加工液的液量，检查过滤压力表，及时更换过滤器，以保证加工液的绝缘性能、洗涤性能和冷却性能，预防断丝。

（4）适当地调整放电参数。慢走丝线切割机的加工参数一般都根据标准选取，但当加工超高件、上下异形件及大锥度切割时常常出现断丝，这时就要调整放电参数。较高能量的放电将引起较大的裂纹,因此就要适当地加长放电脉冲的间隙时间,减小放电时间,降低脉冲能量,断丝也就会减少。

（5）选择好的电极丝。电极丝一般都采用锌和含锌量高的黄铜合金作为涂层,在条件允许的情况,尽可能使用优质的电极丝。

（6）及时取出废料。废料落下后,若不及时取出,可能与丝直接导通,产生能量集中释放,引起断丝。因此在废料落下时,要在第一时间取出废料。

3. 断丝后原地穿丝处理

断丝后步进电动机应保持在"吸合"状态。去掉较少一边的废丝,把剩余钼丝调整到贮丝筒上适当位置继续使用。因为工件的切缝中充满了乳化液杂质和电蚀物,所以一定要先把工件表面擦干净,并在切缝中先用毛刷滴入煤油,使其润滑切缝,然后再在断点处滴一点润滑油（这点很重要）。选一段比较平直的钼丝,剪成尖头,并用打火机火焰烧烤这段钼丝,使其发硬,用镊子捏着钼丝上部,尽量在断丝点顺着切缝慢慢地每次 2mm～3mm 地往下送,直至穿过工件。如果原来的钼丝实在不能使用,可更换新丝。新丝在断点处往下穿,要看原丝的损耗程度,如果损耗较大,切缝也随之变小,新丝则穿不过去,这时可用一小片细砂纸把要穿过的那部分丝打磨光滑,再穿就可以了。使用该方法可使机床的使用效率大为提高。

思考与练习题

1. 线切割加工锥体时需要设置哪些参数?

2. 提高线切割形状精度的方法有哪些? 为什么?

3. 当线切割加工锥体后再加工圆孔时,是否要重新校正电极丝的垂直度? 为什么?

4. 本项目的实施完成后,观察工件的内外锥体表面是否有接痕,内外锥体的起割点选择是否恰当,有没有方法使痕迹变得不明显?

5. 仔细分析图 8-21 所示的零件图,比较该图与图 8-1 有何区别,注意在参数设置时有何不同? 试分组进行实施,并进行比较分析。

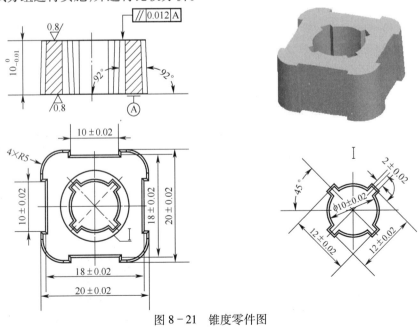

图 8-21 锥度零件图

附录

《模具零件电加工》参考课程标准

课程学时:48
课程学分:3
适用专业:模具设计与制造、数控技术应用、机械制造及自动化

一、课程性质与作用

本课程是一门理论知识与技能实践并重的专业学习领域课程。课程以工作过程为导向引导学生在实施项目的过程中,获得必要理论知识的同时掌握电火花成形机床、电火花穿孔机床和电火花线切割机床的操作技能。

本课程的前导课程有《工程材料及热加工》、《典型零件加工工艺》、《机械加工工艺制定》、《塑料注射模具设计》、《冷冲压模具设计》等职业基础课程和职业技术课程,而且适宜与《典型零件数控加工》、《模具型面精饰加工》等课程同时开设。后续课程有顶岗实习与毕业设计。本课程结束后能力突出的学生应能熟练操作电加工机床,并可参加考试申请电加工机床中、高级操作技能证书,以满足学生综合职业能力培养的需要。

二、课程特点

《模具零件电加工》是一门实践性、实用性很强的课程。结合生产实际讲解理论知识,通过数控电火花机床操作强化理论知识,以使学生获得就业相关岗位上重要的基础知识与技能。在教学过程中应以典型模具或项目化的产品为载体,将企业生产中工作岗位的操作流程与规范、先进的管理理念和企业文化引入"课堂工场化、工场课堂化"的教学模式中,实现理论教学与实践教学融为一体,构建、模拟与企业生产现场无缝对接的实境育人环境,体现工学结合的特色。

三、课程的主要内容与目标

序号	项目	知识目标	能力目标	学时分配	
				理论	实训
1	筋体型腔的电火花加工	掌握电火花加工原理及物理本质;掌握电火花加工安全操作规程;掌握极性效应和覆盖效应;掌握电火花加工的必备条件及工作液的作用	熟悉电火花机床结构;熟练启动、关闭机床;熟练操作电火花机床操作面板	6	2

序号	项目	知识目标	能力目标	学时分配	
				理论	实训
2	潜伏式浇口电火花加工	了解常用电极材料的性能;熟悉电火花成形机床的常见功能和ISO代码;熟悉电火花加工工艺;掌握装夹、校正工件和电极的方法;掌握影响加工速度和电极损耗的因素	合理确定加工工艺;能对电极进行精确定位;能根据加工要求合理确定加工参数;能分析影响加工速度的因素	4	2
3	显示器型腔的电火花加工	掌握常见电火花加工方法;掌握电极的设计方法;理解复杂形状电极的定位方法;掌握影响电火花加工精度和表面质量的因素	能设计中等难度的型腔模加工用的电极;熟练校正电极,能正确装夹及校正工件	4	2
4	镶针排孔的电火花加工	掌握电火花高速小孔加工的工作原理;掌握电火花高速穿孔机床的结构	熟练安装穿孔用电极;熟练穿孔电极的校正及定位;能用电火花穿孔机床进行穿孔加工	2	2
5	浇口镶件孔的线切割加工	掌握电火花线切割加工原理及特点;了解电火花线切割机床分类及结构;掌握线切割机床的安全操作规程;熟悉HF编程控制系统	熟练电火花线切割机床操作面板;能熟练使用HF系统和加工界面	4	4
6	齿形电极的线切割加工	掌握3B代码编程技术,了解ISO代码;掌握电极丝垂直度的校正方法;熟悉AutoCut编程控制系统	熟练掌握工件的装夹及校正方法;熟练校正电极丝的垂直度;能将电极丝准确定位;能熟练使用AutoCut系统和加工界面	4	2
7	多孔位凹模的线切割加工	理解跳步加工方法;掌握电参数对线切割加工的影响;掌握非电参数对线切割加工的影响	能对高速走丝线切割机床进行上丝、穿丝;具备独立用高速走丝线切割机床加工多孔位零件的能力	2	2
8	锥度零件的线切割加工	掌握锥度线切割基本知识;了解上下异形等其他四轴联动线切割加工的基本知识;掌握多次切割理论	了解慢走丝线切割机床操作面板;能熟练操作机床加工具有锥度的零件;能处理线切割加工中的常见故障	2	4

四、考核与计分方式

为了促进教学质量的提高,课程的考核应注重学生学习新知识的能力、实际操作机床的能力、沟通协调、团体协作以及解决实际问题的能力,加大机床操作过程的考核,加大过程考核的力度,从而提高了学生全程参与学习的积极性。使学生在发现问题、思考问题、讨论问题和具体实施、解决问题的过程中提高教学效果。

考核时理论成绩和实践成绩各占课程总成绩的50%。理论部分的考核可在课程结束后,对重要的知识进行笔试;实践部分可以参考以下表格对每个项目实施的情况进行考核。

	考核项目	A	B	C	成绩
1	项目计划决策	项目计划合理、实施准备充分、实施过程中有完整详细的记录	项目计划合理、实施准备较充分,实施过程中的记录不完整	项目计划较合理、实施准备欠充分,实施过程中不做记录	15%
2	项目实施检查	机床操作过程中动作熟练、规范;工件、工具电极(电极丝)定位精确;产品尺寸精度高	机床操作过程中动作规范;工件、工具电极(电极丝)定位较精确;产品尺寸精度较高	机床操作过程中动作生疏;工件、工具电极(电极丝)定位方法正确;产品尺寸符合要求	20%
3	项目评估讨论	能完整总结项目的开始、过程、结果,准确分析加工中出现的各种现象	较完整总结项目的开始、过程、结果,较准确分析加工中出现的各种现象	项目总结的思路不清晰,基本能分析加工中出现的各种现象	15%
4	职业素养 遵守时间	不迟到、不早退,中途不离开项目实施现场	不迟到、不早退,中途离开现场的次数不超过一次	有迟到或早退现象,中途离开现场的次数不超过两次	10%
	机床保养	严格按机床操作规范,自觉对机床进行日常保养,态度认真	经过提示能按机床操作规范操作机床,能对机床进行日常保养,态度较认真	经过提示能按机床操作规范操作机床,不认真保养机床	5%
	5S	机床打扫干净,工具、量具摆放整齐,地板无污水及其他垃圾	机床打扫较干净,工具、量具能放进工具箱,地板无污水及其他垃圾	机床打扫基本干净,经提醒后能将工具、量具放进工具箱	10%
	环境保护	自觉将教学过程中产生的垃圾放入指定地点	垃圾未按要求放入指定地点者此项分值全扣	垃圾未按要求放入指定地点者此项分值全扣	5%
	团结协作	服从组长安排,注重团队合作,认真完成本项目	服从组长安排,不注重团队合作,基本完成本项目	能够与同学配合完成本项目	10%
5	语言能力	积极回答问题,思路敏捷、条理清晰	主动回答问题,条理较清晰	能够回答问题,叙述无条理	10%

参 考 文 献

[1] 刘晋春,等. 特种加工 [M]. 北京：机械工业出版社, 2008.

[2] 周旭光. 模具特种加工技术 [M]. 北京：人民邮电出版社, 2010.

[3] 赵万生. 特种加工技术 [M]. 北京：高等教育出版社, 2001.

[4] 张建华. 精密与特种加工技术 [M]. 北京：机械工业出版社, 2003.

[5] 袁根福,祝锡晶. 精密与特种加工技术 [M]. 北京：北京大学出版社, 2007.

[6] 周旭光. 线切割及电火花编程与操作实训教程 [M]. 北京：清华大学出版社, 2006.

[7] 李力. 数控线切割加工禁忌与技巧 [M]. 北京：机械工业出版社, 2010.

[8] 伍端阳. 数控电火花成形加工技术培训教程 [M]. 北京：化学工业出版社, 2010.

[9] 伍端阳. 数控电火花线切割加工技术培训教程 [M]. 北京：化学工业出版社, 2008.

[10] 汤家荣. 模具特种加工技术 [M]. 北京：北京理工大学出版社, 2010.

[11] 机械工业职业技能鉴定指导中心,人力资源和社会保障部教材中心. 电切削工(初级 中级)[M].北京：中国劳动社会保障出版社,2010.

[12] 机械工业职业技能鉴定指导中心,人力资源和社会保障部教材中心. 电切削工(高级) [M]. 北京：中国劳动社会保障出版社,2011.

[13] 人力资源和社会保障部教材办公室,中国就业培训技术指导中心上海分中心,上海市职业培训研究发展中心. 电切削工(四级)[M]. 北京：中国劳动社会保障出版社,2010.

[14] 陈前亮. 数控线切割操作工技能鉴定考核培训教程 [M]. 北京：机械工业出版社,2006.

[15] 苏州工业园区江南赛特数控设备有限公司电加工机床说明书.

[16] 苏州三光科技有限公司线切割机床说明书.

[17] 北京阿奇夏米尔工业电子有限司线切割机床、电火花机床说明书.

[18] 沙迪克机电有限公司线切割机床说明书.